高等学校"十二五"规划教材

Visual Basic .NET程序设计

巩 政　郝 莉　王 燕　编著

U0248160

西安电子科技大学出版社

内 容 简 介

　　本书通过大量实例深入浅出地介绍了 Visual Basic .NET 程序设计，内容包括 Visual Basic .NET 程序开发环境、基本数据类型、数据输入输出、Visual Basic .NET 控制结构、通用过程、复合数据类型(数组、结构、枚举)、数据文件、常用 Windows 窗体控件、菜单程序设计、多窗体程序设计以及 ADO.NET 数据库访问、ASP.NET Web 设计等。

　　本书基于正式发布的 Visual Basic .NET（学习版）编写，内容翔实，概念准确，编排合理。学习只需读者具有计算机基本知识，不要求有其他高级语言(包括 Visual Basic)的编程经验。本书可作为高等学校非计算机专业计算机公共课教材，同时也适合初学者自学。

图书在版编目(CIP)数据

Visual Basic .NET 程序设计/巩政，郝莉，王燕编著.
—西安：西安电子科技大学出版社，2014.1(2018.7 重印)
高等学校"十二五"规划教材
ISBN 978-7-5606-3301-5

Ⅰ. ① V…　Ⅱ. ① 巩…　② 郝…　③ 王…　Ⅲ. ① BASIC 语言—程序设计—高等学校—教材
Ⅳ. ① TP312

中国版本图书馆 CIP 数据核字(2013)第 320994 号

策　　划　罗建锋
责任编辑　买永莲　罗建锋
出版发行　西安电子科技大学出版社(西安市太白南路 2 号)
电　　话　(029)88242885　88201467　　　　邮　　编　710071
网　　址　www.xduph.com　　　　　　电子邮箱　xdupfxb001@163.com
经　　销　新华书店
印刷单位　陕西天意印务有限责任公司
版　　次　2014 年 1 月第 1 版　　2018 年 7 月第 5 次印刷
开　　本　787 毫米×1092 毫米　1/16　印 张 19.5
字　　数　462 千字
印　　数　11 001～13 000 册
定　　价　39.00 元

ISBN 978－7－5606－3301－5/TP

XDUP 3593001－5

如有印装问题可调换

前　言

　　Visual Basic .NET(简称 VB.NET)以 Visual Studio .NET 为基础，是 Visual Studio .NET 的主要组成部分。Visual Basic .NET 与 Visual C++ .NET、Visual C# .NET 等语言共用一个编程环境，具有相同的基本数据类型和用户定义类型以及类和接口，实现了不同语言的交互。与以前的版本相比，Visual Basic .NET 的变化是革命性的，尤其是在面向对象方面。为了实现面向对象的程序设计，Visual Basic .NET 引入了很多新的和改进的性能，包括命名空间、继承、接口、重载、覆盖、成员共享和多态等，从而使 Visual Basic .NET 成为一种强大的、真正面向对象的编程语言。

　　本书主要针对已经具备计算机基础知识的非计算机专业学生，围绕"怎样设计编写计算机程序解决实际问题"这个中心，通过大量程序实例，深入浅出地介绍了 Visual Basic .NET 程序设计的基本概念、方法和技术。本书针对初学者的特点，在体系结构和内容编排上注重由简及繁、由浅入深、循序渐进以及理论与实践的密切结合，力求概念准确、叙述流畅、通俗易懂。全书各个章节都提供了较多实例及程序分析，以帮助读者理解问题，尽快达到独立编写程序的目的。

　　本书文稿的录入、程序的编写和运行，以及插图的截取都是在 Windows 环境下同步进行的，书中提供的所有完整程序都已在 Visual Basic .NET 中文版环境中顺利运行通过。

　　全书共 10 章。第 1 章主要介绍了 VB.NET 的语言特点和集成开发环境；第 2 章介绍了窗体对象的主要属性、事件和方法以及基本控件的使用，并自然过渡到 VB.NET 程序开发机制；第 3 章介绍了 VB.NET 语言方面的基本知识；第 4 章讲解了 VB.NET 程序设计的基本结构；第 5 章讲解了枚举、数组和结构及其应用；第 6 章介绍了自定义函数和过程；第 7 章介绍了 VB.NET 的文件系统及其使用；第 8 章介绍了 Windows 窗体应用程序的设计；第 9 章介绍了利用 ADO.NET 访问数据库的方法；第 10 章介绍了开发 ASP.NET Web 应用程序的基本方法。每一章后面都设置了习题，用于测试学生对所学知识点的掌握情况。

本书第 1、4、5、6 章由巩政编写，第 3、7、8 章和附录由郝莉编写，第 2、9、10 章由王燕编写。全书由巩政进行统稿。

在本书编写、出版过程中，西安电子科技大学罗建锋鼎力相助，内蒙古大学计算机学院计算机基础课程建设组的教师对全书的修改提出了许多宝贵意见和建议，内蒙古大学计算机学院领导也给予了关心和支持，在此一并表示诚挚的谢意。

限于作者的学识、水平，疏漏和不当之处难免，敬请读者不吝斧正。

作　者

2013 年 10 月

目　　录

第1章 概 述

Visual Basic .NET(简称 VB.NET)语言是一种面向对象的编程语言。它是基于微软 .NET Framework 之上的面向对象的中间解释性语言,可以看做是 Visual Basic 在 .NET Framework 平台上的升级版本,增强了对面向对象的支持。

1.1 VB.NET 语言概述

1.1.1 VB.NET 语言简介

20 世纪 60 年代中期,美国 Dartmouth 学院的 John G.Kemeny 与 Thomas E.Kurtz 两位教授一起设计了 BASIC 语言。BASIC 语言属于高级程序设计语言,英文名称是 "Beginner's All-purpose Symbolic Instruction Code",取其首字母简称 "BASIC"。就名称的含意来看,BASIC 同时也是 "适用于初学者的多功能符号指令码" 的首字母缩写,是在计算机发展史上应用最为广泛的程序语言之一。随后 BASIC 不断发展,逐渐由 BASIC 发展到了 Visual Basic .NET 阶段。Visual Basic .NET 是一种在 .NET 平台上编程的高级语言。

从 2002 年开始,Visual Basic .NET 2002 就包含在了 Visual Studio 套装软件中。本书主要基于 Visual Studio 2010/.NET Framework 4.0,讲述 Visual Basic 10.0 语言基础知识,以及使用 Visual Basic 10.0 语言的编程实例。

1.1.2 .NET Framework

.NET Framework 是一种采用系统虚拟机运行的编程平台,以通用语言运行库(Common Language Runtime)为基础,支持多种语言(C#、Visual Basic、C++、Python 等)的开发;.NET 也为应用程序接口(API)提供了新功能和开发工具。这些革新使得程序设计员可以同时进行 Windows 应用软件和网络应用软件以及组件和服务(Web 服务)的开发。.NET 提供了一个新的反射性且面向对象程序设计的编程接口。.NET Framework 中的所有语言都提供基类库(BCL)。

.NET 编译平台由核心组件及其他构件(开发工具及协议、Web 客户端及终端用户应用、Web 服务及企业服务器)所组成,可以安装在大多数老版本的 Windows 系统中。.NET 框架作为 .NET 开发平台的核心组件,为 Web 服务及其他应用提供构建、移植和运行的环境。.NET 组件是一个带有动态链接库扩展的预编制类模块,在运行的时候,通过用户使用程序被激活并加载到内存中。.NET 组件是用于创建网络和 Windows 应用程序的，这些应用程序使一个应用程序所需的功能可以显示在外部。.NET 平台还包含 Web 表单，Web 表单是可从网上下载的标准接口。一个 Web 表单包含供使用者输入数据资料的文本框，使用者可以将表单提交给接收器。.NET 平台至关重要的一部分就是网络服务器、网络服务器查询协议和标准的合集，应用程序可以使用网络服务器通过计算机网络交换数据资料。

1.1.3 VB.NET 语言的特点

Visual Studio .NET 可视化应用程序开发工具组是 .NET 技术的开发平台，VB.NET 是该工具组中的一个重要成员，其中还包括 Visual C++ .NET(简称 VC++ .NET)、Visual C# .NET(简称 VC# .NET)等开发工具。Visual Studio .NET 通过公共语言运行环境(CLR)，将 VB.NET、VC++ .NET、VC# .NET 等应用程序开发工具紧密地集成在一起，使它们共同使用同一个集成开发环境(Intergrated Development Environment，IDE)，并使用同一个基础类库，从而大大简化了应用程序的开发过程，为快速创建 Windows 应用程序提供了强有力的支持。VB.NET 语言具有许多现代先进语言的特性，与以前的 BASIC 语言比较，VB.NET 主要具有下列特点：

(1) 全面支持面向对象编程。

虽然在 VB 4.0 中就引入了面向对象的编程方式，但在 VB.NET 之前，它们均不是真正的面向对象的程序设计语言。VB.NET 利用 .NET 框架提供的功能，引入了更严格的面向对象特性，如封装、继承、可重载性、多态性等，从而真正实现了面向对象的编程，是一门真正的面向对象的程序设计语言。

(2) 使用 ADO.NET 进行数据访问。

从访问数据库的技术和手段上讲，在 Visual Basic 6.0 中，使用的数据访问技术是 ADO，而在 VB.NET 中，使用的数据访问技术为 ADO.NET，这也是 VB.NET 的重大改进之一。ADO.NET 是在 ADO 基础上发展起来的，是对 ADO 的重新设计和扩展，是一种全新的数据访问对象模型。ADO 具有的功能，ADO.NET 基本上都具有，同时 ADO.NET 更适用于分布式及 Internet 等应用程序运行环境。

(3) 能够方便地进行 Web 应用程序的开发。

Microsoft 公司将 .NET 框架主要定位在开发企业规模的 Web 应用程序以及高性能的桌面应用程序上。.NET 平台所强调的是网络编程和网络服务的概念，因此，基于 .NET 框架的 VB.NET 在网络应用程序开发方面有了显著的改进。VB.NET 提供了更直观、方便的 Web 应用程序开发环境，它可以用直接编辑 ASP.NET 的方式来开发 Web 应用程序。VB.NET 还提供了开发 Web 服务的功能，Web 服务可以看做是网上的 API 函数库，可以被 Internet 站点调用，调用 Web 服务的程序称 Web 客户。Web 服务是一种构造新的 Web 应用程序的通用模型。

注意：VB.NET 并不向下兼容，Visual Basic 6.0 的应用程序在 VB.NET 环境下不能直接执行，需使用 VB.NET 中提供的升级向导，将 Visual Basic 6.0 的应用程序更改为 VB.NET 的应用程序，并要进行一定工作量的人工改动后，才能在 VB.NET 环境下运行。

1.2 VB.NET 的集成开发环境

VB.NET 是 Visual Studio .NET 可视化应用程序开发工具组中的一个重要成员。Visual Studio 2010 包括以下产品系列：

- Visual Studio 2010 Professional：面向开发人员，是执行基本开发任务的重要工具，可简化在各种平台上创建、调试和开发应用程序的过程，提供测试驱动开发的集成支持以及调试工具，以确保提供高质量的解决方案。

- Visual Studio 2010 Premium：面向个人或团队，是一个功能全面的工具集，可简化应用程序开发过程，支持交付可扩展的高质量应用程序。

- Visual Studio 2010 Ultimate：面向企业级软件开发团队，是一个综合性的应用程序生命周期管理工具套件，可供团队用于确保从设计到部署的整个过程都能够取得较高质量的结果。

- Visual Studio 2010 Test Professional 2010：面向质量保障团队，是质量保障团队的专用工具集，可简化测试规划和手动测试执行过程。Test Professional 与开发人员的 Visual Studio 软件配合运行，可在整个应用程序开发生命周期内实现开发人员和测试人员之间的高效协作。

- Visual Studio 2010 Express Edition：面向学习目的的个人免费开发软件。其中包括了 Visual Basic 2010 Express Edition，它是 Visual Basic .NET 的开放环境，适用于初学者。

本书的编程环境将使用 Visual Basic 2010 Express Edition，该软件可以从微软官方网站 http://www.microsoft.com/visualstudio/eng/downloads#d-2010-express 下载。

1.2.1 VB.NET 运行环境

Visual Studio 2010 Express Edition 需要在安装 .NET Framework 4.0 版的计算机上运行。计算机一般选择如下配置：

- 处理器：建议使用 2.0 GHz 双核处理器或性能更高的处理器。
- 内存：1 GB，建议使用 2 GB 以上内存。
- 可用硬盘空间：系统驱动器上需要 5.4 GB 以上的可用空间，安装驱动器上需要 2 GB 以上的可用空间。
- 操作系统：Windows Server 2003(SP2)、Windows Vista、Windows 7。

1.2.2 启动

VB.NET 安装完成后，在"开始"菜单中将多出一个 Microsoft Visual Studio 2010 Express 程序组，打开该组后，单击 Microsoft Visual Basic 2010 Express 选项，启动 VB.NET，屏幕上会出现如图 1-1 所示界面。单击"新建项目"，出现"新建项目"对话框，如图 1-2 所示。单击"Windows 窗体应用程序"，再单击"确定"，即可进入图 1-3 所示程序设计集成开发环境。

图 1-1　Visual Basic 2010 Express

图 1-2　"新建项目"对话框

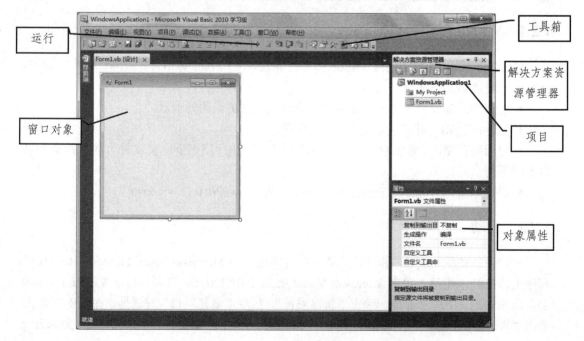

图 1-3　编辑 Windows 窗体应用程序的集成开发环境布局

1.2.3　解决方案和项目

在 Visual Studio 中，项目是独立的编程单位。在项目中，通过逻辑方式管理、生成和调试构成应用程序的项(包括创建应用程序所需的引用、数据链接、文件夹和文件)。不同的项目包含的项各不相同。例如，一个简单的项目可能由一个窗体、源代码文件和一个项目文件组成；而复杂的项目可能由简单项以及数据库脚本、存储过程和对现有 XML Web Services 的引用组成。项目的输出通常是可执行程序(.exe)、动态链接库(.dll)文件或模块等。

Visual Studio 解决方案可以包含一个或多个项目。解决方案管理 Visual Studio 配置、生成和部署相关项目集的方式。复杂的应用程序可能需要多个解决方案。

Visual Studio 将解决方案的定义存储在 .sln 和 .suo 两个文件中。解决方案定义文件(.sln)存储定义解决方案的元数据，包括解决方案相关项目、与解决方案相关的项以及解决方案生成配置。.suo 文件包括用户定义集成开发环境(IDE)的元数据。

每个项目包含一个项目文件，用于存储该项目的元数据，包括项目及其包含项的集合指定配置和生成配置。例如，向项目中添加项时，其物理源文件在磁盘上的位置也添加到项目文件中，当从项目中移除该链接时，此信息从定义文件中删除。集成开发环境(IDE)自动创建并维护项目文件。该项目文件的扩展名和实际内容由它所定义的项目类型确定，例如，Visual Basic Windows 窗体应用程序的项目文件的扩展名为 .vbproj。

在解决方案资源管理器中，用鼠标右击项目名，选择相应快捷菜单的"属性"命令，可打开该项目的配置页面，并进行各种设置，如图 1-4 所示。

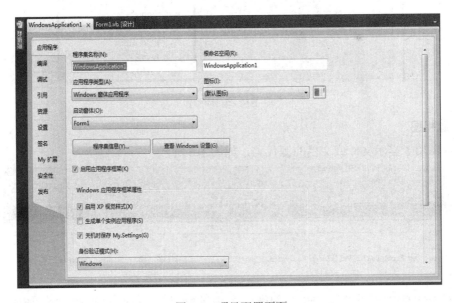

图 1-4　项目配置页面

注意：Visual Studio 提供了许多预定义的项目模板，需要在系统安装时进行选择安装。使用项目模板可以快捷地创建特定项目以及该类型项目可能需要的各种默认项。例如，选择创建 Windows 窗体应用程序，则项目会自动创建一个可自定义的 Windows 窗体项，如图 1-2 所示。

1.2.4 设计器/编辑器

应用程序开发的大部分工作为设计和编码。Visual Studio 针对不同的文件或文档类型，提供了不同的设计器/编辑器。例如，文本编辑器是 IDE 中的基本字处理器，代码编辑器是基本源代码编辑器。

设计器/编辑器通常有两个视图：设计视图和源视图。某些编辑器还提供了一个混合视图，通过该视图可以同时查看文件的设计和源代码。

1. 设计视图

设计视图允许在用户界面或网页上指定控件和其他项的位置，例如，可以从"工具箱"中拖动控件，将其置于设计图面上；可以任意改变控件的大小，移动控件到窗体中的任何位置。图 1-5 所示为设计视图界面。

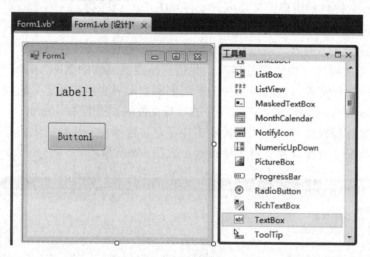

图 1-5　设计视图

2. 源视图

源视图用于显示文件或文档的源代码，如图 1-6 所示。

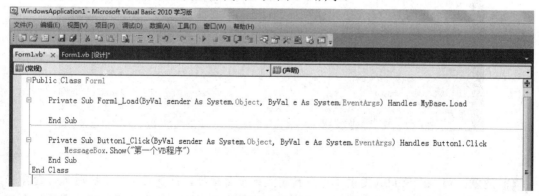

图 1-6　源视图

在源视图中，从"常规"下拉列表中可以选择设计视图中的对象名，从"声明"下拉列表中可以选择对象的事件。

3. 工具箱

在设计视图中，经常会用到"工具箱"中的控件，Visual Basic 的每个控件由工具箱中的一个工具图标来表示，如图 1-7 所示。

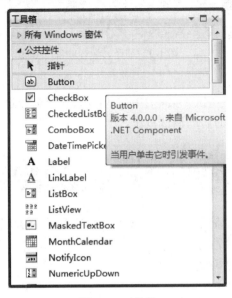

图 1-7　工具箱

4. 属性窗口

在 Visual Basic 中，每个对象(控件)都用一组属性来描述其特征。属性窗口用来显示和设置对象的属性(见图 1-8)。显示属性方式有按字母顺序和按分类顺序两种，分别通过单击属性窗口工具栏中相应的工具按钮实现。通常每个对象都有多个属性，对象不同，属性也不完全相同，在实际应用程序设计中，一般只设计几个属性值，很多属性可以使用默认值。

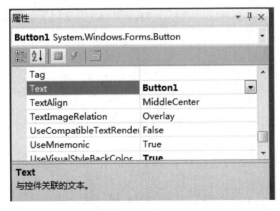

图 1-8　属性窗口

1.2.5　编译并运行项目

1. 编译项目

编译项目可通过选择"调试"菜单中的"生成"命令进行，如图 1-9 所示。

图 1-9　编译、运行项目

2. 运行项目

运行项目可通过选择"调试"菜单中的"启动调试"命令进行(见图 1-9)，也可以使用快捷键 F5 或单击工具栏中的启动调试按钮。

1.3　创建一个简单的 VB.NET 程序

在本节中，将通过一个简单的实例来说明一个完整的 VB 应用程序的建立过程。对于初学者来说，建立一个应用程序分为以下几步进行：

第一步，创建 VB.NET 项目。

第二步，建立用户界面。

第三步，设置对象属性。

第四步，编写对象事件过程源代码。

第五步，保存并执行程序。

【例 1.1】　设计一个程序界面，该界面上有一个命令按钮、一个标签，用户单击命令按钮就会在标签中输出一行文字，运行结果如图 1-10 所示。

图 1-10　例 1.1 程序运行结果

要用 VB.NET 实现一个任务必须解决两个问题：① 设计一个程序界面，用户输入或输出信息都在这个界面中进行；② 编写程序源代码。使程序开始运行后能按要求完成任务。

本例具体实现过程如下：

(1) 创建程序界面。

在本例程序界面中，用到了窗体(Form)、标签(Label)和命令按钮(Button)。窗体在启动

VB.NET 时已经装入，现要将标签和命令按钮加到窗体上，可以通过以下方法实现：

鼠标单击工具栏中的"工具箱"按钮，打开"工具箱"对话框。单击工具箱中的"Label"按钮，将光标移到窗体，将鼠标指针移到需要的位置，拖动鼠标拉成需要的尺寸；单击工具箱中的"Button"按钮，将光标移到窗体，将鼠标指针移到需要的位置，拖动鼠标拉成需要的尺寸。

(2) 设置属性。

在本例中，有窗体、标签和命令按钮三个对象，需对用户界面上的这三个对象进行属性设置。属性按表 1-1 进行设置。设置方法如下：

首先，选中窗体，可以看到窗体周围有 8 个小黑点，这时窗体就成了当前控件，属性窗口中显示的是窗体的属性表。先在属性表中找到 Text 属性，并将其属性值赋为"第一个VB.NET 应用程序"，然后依次设置其他属性值，在属性表中没有指定的属性就使用缺省值。Font 是一组字体属性，包括对字体、字形、大小等属性的设置。设置好窗体的属性后，再用类似的方法设置标签和命令按钮的属性。

表 1-1 例 1.1 中对象的属性

对　象	属　性	赋　值
窗体	Text	第一个 VB.NET 应用程序
	Name	Form1
标签	Text	
	Name	Label1
	Font	20
命令按钮	Text	显示字符串
	Name	Button1
	Font	18

(3) 编写代码。

属性设置完毕后，就应该编写事件过程代码了。过程代码是针对某个对象事件编写的。本例要求单击命令按钮后，在标签中输出字符串，也就是说要对命令按钮这个对象的单击事件编写一段程序，以指定用户单击命令按钮时要执行的操作。编写程序代码必须进入源视图。双击命令按钮进入源视图窗口，编写源代码，此时窗口如图 1-11 所示。至此，一个完整的 VB 应用程序就完成了。

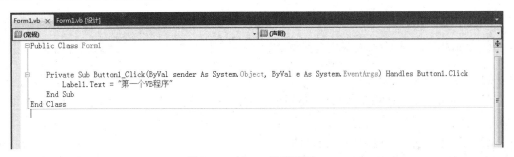

图 1-11 例 1.1 源代码窗口

(4) 保存。

一个 **VB.NET** 应用程序存盘时会产生多个文件：① 窗体设计文件，如 Form1 .Designer.vb；② 窗体程序源代码文件，如 Form1.vb；③ 项目文件，如 WindowsApplication1.vbproj。这里有些类型的文件是由 Visual Basic 系统自动保存起来的，还有一些要由用户自己命名后存盘。所以，建议每一个应用程序最好有自己独立的文件夹(子目录)，以避免混淆。具体操作步骤是：选择"文件"菜单下的"全部保存"命令，系统弹出"另存文件为"对话框，提示中要求输入文件名并选择存放的位置，正确输入后，选择"保存"，如图 1-12 所示。

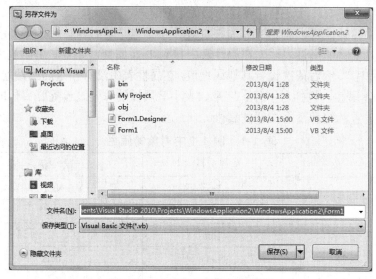

图 1-12 "另存文件为"对话框

注意：在存盘时一定要搞清楚文件保存的位置和文件名，以免下次使用时找不到，系统默认的文件夹为 C:\Users\admin\Documents\Visual Studio 2010\Projects\项目名。

(5) 程序运行。

程序设计完成后，可选择下列方法之一运行程序。

- F5 键；
- 工具栏中的启动调试按钮；
- 通过"调试"菜单中的"启动调试"命令。

习 题 1

1.1 Visual Basic .NET 有什么新特点？

1.2 Visual Basic .NET 集成开发环境主要由哪些部分组成？每个部分的主要功能是什么？

1.3 解决方案主要包括哪几类文件？

1.4 属性窗口由哪几部分组成？它们的功能是什么？

1.5 熟悉 Visual Basic 2010 的 IDE 界面，练习窗口的浮动、停靠，以及工具栏的定制。

1.6 模仿书中的例子，编写"Hello，Visual Basic"程序。

1.7 在窗体上选中不同的控件，按下 F1 键，阅读显示的内容。

1.8 使用文本框、标签和按钮，编写一个计算年利息的程序，要求该程序在输入本金、年利率、年限后可计算应得的利息。

1.9 设计程序界面，要求在窗体上放置 1 个 TextBox 控件和 4 个 Button 控件，分别单击这 4 个按钮，可以把文本框的背景色分别设置为红色、蓝色、黑色和绿色。

1.10 在窗体上放置 4 个排成矩形的按钮，每个按钮的标题都是"PushMe!"。当单击其中一个按钮时，此按钮便会消失，其他 3 个依然存在。

1.11 窗体有 2 个文本框，可以在其中输入信息，单击其中一个文本框，会变成空白，其中的信息转移到另一个文本框。

第 2 章   VB.NET 程序设计基础

使用 VB.NET 可以创建 Windows 窗体应用程序、WPF(客户端)应用程序、控制台应用程序、类库、WPF 浏览器应用程序。本书主要介绍创建 Windows 窗体应用程序的方法。

2.1   窗体和基本控件

Windows 窗体应用程序是运行在用户本地计算机的基于 Windows 平台的应用程序，它提供了丰富的用户界面来实现用户交互，并可以访问操作系统服务和用户计算机环境提供的资源，从而实现各种复杂功能的应用程序。

用户界面一般由窗体来呈现，通过将控件添加到窗体表面可以设计出满足用户需求的人机交互界面。控件是窗体上的一个组件，用于显示信息或接受用户输入。

当设计和修改 Windows 窗体应用程序的用户界面时，需要添加、对齐和定位控件。控件是包含在窗体对象内的对象。窗体对象具有属性集、事件和方法。每种类型的控件都具有自己的属性集、事件和方法，以使该控件适合于特定用途。用户可查阅帮助系统获取对象具有的属性。

2.1.1   属性

属性是与一个对象相关的各种数据，用来描述对象的特性，如性质、状态和外观等。不同的对象有不同的属性。对象常见的属性有 Name、Text、Visible 等。

对象的属性分为以下 3 种类型：

(1) 只读属性：无论在程序设计时还是在程序运行时都只能从其读出信息，而不能再改变它们的值。

(2) 运行时只读属性：在设计程序时可以通过属性窗口设置它们的值，但在程序运行时不能再改变它们的值。

(3) 可读写属性：无论在设计时还是在运行时都可以读写其值。

属性可以在设计时通过属性窗口设置和获取，也可以在代码编辑器通过编写代码设置和获取。

每一个对象属性都有一个默认值，如果不明确地改变该值，程序就将使用它。设置对象属性的两种途径具体描述如下：

(1) 在设计阶段利用“属性窗口”直接设置对象的属性。具体做法是，先选定对象，然后在属性窗口中找到相应属性进行设置。

(2) 每个对象都有它的属性，并且"Name"属性是共有的，有了"Name"属性才可以在程序中进行调用。在程序代码中通过赋值设置对象属性的格式为：

　　　对象名.属性名 = 属性值

例如，下述程序代码可以给一个对象名为"Label1"的标签控件设置文本(Text)属性为字符串"欢迎使用 Visual Basic"：

　　　Label1.Text = " 欢迎使用 Visual Basic "

虽然不同的对象有不同的属性，但是大部分控件也有一些通用的属性。表 2-1 中列出了窗体和大部分控件主要的通用属性。

表 2-1　窗体和大部分控件主要的通用属性

属　性	说　　明
Name	所有对象共有的属性，是所创建对象的名称，用于标志对象
Text	获取或设置与窗体/控件关联的文本。对于窗体，是窗体标题栏文本；对于 TextBox 控件，是获取用户输入或显示的文本信息；对于 Label、Button 等其他控件，是获取或设置控件上显示的文本信息
Size Width Height	获取或设置窗体/控件的大小(System.Drawing.Size)，其中 Size.Width 等效于窗体/控件的 Width 属性值，Size.Height 等效于窗体/控件的 Height 属性值。例如， 　　Button1.Size = new Size(100,50) 等同于： 　　Button1.Width = 100 : Button1.Height = 50
Location Left Top	获取或设置窗体/控件的左上角相对于其容器的左上角坐标(System.Drawing. Point)，其中，PointX 属性等效于窗体/控件的 Left 属性值，PointY 属性等效于窗体/控件的 Top 属性值。例如， 　　Button1.Location = new Point(100,80) 等同于： 　　Button1.Left = 100 : Button1.Top = 80
Font	获取或设置控件显示的文字的字体。一般在设计器中通过"字体"属性对话框设置；也可通过代码进行设置。例如， 　　Button1.Font = New Font("隶书",12,FontStyle.Bold)
ForeColor BackColor	获取或设置控件的前景色(即控件中文本的颜色)、背景色。一般在属性面板中通过选择相应的调色板颜色(包括"自定义"、"Web"和"系统"调色板)进行设置；也可通过代码进行设置。例如， 　　Button1.ForeColor = Color.Red 注：Color 结构表示一种 ARGB 颜色(alpha、红色、绿色、蓝色)，已命名的颜色使用 Color 结构的属性来表示
Enabled	获取或设置一个值，该值指示控件是否可以对用户交互做出响应。如果控件可以对用户交互做出响应，则为 True；否则为 False。默认为 True
Visible	获取或设置一个值，该值指示是否显示该控件及其所有父控件。如果显示该控件及其所有父控件，则为 True；否则为 False。默认为 True
TabIndex	获取或设置控件的 Tab 键顺序。Tab 键索引可由任何大于等于零的有效整数组成，越小的数字在 Tab 键顺序中越靠前

2.1.2 事件

事件是对象发送的消息，以发信号来通知操作的发生。当事件发生时，将调用事件处理程序。

1. 事件

在 Visual Basic 中，系统为每个对象预先定义好了一系列的事件，它们是能够被对象所识别的动作。事件发生在用户与应用程序交互时，例如，单击控件(Click)、键盘按下(KeyPress)、移动鼠标(MouseMove)等；有部分事件由系统产生，不需要用户输入，如计时器事件。不同的对象能够识别不同的事件，当事件发生时，VB 将检测两条信息，即发生的是哪种事件和哪个对象接收了事件。

2. 事件过程

每种对象能识别一组预先定义好的事件，但并非每一种事件都会产生结果，因为 Visual Basic 只是识别事件的发生，为了使对象能够对某一事件做出响应，就必须编写事件过程。当在对象上发生了事件后，应用程序就要处理这个事件，而处理的步骤就是这个事件过程。

事件过程是一段独立的程序代码，它是针对某一对象的过程，并与该对象的一个事件相联系，它在对象检测到某个特定事件时执行(响应该事件)。一个对象可以响应一个或多个事件，因此可以使用一个或多个事件过程对用户或系统的事件做出响应。

VB 应用程序设计的主要工作就是为对象编写事件过程中的程序代码。事件过程的形式如下：

```
Sub   对象名_事件 ([参数列表])
    …                            ' 事件过程代码
End Sub
```

例如，单击"Button1"按钮，使该按钮的字体为"宋体"、大小改为 20 磅、字形加粗，则对应的事件过程如下：

```
Public Class Form1
    Private Sub Button1_Click(ByVal sender As System.Object, ByVal e As System.EventArgs) Handles Button1.Click
        Button1.Font = New Font("宋体", 20, FontStyle.Bold)
    End Sub
End Class
```

当用户对一个对象发出一个动作时，可能同时在该对象上发生多个事件，例如，单击一下鼠标，同时发生了 Click、MouseDown、MouseUp 事件。写程序时，程序员只需编写必须响应的事件过程，并不要求对所有这些事件都编写代码，如命令按钮的"单击"(Click)事件比较常见，其事件过程需要编写，而其 MouseDown 或 MouseUp 事件则可有可无，程序员可根据需要选择。没有编码的为空事件过程，系统也就不处理该事件过程。在表 2-2 中列出了窗体和大部分控件主要的通用事件。

表 2-2　窗体和大部分控件主要的通用事件

事　件	说　　明
Click	鼠标触发事件，在单击窗体时发生
DoubleClick	鼠标触发事件，在双击窗体时发生
MouseDown	鼠标触发事件，按下任一个鼠标按键时发生
MouseUp	鼠标触发事件，释放任一个鼠标按键时发生
MouseMove	鼠标触发事件，移动鼠标时发生
KeyPress	键盘触发事件，按下并释放一个会产生 ASCII 码的键时发生
KeyDown	键盘触发事件，按下任意一个键时发生
KeyUp	键盘触发事件，释放任意一个按下的键时发生

2.1.3　方法

方法是一个对象对外提供的某些特定动作的接口，它是对象的行为或动作，是对象本身内含的程序段。每个方法完成某个功能，但其实现步骤和细节用户既看不到，也不能修改，程序员能做的工作就是按照约定直接调用它们，即在使用各种对象的方法时，只须了解它们的功能和用法，无须知道其中的奥秘。

Visual Basic 的方法用于完成某种特定功能，如显示窗体(Show)方法、获得焦点(Focus)方法。方法只能在代码中使用。对象方法的调用格式为：

　　[对象.]方法 [参数名表]

例如：

　　Form1.Hide( )　　　　　'隐藏 Form1 窗体

　　TextBox1.Focus( )　　　'将焦点移至 TextBox1 文本框

2.1.4　窗体

窗体是一种对象，是所有控件的容器，是 Visual Basic 应用程序的基本构造模块，是运行应用程序时与用户交互操作的实际窗口。窗体有自己的属性、事件和方法。表 2-3 中列出了窗体主要的属性、方法和事件。

表 2-3　窗体主要的属性、方法和事件

属性、方法、事件		说　　明
属性	MaximizeBox MinimizeBox	获取或设置一个值(True/False)。设置在窗体上是否显示"最大化"、"最小化"按钮。若要该属性可用，还要设置 FormBorderStyle 属性取值为如下之一：FormBorderStyle.FixedSingle、FormBorderStyle.Sizable、FormBorderStyle.Fixed3D、FormBorderStyle.FixedDialog
	Icon	获取或设置窗体的图标。用于指定在任务栏中表示该窗体的图片以及窗体的控件框显示的图标
	ControlBox	获取或设置一个值(True 或者 False)。该值指示在该窗体的标题栏中是否显示控制菜单框，控制菜单框是用户可单击以访问系统菜单的地方

属性、方法、事件		说　明
属性	BackgroundImage	获取或设置在窗体中显示的背景图像
	FormBorderStyle	指定窗体的边框样式。其取值是枚举类型(FormBorderStyle)： None：无边框。 FixedSingle：固定的单行边框。 Fixed3D：固定的三维边框。 FixedDialog：固定的对话框样式的粗边框。 Sizable：默认样式，可调整大小的边框。 FixedToolWindow：不可调整大小的工具窗口边框。工具窗口不会显示在任务栏中也不会显示在当用户按 Alt + Tab 时出现的窗口中。 SizableToolWindow：可调整大小的工具窗口边框。工具窗口不会显示在任务栏中也不会显示在当用户按 Alt + Tab 时出现的窗口中
	WindowsState	获取或设置窗体的窗口状态。其取值是枚举类型(FormWindowState)： Normal：默认大小的窗口。 Minimized：最小化的窗口(以图标方式运行)。 Maximized：最大化的窗口
	AcceptButton	获取或设置窗体的"接受"按钮(也称作默认按钮)。如果设置了"接受"按钮，则每当用户按 Enter 键时，即单击"接受"按钮，而不管窗体上其他哪个控件具有焦点
	CancelButton	获取或设置窗体的"取消"按钮。如果设置了"取消"按钮，则每当用户按 Esc 键时，即单击"取消"按钮，而不管窗体上其他哪个控件具有焦点
方法	Activate	激活窗体并给予它焦点
	Hide Show ShowDialog	对用户隐藏窗体、显示窗体、将窗体显示为模式对话框。例如： 　Private Sub Button1_Click(ByVal sender As System.Object, ByVal e As System.EventArgs) Handles Button1.Click 　　Dim f2 As Form = New Form( ) 　　Me.Hide( )　　　　'隐藏窗口 　　f2.Show( )　　　　'显示窗口 　　' f2.ShowDialog( )　　'将窗口显示为模式对话框 　End Sub
	Close	关闭窗体。例如： 　Private Sub Buttonl_Click(ByVal sender As System.Object，ByVal e As System.EventArgs) Handles Buttonl.Click 　　Me.Close( ) 　End Sub
事件	Load	在第一次显示窗体前发生。当应用程序启动时，自动执行 Load 事件，所以该事件通常用来在启动应用程序时初始化属性和变量
	Activated	当使用代码激活或用户激活窗体时发生
	Resize	在调整控件大小时发生

例如，编程实现如下功能：

① 窗体标题设置为"Hello Visual Basic"；

② 单击窗体，设置背景图片；

③ 双击窗体，最小化按钮功能失效。

具体操作步骤如下：

(1) 创建 Windows 窗体应用程序。启动 VB.NET，选择"文件"菜单中的"新建项目"，从"新建项目"对话框中选择"Windows 窗体应用程序"，单击"确定"按钮。

(2) 编写 Form1_Load 事件处理过程。双击窗体空白处，在 Form1.vb 中自动创建 Form1_Load 事件过程，在其中输入程序代码：

```
Me.Text = "Hello Visual Basic"
```

Form1_Load 事件过程如下：

```
Private Sub Form1_Load(ByVal sender As System.Object, ByVal e As System.EventArgs) Handles
MyBase.Load
    ' 设置窗体标题栏文本
        Me.Text = "Hello Visual Basic"
End Sub
```

(3) 编写 Form1_Click 事件处理过程，使单击窗体后在窗体上设置背景图片。图片文件"D:\1\Desert.jpg"。

Form1_Click 事件过程如下：

```
Private Sub Form1_Click(ByVal sender As Object, ByVal e As System.EventArgs) Handles Me.Click
    ' 设置窗体背景图片
        Me.BackgroundImage = Image.FromFile("D:\1\Desert.jpg")
End Sub
```

(4) 编写 Form1_DoubleClick 事件处理过程，使双击窗体后在窗体上的最小化按钮功能失效。

Form1_DoubleClick 事件过程如下：

```
Private Sub Form1_DoubleClick(ByVal sender As Object, ByVal e As System.EventArgs) Handles
Me.DoubleClick
        Me.MinimizeBox = False
End Sub
```

(5) 单击工具栏上的"启动调试"按钮或按快捷键 F5，运行测试程序。

2.1.5　Label(标签)控件

Label(标签)控件主要用来显示输出文本信息，也可以为窗体上其他控件作题注。Label 的主要属性如表 2-4 所示。

表 2-4 Label 控件的主要属性

属 性	说 明
Text	获取或设置 Label 中的文本
Image	获取或设置 Label 中的图像
ImageList	获取或设置包含要在 Label 控件中显示的图像的 ImageList
ImageIndex	获取或设置在 Label 控件上显示的图像的索引值
TextAlign ImageAlign	获取或设置标签中文本/图像的对齐方式。取值(ContentAlignment 枚举值)：TopLeft、TopCenter、TopRight、MiddleLeft、MiddleCenter、MiddleRight、BottomLeft、BottomCenter、BottomRight
AutoSize	获取或设置一个值(True 或 false)，该值指示是否自动调整控件的大小以完整显示其内容
BorderStyle	获取或设置控件的边框样式。取值(BorderStyle 枚举)：None(无边框，默认值)、FixedSingle(单行边框)、Fixed3D(三维边框)

【例 2.1】 在窗体上创建一个按钮和一个标签，程序运行时，单击"按钮"，在标签框中显示"当你学习了这门课程后，能够编写出各种应用程序"，字号为 20 磅，字体为"黑体"。

操作步骤如下：

(1) 创建 Windows 窗体应用程序。

启动 VB.NET，选择"文件"菜单中的"新建项目"命令，从"新建项目"对话框中选择"Windows 窗体应用程序"，单击"确定"按钮。

(2) 单击工具栏上的工具箱按钮，从打开的工具箱中选择 Label，在窗体上拖动鼠标创建一个标签，设置 Label 的 AutoSize 属性值为 False；再从工具箱中选择 Button，在窗体上拖动鼠标创建一个按钮，设置按钮的 Text 属性值为"显示"。

(3) 双击"按钮"，打开代码编辑器，编写 Button1_Click 事件。事件过程如下：

```
Private Sub Button1_Click(ByVal sender As System.Object, ByVal e As System.EventArgs) Handles Button1.Click
        Label1.Font = New Font("黑体", 20)
        Label1.Text = "当你学习了这门课程后，能够编写出各种应用程序"
    End Sub
```

(4) 单击工具栏上的"启动调试"按钮或按快捷键 F5，运行测试程序。

程序运行结果如图 2-1 所示。

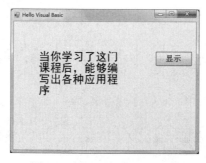

图 2-1 例 2.1 程序运行界面

2.1.6　TextBox(文本框)控件

　　TextBox(文本框)是一个文本编辑区域，可以在该区域输入、编辑、修改和显示正文内容，即可以创建一个文本编辑器。TextBox 的主要属性、方法和事件如表 2-5 所示。

表 2-5　TextBox 的主要属性、方法和事件

属性、方法、事件		说　　明
属性	Text	获取或设置 TextBox 中的当前文本
	ReadOnly	获取或设置文本框是否(True 或 False)为只读。默认为 False
	MaxLength	获取或设置用户可在文本框控件中键入或粘贴的最大字符数
	PasswordChar	获取或设置字符，该字符用于屏蔽单行 TextBox 控件中的密码字符
	Multiline	获取或设置是否(True 或 False)允许多行编辑。默认为 False
	WordWrap	获取或设置是否(True 或 False)允许多行编辑时自动换行。默认值为 True
	ScrollBars	获取或设置多行编辑 TextBox 控件是否带滚动条。取值(ScrollBars 枚举)：None(不显示)、Horizontal(水平滚动条)、Vertical(垂直滚动条)、Both(同时显示)。默认值为 None
	AcceptsReturn	获取或设置是否(True 或 False)允许多行编辑时按 Enter 键时创建新行。默认值为 False
	AcceptsTab	获取或设置是否(True 或 False)允许多行编辑时按 Tab 键时键入一个 Tab 字符。默认值为 False
	CharacterCasing	获取或设置是否转换键入字符的大小写格式。取值(CharacterCasing 枚举)：Normal(保持不变)、Upper(转换为大写)、Lower(转换为小写)。默认值为 Normal
	SelectionStart	获取或设置文本框中选定的文本起始点
	SelectionLength	获取或设置文本框中选定的字符数
	SelectedText	获取或设置文本框中当前选定的文本
方法	AppendText	向文本框的当前文本追加文本
	Clear	从文本框控件中消除所有文本
	Copy	将文本框中的当前选定内容复制到"剪贴板"
	Cut	将文本框中的当前选定内容移动到"剪贴板"
事件	TextChanged	在 Text 属性值更改时发生
	Leave	当活动控件不再是文本框时发生

　　【例 2.2】　在文本框中输入密码，密码以 * 显示，程序运行界面如图 2-2 所示。

图 2-2　例 2.2 程序运行界面

操作步骤如下：

(1) 创建项目。

(2) 在窗体上添加一个标签，标签属性 Text = "输入密码"，用于显示密码标示；添加一个文本框，文本框属性 PasswordChar = "*"，用于输入密码。

(3) 启动调试。

本程序只需设置属性，无需编写代码。

2.1.7　Button(按钮)控件

Button(按钮)控件的功能类似于家用电器的功能按钮，按下它就代表要执行某种功能。在 Visual Basic 应用程序中一般都设有命令按钮，以便用户与应用程序进行交互。它常用来启动、中断或结束一个程序的执行。Button 控件的主要属性和事件如表 2-6 所示。

表 2-6　Button 控件的主要属性和事件

属性、事件		说　　明
属性	Text	获取或设置 Button 中的当前文本
	Image	获取或设置显示在 Button 控件上的图像
	ImageList	获取或设置包含按钮控件上显示的 Image 的 ImageList
	FlatStyle	获取或设置按钮控件的平面样式外观
事件	Click	在单击 Button 控件时发生
	DoubleClick	在双击 Button 控件时发生

【例 2.3】　设计一个程序，由用户从键盘上输入两个数，然后再选择对它们分别进行加、减、乘、除法运算，并将结果显示出来，其界面设计如图 2-3 所示。

图 2-3　例 2.3 程序设计界面

在本例的窗体中添加了 2 个 TextBox，用于输入 2 个操作数；添加了 3 个 Label，用于显示"运算符"、"="和"结果"；添加了 6 个 Button，用于执行加、减、乘、除运算以及清除操作数和运算结果、结束程序。

本例的事件代码如下：

```
Public Class Form1
        Private Sub Form1_Load(ByVal sender As System.Object, ByVal e As System.EventArgs)
Handles MyBase.Load
            Me.Text = "Hello Visual Basic"
```

```
End Sub

Private Sub Button1_Click(ByVal sender As System.Object, ByVal e As System.EventArgs)
Handles Button1.Click
        Label1.Text = "+"
        Label3.Text = Str(Val(TextBox1.Text) + Val(TextBox2.Text))
End Sub

Private Sub Button2_Click(ByVal sender As System.Object, ByVal e As System.EventArgs)
Handles Button2.Click
        Label1.Text = "−"
        Label3.Text = Str(Val(TextBox1.Text) − Val(TextBox2.Text))
End Sub

Private Sub Button3_Click(ByVal sender As System.Object, ByVal e As System.EventArgs)
Handles Button3.Click
        Label1.Text = "*"
        Label3.Text = Str(Val(TextBox1.Text) * Val(TextBox2.Text))
End Sub

Private Sub Button4_Click(ByVal sender As System.Object, ByVal e As System.EventArgs)
Handles Button4.Click
        Label1.Text = "/"
        Label3.Text = Str(Val(TextBox1.Text) / Val(TextBox2.Text))
End Sub

Private Sub Button5_Click(ByVal sender As System.Object, ByVal e As System.EventArgs)
Handles Button5.Click
        TextBox1.Text = ""
        TextBox2.Text = ""
        Label1.Text = "运算符"
        Label3.Text = "结果"
End Sub

Private Sub Button6_Click(ByVal sender As System.Object, ByVal e As System.EventArgs)
Handles Button6.Click
        End
End Sub
End Class
```

2.2 求解"鸡兔同笼"问题

学习程序设计语言就是为了编写程序，用计算机解决具体问题。在前面学习了 VB.NET 的运行环境和基本控件的使用后，我们就要学习如何编写程序，解决具体问题的方法。

下面我们讨论一下用 VB.NET 编程求解"鸡兔同笼"的问题。

鸡兔同笼是中国古代的数学名题之一。大约在 1500 年前，《孙子算经》中就记载了这个有趣的问题。书中是这样叙述的："今有雉兔同笼，上有三十五头，下有九十四足，问雉兔各几何？"这四句话的意思是：有若干只鸡兔同在一个笼子里，从上面数，有 35 个头，从下面数，有 94 只脚。问笼中各有几只鸡和兔？

1. 问题分析

本问题求解笼中各有几只鸡和兔，需要先按照数学方法列出算式。

算法一：抬腿法。

(总脚数 − 总头数 × 鸡的脚数) ÷ (兔的脚数 − 鸡的脚数) = 兔的只数

$$\frac{94-35\times2}{2}=12(兔子数)$$

总头数(35) − 兔子数(12) = 鸡数(23)

解释：假如鸡与兔子都抬起两只脚，还剩下 94 − 35 × 2 = 24 只脚，这时鸡是屁股坐在地上，地上只有兔子的脚，而且每只兔子有两只脚在地上，所以有 24 ÷ 2 = 12 只兔子，就有 35 − 12 = 23 只鸡。

算法二：假设法。

假设全是鸡：

$$2 \times 35 = 70 （只）$$

鸡脚比总脚数少：

$$94 - 70 = 24 （只）$$

兔：

$$24 \div (4 - 2) = 12 （只）$$

鸡：

$$35 - 12 = 23 （只）$$

算法三：假设法(通俗)。

假设鸡和兔子都抬起一只脚，笼中站立的脚数为：

$$94 - 35 = 59 （只）$$

然后再抬起一只脚，这时候鸡两只脚都抬起来就摔倒了，只剩下用两只脚站立的兔子的站立脚：

$$59 - 35 = 24 （只）$$

所以兔子有

$$24 \div 2 = 12 （只）$$

鸡有：

$$35 - 12 = 23 \, (只)$$

算法四：方程法(一元一次方程)。

解 1　设兔有 x 只，则鸡有 $(35 - x)$ 只。

$$4x + 2(35 - x) = 94$$
$$x = 12$$
$$35 - 12 = 23 \, (只)$$

解 2　设鸡有 x 只，则兔有 $(35 - x)$ 只。

$$2x + 4(35 - x) = 94$$
$$x = 23$$
$$35 - 23 = 12 \, (只)$$

答：兔子有 12 只，鸡有 23 只。

注：通常设方程时，选择腿的只数多的动物，会在套用到其他类似鸡兔同笼的问题上，好算一些。

算法五：方程法(二元一次方程)。

解　设鸡有 x 只，兔有 y 只。

$$\begin{cases} x + y = 35 & (1) \\ 2x + 4y = 94 & (2) \end{cases}$$

方程(1)的两端乘以 2，变为

$$2x + 2y = 70 \qquad\qquad (3)$$

方程(2) – (3)，得

$$2y = 24$$

解得 $y = 12$。把 $y = 12$ 代入方程(1)，得：

$$x + 12 = 35$$

解得 $x = 23(只)$。

答：兔子有 12 只，鸡有 23 只。

2. 编写程序

通过以上分析我们发现，同样一个问题可能会出现多种解法。编写程序的前提是先分析问题，找出解决问题的方法，再用某一种程序语言把算法转换为程序。在这一过程中，把算法转换为程序是关键，有很多算法能够解题，但不一定适合程序实现。一般情况下方程法比较适合用程序实现。下面我们用二元一次方程算法思路，编程求解"鸡兔同笼"的问题。

程序源代码如下：

```
Public Class Form1
    Private Sub Form1_Load(ByVal sender As System.Object, ByVal e As System.EventArgs)
Handles MyBase.Load
        TextBox1.Text = 35
        TextBox2.Text = 94
```

```
        End Sub

        Private Sub Button1_Click(ByVal sender As System.Object, ByVal e As System.EventArgs)
Handles Button1.Click
            TextBox3.Text = (4 * Val(TextBox1.Text) − Val(TextBox2.Text)) / 2
            TextBox4.Text = Val(TextBox1.Text) − Val(TextBox3.Text)

        End Sub
    End Class
```

程序运行界面如图 2-4 所示。

图 2-4　"鸡兔同笼"程序运行界面

程序解析：

按照二元一次方程算法，设鸡的个数为 x，兔子的个数为 y，则

$$\begin{cases} x + y = 35 & (1) \\ 2x + 4y = 94 & (2) \end{cases}$$

通过消元法可得：

$$x = \frac{4 \times 35 - 94}{2}, \quad y = 35 - x$$

在程序设计时，通常对已知数的处理都放在 Form 的 Load 事件过程中处理，35 和 94 是已知数，我们把它放入文本框 1 和文本框 2 中：

```
TextBox1.text=35
TextBox2.text=94
```

用按钮单击事件触发运算，把计算结果放入文本框 3 和文本框 4 中：

```
TextBox3.Text = (4 * Val(TextBox1.Text) − Val(TextBox2.Text)) / 2
TextBox4.Text = Val(TextBox1.Text) − Val(TextBox3.Text)
```

注意： TextBox 中的数据是文本类型，文本类型的数据不能进行算术运算，Val( )函数的作用是把文本型数据转换为数值型数据，这样就可以实现算术运算了。

在这个例子中用到了 Visual Basic 程序的类型转换和赋值运算两个基本语法。

2.3　计算分段函数

对于自变量 x 的不同的取值范围，有着不同的对应法则，这样的函数通常叫做分段函数。它是一个函数，而不是几个函数。

1. 提出问题

输入 x，计算 y 的值。其中：

$$y = \begin{cases} x+1, & x < 0 \\ 2x-1, & x \geqslant 0 \end{cases}$$

这是一个二元一次方程分段求解的问题。分段求解，就是根据条件进行判断，符合哪种条件，就按相应的算式进行计算。在计算机编程语言中，对这类问题，需要通过条件判断语句实现。

2. 编写程序

本题程序源代码如下：

```
Public Class Form1

    Private Sub Form1_Load(ByVal sender As System.Object, ByVal e As System.EventArgs)
Handles MyBase.Load
        Label1.Image = Image.FromFile("d:\1\fd.jpg")
    End Sub

    Private Sub Button1_Click(ByVal sender As System.Object, ByVal e As System.EventArgs)
Handles Button1.Click
        Dim x!, y!
        x = Val(TextBox1.Text)
        If x < 0 Then
            y = x + 1
        Else
            y = 2 * x - 1
        End If
        TextBox2.Text = y
    End Sub

End Class
```

程序运行界面如图 2-5 所示。

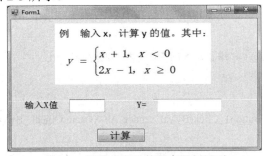

图 2-5　计算分段函数程序运行界面

3. 程序解析

在本例中，用到 Visual Basic 的条件判断语句是 If…Then…Else…End If 结构。首先通过文本框 1 输入自变量的值，赋值给 x：

x = Val(TextBox1.Text)

然后通过条件分支判断语句 If…Then…Else…End If 判断 x 是否小于 0 或大于等于 0，计算函数 y 的值，并在文本框 2 中输出计算结果：

TextBox2.Text = y

本例中用到了两个变量 x 和 y。在程序运行过程中其值可发生变化的量称为变量。x 的值可以通过键盘输入不同的值，y 值随着 x 值的不同而不同，因此 x、y 的值在程序运行过程中是可变的，x、y 就是变量。

在 VB.NET 中规定，变量在使用前必须要事先声明，变量声明就是要通过专用的语法来说明变量的名称及变量的数据类型。在 VB.NET 中规定，变量名称必须以英文字母开始，由英文字母、阿拉伯数字和下划线组成。数据类型一般包括整数类型、单精度小数类型、双精度小数类型、字符类型等。本题程序中的语句"Dim x!, y!"就是定义了 x、y 两个变量，且 x、y 的数据类型是单精度小数类型。

 注意：变量名中可以没有数字或下划线，但一定有英文字母。

2.4　计算乘方与阶乘

乘方和阶乘都是在完成乘法运算。乘方是同一个数多次相乘，阶乘是连续的多个整数相乘。

1. 问题提出

求 5 的 5 次方，再求 5 的阶乘。

$$5^5 = 5 * 5 * 5 * 5 * 5 = 3125$$

(注："*"在 VB.NET 中表示乘法运算符。)

$$5! = 1 * 2 * 3 * 4 * 5 = 120$$

2. 编写程序

```
Public Class Form1


    Private Sub Form1_Load(ByVal sender As System.Object, ByVal e As System.EventArgs)
Handles MyBase.Load
        Label1.Text = "编程求 5 的 5 次方和 5 的阶乘"
    End Sub


    Private Sub Button1_Click(ByVal sender As System.Object, ByVal e As System.EventArgs)
Handles Button1.Click
        Dim x%, y%, n%, i%
```

```
            n = 5 : x = 1 : y = 1
            For i = 1 To n
                x = x * n
                y = y * i
            Next
            TextBox1.Text = x
            TextBox2.Text = y
        End Sub

    End Class
```

程序运行结果如图 2-6 所示。

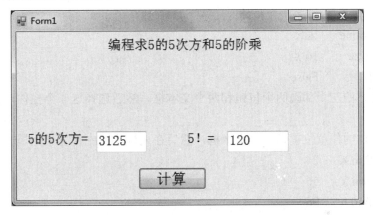

图 2-6   求 5 的 5 次方及 5 的阶乘程序运行界面

3. 程序解析

求 n 的 m 次方或求 n 的阶乘，都有一个共同的特点，即有规律数字的重复乘法运算。求 n 的 m 次方，是 m 个 n 的连续相乘，求 n 的阶乘是从 1 到 n 的连续数字相乘。连续相乘的运算可以看做是下述的运算形式(以 5 的 5 次方为例)：

起始数字设定为 1(因为 1 乘以任何实数都等于该数本身)。如 1→x，5→n，则 x*n 就是 1*5，相当于第一个 5；如果我们把这个"积"再次写入 x，则 x 的值就变成了 5，下一次运行 x*n 就变成了 5*5，"积"为 25；再次把该"积"写入 x，则 x 的值就变成了 25，再下一次运行 x*n，就变成了 25*5，"积"为 125；以此类推，x 的值最后就变成了 3125。

语句 x=x*n 可实现上面的运算法则，通过上面的分析可以得出，把这句话重复 5 次就是 5 次方，重复 m 次，就是 m 次方。重复次数的表示在 VB.NET 中可通过次数循环语句 for…next 实现。例如，

```
        for i=1 to 5
```

表示 i 从 1 到 5 变化(i=1, 2, 3, 4, 5)，即重复 5 次，这样我们把 x=x*n 放到这个循环内部，该语句就可以重复执行 5 次。

程序段：

```
        n = 5 : x = 1
        For i = 1 To n
```

```
        x = x * n
    Next
```

该程序段的功能就是求 n 的 n 次方。本题 n = 5，因此求的是 5 的 5 次方。

求阶乘的算法思路与求 n 的 n 次方一致。请读者自己分析。

习 题 2

2.1　可以通过哪些方法激活属性窗口和工具箱窗口？

2.2　如何设置对象的属性？

2.3　在窗体上画一个按钮，然后通过属性窗口设置下列属性：

Text　　　　　这是一个按钮

Font.Name　　宋体

Font.Size　　16 点

Visible　　　False

2.4　在窗体的左上部画两个按钮和两个文本框，然后选择这 4 个控件，并把它们移到窗体的左下部。

2.5　在窗体的任意位置画一个文本框，然后在属性窗口中设置下列属性：

Location.X　　24

Location.Y　　56

Size.Width　　96

Size.Height　　32

2.6　确定一个控件在窗体上的位置和大小时所使用的是控件的什么属性？

2.7　假定一个文本框的名称(Name 属性)是 Text1，为了在该文本框中显示 "Good Morning"，应使用什么语句？

2.8　为了选择多个控件，应按住什么键后单击每个要选择的控件？

2.9　在用 Visual Basic.NET 开发应用程序时，一般分几步进行？每一步需要完成哪些操作？

2.10　Visual Basic.NET 应用程序通常由几类文件组成？在存盘时各使用什么扩展名？

2.11　假定窗体的名称为 Form1，为了把窗体的标题设置为 "VB.NET Test"，应使用什么语句？

2.12　可以通过哪几种方法打开代码窗口？

2.13　在窗体上画两个文本框和一个按钮，然后在代码窗口中编写如下事件过程：

```
Private Sub Button1 Click (ByVal sender As Object,ByVal e As System.EventArgs) Handles Button1.Click

    TextBox1.Text = "Visual Basic. NET Programming"

    TextBox2.Text = TextBox2.Text

    TextBox1.Text = "ABCDE"

End Sub
```

程序运行后，单击按钮，在两个文本框中各显示什么内容？

2.14   Visual Basic .NET 应用程序用什么方式执行？

2.15   在窗体上画一个文本框和两个按钮，把两个按钮的标题分别设置为"显示"和"清除"。程序运行后，在文本框中输入一行文字(例如"VB.NET 程序设计")，如果单击第一个按钮，则把文本框中的内容显示为窗体标题；如果单击第二个按钮，则清除文本框中的内容。编写能够实现上述功能的事件代码。

2.16   按如下要求完成操作：

(1) 建立一个 Windows 应用程序项目，其名称为 myprog，存放位置为 d:\test。

(2) 在窗体上画一个文本框和两个按钮，当单击第一个按钮时，文本框消失；而当单击第二个按钮时，文本框重新出现，并在文本框中显示"VB.NET 程序设计"，字体大小为 16。

(3) 运行程序，验证操作是否正确。

(4) 执行"文件"菜单中的"全部保存"命令。然后查看在 D:\test\myprog 目录下建立的子目录和文件。

(5) 退出 Visual Basic .NET。

(6) 重新启动 Visual Basic .NET，装入上面建立的程序，并在窗体上增加一个按钮，当单击该按钮时，结束程序运行。保存所做的修改。

第3章 VB.NET 语言基础

上一章我们介绍了用 VB.NET 编写 Windows 窗体应用程序的方法；窗体和基本控件的属性、方法、事件；又通过 3 个简单的实例说明编写程序用到的一些方法。本章将介绍在编写 VB.NET 源程序代码时必须掌握的一些基本语法知识，包括基本编码规则、数据类型、运算表达式和内部函数等的使用方法。为了掌握 VB.NET 编程技术，必须认真学习这一章，打下扎实的程序设计语言基础。

3.1 编 码 规 则

3.1.1 语句的书写规则

VB.NET 语句的书写规则如下：

(1) 将单行语句分成多行。可以在"代码"窗口中用续行符(一个空格后面跟一个下划线)将长语句分成多行，一行允许多达 255 个字符。由于使用续行符，无论在计算机上还是打印出来的代码都变得容易读懂。

📢 **注意**：在同一行内，续行符后面不能加注释。

(2) 将多个语句合并到同一行上。通常，一行之中只有一个 Visual Basic 语句，而没有语句终结符，但是在需要时也可以将两个或多个语句放在同一行，只需用冒号"："将它们分开即可。为了便于阅读代码，建议还是一行放一个语句为好。

(3) Visual Basic 代码不区分字母的大小写。为了提高程序的可读性，VB.NET 对用户程序代码进行自动转换：

① 对于 VB.NET 中的关键字，首字母总被转换成大写，其余字母被转换成小写。

② 若关键字由多个英文单词组成，它会将每个单词首字母转换成大写。

③ 对于用户自定义的变量、过程名，VB.NET 以第一次定义的为准，以后输入的自动向首次定义的转换。

3.1.2 注释

在使用注释之前必须先了解注释的作用。注释不仅仅是对程序的解释，它对于程序的调试也非常有用。例如，可以利用注释屏蔽一条语句以观察变化，发现问题和错误。所以，代码段中加入适当的注释既是为了方便开发者的维护和调试，也是为了方便以后可能检查源代码的其他程序员的工作。以后注释语句将是我们在编程里最经常用到的语句之一。

在 Visual Basic 里，注释语句有两种，一种是用"Rem"关键字表示，还有一种是利用单引号"'"表示。Visual Basic 遇到以 Rem 或注释符"'"开头的语句将忽略其后面的内容。例如：

    Rem 这是从窗口左边开始的注释
    TextBox1.Text = "Welcome!"　　　　　　　　' 在文本框中写欢迎词
    TextBox2.Text = "Hello!"　　：　Rem 向文本框中写入问候语

其中，"'"注释可以和语句在同一行，并写在语句的后面，也可占据一整行。Rem 注释语句一般占据一整行，若写在其他语句的后面，则需使用语句分隔符":"。

 注意：不能在同一行上将注释接在续行符之后。

3.2　数　据　类　型

VB.NET 属于强类型语言，每个变量和对象都必须事先声明类型。

3.2.1　类型系统

VB.NET 有两大数据类型，参见表 3-1。

表 3-1　VB.NET 类型系统

类　　　别		说　　　明
值类型	简单	有符号整型
		无符号整型
		Unicode 字符型：Char
		IEEE 浮点型
		高精度小数型
		布尔型
	枚举	Enum…End Enum
	结构	
	可以为 Nothing	
引用类型	类	其他所有类型的最终类型：Object
		Unicode 字符串型：String
		日期类型：Date
		Class…End Class 形式的用户定义的类
	标准模块	Module…End Module 形式的用户定义的标准模块
	接口	Interface…End Interface 形式的用户定义的接口
	数组	一维和多维数组
	委托	Delegate 形式的用户定义的类型

3.2.2 值类型

值类型的变量在堆栈中直接包含其数据，每个变量都有自己的数据副本(Byref 参数变量除外)，因此对一个变量的操作不影响另一个变量。值类型一般适合于存储少量数据，可以实现高效率处理。

3.2.3 引用类型

引用类型的变量在堆栈中存储对数据(对象)的引用(地址)，数据(对象)存储在托管运行环境管理的堆中。对于引用类型，两个变量可能引用同一个对象，因此对一个变量的操作可能影响另一个变量引用的对象。

【例 3.1】 值类型和引用类型之间的区别示例。其中：变量 val1、val2 是值类型；ref1、ref2 是引用类型。源代码如下：

```vb
Public Class Form1
    Class class1
        Public value As Integer = 0
    End Class

    Private Sub Form1_Load(ByVal sender As System.Object, ByVal e As System.EventArgs)
Handles MyBase.Load
        Dim val1 As Integer = 0
        Dim val2 As Integer = val1
        val2 = 123
        Dim ref1 As class1 = New class1()
        Dim ref2 As class1 = ref1
        ref2.value = 123
        Label1.Text = "Value:" & val1 & "    " & val2 & vbCrLf
        label1.text &= "Refs:" & ref1.value & "    " & ref2.value
    End Sub
End Class
```

程序运行结果如图 3-1 所示。

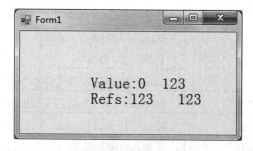

图 3-1 值类型与引用类型区别示例

例 3.1 程序代码的内存分配示意图如图 3-2 所示。

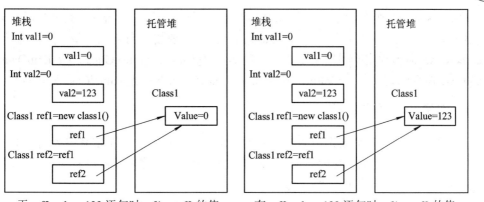

无 ref2.value=123 语句时 ref1、ref2 的值　　有 ref2.value=123 语句时 ref1、ref2 的值

图 3-2　例 3.1 程序运行内存分配示意图

3.3　变　　量

计算机在处理数据时，必须将其装入内存，并且需要为程序执行期间用于存放数据的内存单元命名，通过内存单元名来访问其中的数据。命了名的内存单元就是变量或常量。

在 2.2 节给出的求解鸡和兔的个数的例子中，开始时它们是未知数，程序给出的初始值为 0，经过计算后有了新的数值，它们的值从程序开始运行到程序结束前是有变化的，这类数据在程序设计语言中被称为变量。变量需有一个名字(用来引用变量所包含的值)和数据类型(确定变量能够存储的数据的种类)，在内存中占有一定的存储单元，在该存储单元中存放变量的值，其值在程序运行期间可以改变。变量的值可以通过赋值运算来改变。

📢 **注意**：变量名和变量的值是不同的两个概念。

3.3.1　标识符

Visual Basic 语言中定义的类型和成员名称必须为有效的标识符。

标识符的第一个字符必须是英文字母或下划线，其后的字符可以是字母、下划线或数字。

📢 **注意**：VB.NET 定义的关键字不能用作用户自定义的标识符(如 Case)，但可以定义用中括号括起来的"转义名称"(如[Case])。

VB.NET 的关键字是指 VB.NET 中系统已经定义的词，如语句、函数、运算符等。有关 Visual Basic 语言定义的关键字的详细信息，可参见在线帮助。例如，myVar、strName、objl、[namespace]为有效的标识符；而 99var、It's、End、Integer 等为无效的标识符。

Visual Basic 中的标识符不区分大小写。这意味着编译器在比较两个只有字母大小写不同的名称时，会将它们解释为相同的名称。例如，它将 ABC 和 abc 视为相同的已声明元素。

3.3.2　变量的命名规则

目前，.NET Framework 一般遵循两种命名约定：PascalCase 和 camelCase。PascalCase 约定在多个单词组成的名称中，每个单词除第一个字母大写外，其余的字母均小写。

camelCase 约定在多个单词组成的名称中，第一个单词以小写字母开头，其余单词的第一个字母大写，其他的字母均小写。PascalCase 命名约定一般用于自定义类型，如自定义类名；而 camelCase 命名约定一般用于变量名。例如，MyClass、MouseClick、GetItemData 遵循 PascalCase 命名约定；而 myValue、firstName、dateOfBirth 遵循 camelCase 命名约定。

3.3.3 变量的声明和赋值

使用变量前，一般必须先声明变量名、指定变量的类型，以决定系统为它分配的存储单元。在 Visual Basic 中，变量的声明一般有两种方法：显式声明和隐式声明。

显式声明变量语句的语法格式为：

Dim | Private | Static | Public 变量名 [As 变量类型]=[初值]

其中，Public 语句用来声明公有的模块级变量；Private 或 Dim 语句用来声明私有的模块级变量；Dim 或 Static 语句用来声明过程级局部变量。

一般情况下，声明变量使用 "As 变量类型" 指定该变量的类型。如果不指定，则默认指定该变量为 Object 类型，这样对该变量进行赋值和访问操作时，需要进行类型转换操作，从而影响程序执行的效率。

如果采用 "Dim 变量名=初值" 的方式，如 "Dim i =1"，则 Visual Studio 2008 以后版本的编译器会执行局部类型推断，将 i 的类型推断为 Integer(整型)，即声明变量时无需显式声明数据类型，编译器将通过初始化表达式的类型推断变量的类型。

> 📢 **注意：** 如果设置编译选项 Option Infer Off，则编译器不会执行局部类型推断，即该变量的类型为 Object 类型。

除了在声明语句中指定数据类型外，还可以用 "类型字符" 强制某些编程元素的数据类型，如表 3-2 所示。类型字符必须紧跟在元素之后，中间不允许插入任何类型的字符。

> 📢 **注意：** 类型字符不是元素名的一部分。引用用类型字符定义的元素时可以不使用类型字符。

表 3-2 标识符类型字符

标识符类型字符	数据类型	示　　例	相　当　于
%	Integer	Dim num%	Dim num as Integer
&	Long	Dim length&	Dim length as Long
@	Decimal	Const rate@ = 37.5	Const rate as Decimal=37.5
!	Single	Dim area!	Dim area as Single
#	Double	Dim price#	Dim price as Double
$	String	Dim name$ = "Secret"	Dim name as String= "Secret"

在某些情况下，可以将 $ 字符追加到 Visual Basic 函数中。例如，用 Left$代替 Left。

Visual Basic 语言中声明值类型变量时，如果没有指定初值，则系统会自动赋予相应类型的初值(例如，Integer 类型变量的初值为 0)；声明引用类型的变量时，该变量被访问之前必须被初始化，否则运行时会产生异常 NullReferenceException。因此，不可能访问一个未初始化变量。

默认情况下，Visual Basic 编译器强制实施"显式声明"，即要求每个变量都要先声明才能使用。为了移植老版本的程序(存在没有预先声明的变量，即所谓的隐式声明方式)，则可以通过下列方式改变该编译选项：

(1) 在集成开发环境(IDE)中设置相应的项目属性：Option Explicit(选择 Off)。

(2) 指定/optionexplicit 命令行编译器选项：/optionexplicit。

(3) 在代码的开头包含 Option Explicit 语句：Option Explicit Off。

注意：一般情况下，应该打开此选项(默认值)，否则容易产生许多不必要的错误。

变量赋值：变量 = 要赋的值，如 x=6。

【例 3.2】 局部变量的声明和赋值示例。

实现代码如下：

```
Public Class Form1
        Private Sub Form1_Load(ByVal sender As System.Object, ByVal e As System.EventArgs)
Handles MyBase.Load

        Dim var1                    '声明局部变量 var1，默认为 Object 类型，未初始化
        Dim var2%                   '声明局部变量 var2，指定"类型字符"%强制为整型
        var2 = 2                    '赋值语句
        Dim var3 As Integer         '声明局部变量 var3，指定为整型，默认初值为 0
        Dim var4 As Long = 2        '声明局部变量 var4，指定为长整型，并赋初值
        Dim var5 = 2       '声明局部变量 var5，并赋初值，编译器会执行局部类型推断为整型
        ' Label1.Text = "var1: " & var1 & " " & Convert.ToString(var1.GetType)     '运行时产生警告：
变量"var1"在赋值前被使用，可能会在运行时导致 null 引用异常
        Label1.Text = "var2: " & var2 & " " & Convert.ToString(var2.GetType) & vbCrLf
        Label1.Text &= "var3: " & var3 & " " & Convert.ToString(var3.GetType) & vbCrLf
        Label1.Text &= "var4: " & var4 & " " & Convert.ToString(var4.GetType) & vbCrLf
        Label1.Text &= "var5: " & var5 & " " & Convert.ToString(var5.GetType) & vbCrLf
        End Sub
    End Class
```

程序运行结果如图 3-3 所示。

图 3-3 局部变量的声明和赋值示例

3.4 常 量

常量，顾名思义，是指在程序运行过程中始终保持不变的量。

3.4.1 文本常量

代码中出现的以文本形式表示的常数即文本常量，通常按默认方式确定其数据类型，如表 3-3 所示；或根据这些常量附带的文本类型字符来确定其数据类型，如表 3-4 所示。

表 3-3 文本常量的默认数据类型

文本形式	默认数据类型	示 例
数值，没有小数部分	Integer	2147483647
数值，无小数部分，超出 Integer 范围	Long	2147483648
数值，有小数部分	Double	1.23
用双引号引起来	String	"A"
用#号引起来的有效日期	Date	#8/17/2013#

表 3-4 文本类型字符标志的数据类型

文本类型字符	数据类型	示 例
S	Short	I = 348S
I	Integer	J = 348I
L	Long	K = 348L
D	Decimal	X = 348D
F	Single	Y = 348F
R	Double	Z = 348R
US	UShort	L = 348US
UI	UInteger	M = 348UI
UL	ULong	N = 348UL
c	Char	Q ="."c

编译器通常将整数解释为十进制(基数为 10)。可以用&H 前缀将整数强制为十六进制(基数为 16)，可以用&O 前缀将整数强制为八进制(基数为 8)，如表 3-5 所示。跟在前缀后面的数字必须适合于数制。

表 3-5 十六进制文本和八进制文本

数 制	前 缀	有效数值	示 例
十六进制	&H	0~9 和 A~F	&HFFFF
八进制	&O	0~7	&O77

3.4.2 用户声明常量

在程序设计过程中，我们经常会发现代码包含一些常数值，它们一次又一次地反复出现；还可发现，代码要用到很难记住的数字，而那些数字没有明确意义。在这些情况下，应该使用符号常量，即给某一特定的值赋予一个名字，以后用到这个值时就用名字代表，这样可以大幅度地改进代码的可读性和可维护性，也可以使程序保持兼容性。

符号常量就是用标识符所代替的常量。符号常量名的主体是大、小写字母混合的，每个单词的首字母大写。符号常量的命名应遵循与变量相同的规则。常量的命名应尽量使用易于理解的名称替代数字或字符串，这样可以提高程序的可读性、健壮性和可维护性。

使用符号常量有两点好处：

(1) 常量是有意义的名字，取代永远不变的数值或字符串。尽管常量有点像变量，但不能像对变量那样修改常量，也不能对常量赋予新值，这是常量的安全特性，这样就保证了程序中常量所对应数值的正确性。

(2) 常量的处理比变量快。程序运行时，常量值不需要查找，编译器只要把常量名换成常数即可。

用户定义的常量是用 Const 语句来声明的，其语法如下：

[Public | Private] Const 常量名 [As 数据类型] = 表达式

【例 3.3】 常量的声明和赋值示例。

实现代码如下：

```
Private Sub Form1_Load(ByVal sender As System.Object, ByVal e As System.EventArgs) Handles MyBase.Load
        Dim radius As Double = 100                '声明变量 radius(半径)并赋值为 100
        Dim amount As Double = 10000              '声明变量 amount(金额)并赋值为 10000
        Const PI As Double = 3.14159             '声明常量 PI(圆周率)为 3.14159
        Const TAXRATE As Double = 0.17           '声明常量 TAXRATE(增值税率)为 0.17
        'PI =3.14                                 '编译错误，不能修改常量
        Dim perimeter As Double = 2 * PI * radius ' 计算圆周长
        Dim area As Double = PI * radius * radius  '计算圆面积
        Dim tax As Double = amount * TAXRATE      '计算增值税
        Label1.Text ="半径=" & radius & ";周长=" & perimeter & vbCrLf
        Label1.Text &="半径=" & radius & ";面积=" & area & vbCrLf
        Label1.Text &="金额=" & amount &";税=" & tax
    End Sub
```

注意：常量必须在声明时初始化；指定了其值后，不能再对其进行赋值修改。

3.4.3 系统提供的常量

Microsoft.VisualBasic 命名空间包含常用的字符常量。这些常量可以在代码中的任何位

置使用。Microsoft.VisualBasic 命名空间包含的常量一般以小写的"vb"开头，后跟有意义的符号。例如，vbCrLf(回车/换行组合符)、vbTab(Tab 字符)。Visual Basic 编译器自动引用该命名空间 Visual Basic 运行时模块(程序集 Microsoft. VisualBasic.dll，命名空间 Microsoft.VisualBasic)，故在程序中可直接使用该命名空间定义的常量。

3.5 预定义数据类型

Visual Basic 的内置值类型指的是基本数据类型，包括整型、浮点类型、Decimal 类型、Boolean 类型、日期类型和字符类型。另外，Visual Basic 还支持两个内置的引用类型：Object 和 String。

3.5.1 整型

Visual Basic 支持 8 个预定义整数类型，如表 3-6 所示，分别支持 8 位、16 位、32 位和 64 位整数值的有符号和无符号的形式。整型变量的默认值为 0。

表 3-6   预定义整数类型

名称	说　　明	范　　围
Sbyte	8 位有符号整数	−128～127
Short	16 位有符号整数	−32 768～32 767
Integer	32 位有符号整数	−2 147 483 648～2 147 483 647
Long	64 位有符号整数	−9 223 372 036 854 775 808～9 223 372 036 854 775 807
Byte	8 位无符号整数	0～255
UShort	16 位无符号整数	0～65 535
UInteger	32 位无符号整数	0～4 294 967 295
ULong	64 位无符号整数	0～18 446 744 073 709 551 615

📢)) **注意**：在文本后追加文本类型字符"I"，会将其强制转换成 Integer 数据类型。在任何标识符后追加标识符类型字符"%"，可将其强制转换成 Integer 数据类型。

3.5.2 浮点类型

Visual Basic 支持两种浮点数据类型(Single 和 Double)，用于包含小数的计算，如表 3-7 所示。浮点类型变量的默认值为 0。

表 3-7   浮点数据类型

名　　称	说　　明	范　　围(大致)
Single	32 位单精度浮点数	$\pm 1.5 \times 10^{-45}$～$\pm 3.4 \times 10^{38}$
Double	64 位双精度浮点数	$\pm 5.0 \times 10^{-324}$～$\pm 1.8 \times 10^{308}$

注意:

① 将文本类型字符"F"追加到文本,可将其强制转换成 Single 数据类型。

② 将标识符类型字符"!"追加到任何标识符,可将其强制转换成 Single 数据类型。

③ 在文本后追加文本类型字符"R",可将其强制转换成 Double 数据类型。例如,如果一个文本型数字后跟 R,则该值会更改为 Double。

④ 在任何标识符后追加标识符类型字符"#",可将其强制转换成 Double 数据类型。

3.5.3　Decimal 类型

Visual Basic 支持高精度小数类型(Decimal),如表 3-8 所示。Decimal 数据类型一般用于需要使用大量数位,但不能容忍舍入误差的计算,如金融方面的计算。Decimal 类型变量的默认值为 0。

表 3-8　Decimal 数据类型

名　称	说　明	范围(大致)
Decimal	128 位高精度十进制数表示法	$\pm 1.0 \times 10^{-28} \sim \pm 7.9 \times 10^{28}$

注意: 在文本后追加文本类型字符"D",可将其强制转换成 Decimal 数据类型。在任何标识符后追加标识符类型字符"@",可将其强制转换成 Decimal 数据类型。

【例 3.4】　Decimal 类型变量示例。

实现代码如下:

```
Public Class Form1
        Private Sub Form1_Load(ByVal sender As System.Object, ByVal e As System.EventArgs)
Handles MyBase.Load
            Dim bigDec1 As Decimal = 9223372036854775807        ' No overflow
            ' Dim bigDec2 As Decimal = 9223372036854775808       ' Overflow
            Dim bigDec3 As Decimal = 9223372036854775808D       ' No overflow
            Label1.Text = Format(bigDec1, "c") & vbCrLf
            Label1.Text &= Format(bigDec3, "c")
        End Sub
    End Class
```

程序运行结果如图 3-4 所示。

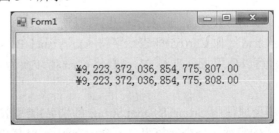

图 3-4　Decimal 类型变量示例

说明:

(1) 除非文本后面有文本类型字符, 否则编译器会将此文本解释为 Long。例 3.4 中, bigDec1 的声明不会产生溢出, 因为它的值在 Long 的范围内。但是, bigDec2 的值对 Long 来说太大, 所以编译器将生成错误。文本类型字符 "D" 强制编译器将文本解释为 Decimal, 从而解决 bigDec3 的问题。

(2) 在实数中, 小数点后必须始终是十进制数字。例如, 1.3F 是实数, 但 1.F 不是。

3.5.4 Boolean 类型

Visual Basic 的 Boolean 数据类型用于逻辑运算, 包含 Boolean 值 True 或 False, 如表 3-9 所示。Boolean 类型变量的默认值为 False。

表 3-9 Boolean 数据类型

名　称	说　明	值
Boolean	布尔类型	True 或 False

当 Visual Basic 将数字数据类型值转换为 Boolean 时, 0 变为 False, 所有其他值变为 True。当 Visual Basic 将 Boolean 值转换为数字类型时, False 变为 0, True 变为 −1。

3.5.5 字符类型

Visual Basic 提供了 "字符数据类型" 来处理可打印和可显示的字符。其中, Char 存储单个字符, String 存储任意数量的字符串。

1. Char 数据类型

Char 数据类型保存一个无符号的 16 位(双字节)码位, 如表 3-10 所示, 其值的范围从 0 到 65 535, 每个码位(或字符代码)表示单个 Unicode 字符。Char 类型变量的默认值是码位为 0 的字符。

表 3-10 Char 数据类型

名　称	说　明	值
Char	字符类型	表示一个双字节(16 位)Unicode 字符

Visual Basic 的 Char 表示一个 16 位的(Unicode)字符。ASCII 编码使用 8 位字符, 足够编码英文字符和数字;而 Unicode 使用 16 位字符, 可以编码更大的符号系统(如中文)。ASCII 编码是 Unicode 的一个子集。ASCII 码表请参见附录 C。

在 Visual Basic 语言中, 如果 Char 数据类型使用单字符字符串, 则需在其后加类型字符 c 表示, 如 "A"c(注:双引号使用 """"c 表示);也可以使用 Chr 或 ChrW 函数将 Integer 值转换为具有该码位的 Char(例如 Chr(65)即表示字符 A)。Visual Basic 不会在 Char 类型和数值类型之间直接转换, 可以使用 Asc 或 AscW 函数将 Char 值转换为表示其码位的 Integer。

2. String 数据类型

Visual Basic 字符串处理使用 String(System.String 的别名)类型表示零或更多个双字节(16 位) Unicode 字符组成的序列。一个字符串可包含从 0 到近 20 亿(2^{31})个 Unicode 字符。

注意：String 是引用类型，String 的默认值为 Nothing(空引用)，这与空字符串(值"")不同。

必须将 String 文本放入英文半角双引号("")内。如果必须在字符串中包含英文半角双引号字符，则需使用两个连续的英文半角双引号("")，其中第一个双引号(")相当于转义字符。例如：

Dim str1 As String ="He said, ""Hello! """   ' str1 的值为 He said, "Hello! "

注意：在任何标识符后追加标识符类型字符"$"，可将其强制转换成 String 数据类型。String 没有文本类型字符。但是，编译器会将包含在双引号("")中的文本视为 String。

System.String 的常用方法和属性如表 3-11 所示。其中，s1 和 s2 为字符串变量，假设 s1 的值为"□ABcdEFg□□"(□表示空格)，s2 的值为"ABcdABcd123"。

表 3-11 System. String 的常用方法和属性

方法和属性格式	说　明	示　例	结　果
compare(strA,strB)	比较两个指定 String 对象的大小。strA 小于 strB，返回 –1；strA 等于 strB，返回 0；strA 大于 strB，返回 1	String.Compare("ABC","ACD")	–1
源字符串.CompareTo (目标字符串)	字符串比较。源字符串大于目标串返回 1；源字符串等于目标串返回 0；源字符串小于目标串返回 –1	s1.CompareTo("ABcdEFg")	–1
		s1.CompareTo("□ABcdEFg□□")	0
		"ABcd".CompareTo(s1)	1
Concat(Object) Concat(Object()) Concat(String()) Concat(String, String) Concat(Object, Object)	连接 String 的一个或多个实例，或连接 Object 的一个或多个实例的值的 String 表示形式	Dim i%=–123 Dim o As Object = i Dim objs As Object() = New Object() {–123，–456，–789}	
		String.Concat(o)	–123
		String.Concat(o,o)	–123–123
		String.Concat(objs)	–123–456–789
字符串.Contains (String 对象)	判断指定的 String 对象是否出现在此字符串中	s1.Contains("ABcd")	True
		s1.Contains("ABCD")	False
Copy(源字符串)	创建一个与源字符串具有相同值的 String 的新实例	s2=String.Copy(s1)	s2 的值也是 "□ABcdEFg□□"
源字符串 CopyTo.(源字符串起始位置，目标 Unicode 字符数组,目标字符数组起始位置，复制到目标的字符数)	将指定数目的字符从源字符串指定位置复制到 Unicode 字符数组中的指定位置	Dim strSource$ = "6789" Dim destination = New Char() {"0"c, "1"c, "2"c, "3"c, "4"c, "5"c} strSource.CopyTo(1, destination,2,2)	destination 的值为："017845"
字符串 1.Equals (字符串 2)	确定两个 String 对象是否具有相同的值	s1.Equals("□ABcdEFg□□")	True
Equals(字符串 1, 字符串 2)		String.Equals(s1,"ABcdEFg")	False

续表一

方法和属性格式	说　明	示　例	结　果
Format(String,Object)	将指定的 String 中的每个格式项替换为相应对象的值的文本等效项	String.Format("{0:C}',-123)	将数值 -123 转换为货币类型格式 " ￥-123.00"
字符串.IndexOf(子串)		s2.IndexOf("ABcd")	0
字符串.IndexOf(字符)	查找指定字符或字符串在字符串中的第一个匹配项的索引位置(索引编号从 0 开始)	s2.IndexOf("B"c)	1
字符串.IndexOf(子串, 查找起始位置)		s2.IndexOf("ABcd",2)	4
字符串.IndexOf(字符, 查找起始位置)		s2.IndexOf("B"c, 2)	5
字符串.Insert(插入位置, 插入子串)	在字符串的指定索引位置插入指定的子串	s2.Insert(3,"x")	ABcxdABcd123
Join(分隔符字符串, 字符串数组)	串联字符串数组的所有元素, 其中在每个元素之间使用指定的分隔符	Dim sArr = New String() {"apple", "orange", "pear"}　Label1.Text = String.Join("<", sArr)	apple < orange < pear
字符串.LastIndexOf (子串)		s2.LastIndexOf("ABcd")	4
字符串.LastIndexOf(字符)	查找指定字符或字符串在字符串中的最后一个匹配项的索引位置(从最后一个字符位置或者指定的字符位置开始, 从后向前进行)	s2.LastIndexOf("B"c)	5
字符串.LastIndexOf(子串, 查找起始位置)		s2.LastIndexOf("ABcd",7)	4
字符串.LastIndexOf(字符, 查找起始位置)		s2.LastIndexOf("B"c, 7)	5
字符串.PadLeft(Int32)　字符串.PadLeft(Int32, Char)	右对齐此实例中的字符, 在左边用空格或指定的字符填充, 以达到指定的总长度	s2.PadLeft(15,"*"c)	****ABcdABcd123
字符串.PadRight(Int32)　字符串.PadRight(Int32, Char)	左对齐此实例中的字符, 在右边用空格或指定的字符填充, 以达到指定的总长度	s2.PadRight(15,"*"c)	ABcdABcd123****
字符串.Remove(起始位置)	删除字符串中从指定起始位置到最后索引位置的所有字符; 或者从字符串指定索引位置开始删除指定数目的字符	s1.Remove(5)	□ABcd
字符串.Remove(起始位置, 删除字符数)		s1.Remove(3,4)	□ABg□□
字符串.Replace(源字符, 替换字符)	将字符串中的指定 Unicode 字符或子串的所有匹配项替换为其他指定的 Unicode 字符或子串	s2.Replace("A"c,"x"c)	xBcdxBcd123
字符串.Replace(源子串, 替换字符)		s2.Replace("cd","CD")	ABCDABCD123

续表二

方法和属性格式	说　明	示　例	结　果
字符串.Split(字符数组) 字符串.Split(字符数组，要返回的子字符串的最大数量) 字符串.Split(字符数组，StringSplitOptions) 字符串.Split(字符串数组，StringSplitOptions) 字符串.Split(字符串数组，要返回的子字符串的最大数量, StringSplitOptions)	返回的字符串数组包含此实例中的子字符串(由指定字符串或 Unicode 字符数组的元素分隔)	Dim words As String ="one,two!three.four:five six" Dim splits As String() = words.Split(New [Char](){" "c, ","c, "."c,": "c, "!"c})	Split 字符串数组内容为：{"one","two", "three","four", "five","six"}
字符串.StartsWith(要比较的字符串)	确定 String 实例的开头是否与指定的字符串匹配	s1.StartsWith(" ")	True
		s1.StartsWith("A")	False
字符串.EndsWith(要比较的字符串)	确定 String 实例的末尾是否与指定的字符串匹配	s1.EndsWith(" ")	True
		s1.EndsWith("A")	False
字符串.Substring(起始位置)	截取子字符串	s1.Substring(5)	EFg□□
字符串.Substring(起始位置，子串字符数)		s1.Substring(5,2)	EF
字符串.ToLower()	字符串转换为小写	s2.ToLower()	abcdabcd123
字符串.ToUpper()	字符串转换为大写	s2.ToUpper()	ABCDABCD123
字符串.ToCharArray()	将字符串中的字符复制到 Unicode 字符数组	s2.ToCharArray()	{"A"c,"B"c,"c"c,"d"c, "A"c,"B"c,"c"c,"d"c, "1"c,"2"c,"3"c}
字符串.Trim()	删除字符串前后所有的空格	s1.Trim()	ABcdEFg
字符串.TrimEnd(要移除的 Unicode 字符数组或 Nothing)	从当前 String 对象移除数组中指定的一组字符的所有尾部匹配项	Dim charsTrim = New Char() {"0"c, "1"c, "2"c, "3"c, "4"c, "5"c, "6"c,"7"c, "8"c, "9"c} Dim s3$ = "123abc456" Label1.Text = s3.TrimEnd (charsTrim)	123abc
		s1.TrimEnd(Nothing)	□ABcdEFg
字符串.TrimStart(要移除的 Unicode 字符数组或 Null)	从当前 String 对象移除数组中指定的一组字符的所有前导匹配项	Dim s4$ = "123abc456" s4. TrimStart(charsTrim)	abc456
		s1.TrimStart(Nothing)	ABcdEFg□□
字符串.Char(字符位置)	属性。获取当前 String 对象中位于指定字符位置的字符	s1.Chars(2)	B
字符串.Length	属性。获取字符串中的字符数	s1.Length	10

【例 3.5】 字符串类型变量示例。

实现代码如下：

```
Private Sub Form1_Load(ByVal sender As System.Object, ByVal e As System.EventArgs) Handles
MyBase.Load
```

```
        Dim str1 As String = "Hello"
        Dim str2 As String = "World"
        Dim str3 As String = str1 & str2        '字符串拼接，形成 "Hello World"
        Dim char1 As Char = str3(1)             '访问 str3 的第 2 个字符(即"e")，index 从 0 开始
        Label1.Text = str3 & vbCrLf
        Label1.Text &= char1 & vbCrLf
        Dim m As String = "Mary said ""Hello"" to me."
        Dim h As String = "Hello"
        ' 以下语句均可显示："Mary said "Hello" to me.".    注意：需要两对双引号
        Label1.Text &= m & vbCrLf
        Label1.Text &= "Mary said " & """" & h & """" & " to me." & vbCrLf
        Label1.Text &= "Mary said """ & h & """ to me."      ' """ to me." 双引号在 to 左侧 " to me.
    End Sub
```

程序运行结果如图 3-5 所示。

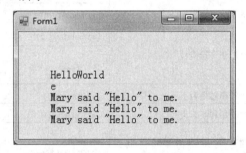

图 3-5　字符串类型变量示例

【例】 字符串使用示例。根据提示输入任意字符串，统计字符串中元音字母(a、e、i、o、u，不区分大小写) 出现的次数和频率。

所使用的控件属性及说明参见表 3-12 所示。

表 3-12　例所使用的控件的属性及说明

控　件	属　性	值	说　　明
Label1	Text	请输入字符串	提示输入标签
TextBox1	Multiline	True	输入文本框
	ScrollBars	Vertical	
	Size	153，49	
Button1	Text	元音字母的次数和频率	复制命令按钮
Label2	Text		结果显示标签

程序源代码如下：

```
Public Class Form1
    Private Sub Button1_Click(ByVal sender As System.Object, ByVal e As System.EventArgs)
Handles Button1.Click
        Dim countA% = 0, countE% = 0, countI% = 0, countO% = 0
```

```
Dim countU% = 0, countAll% = 0
Dim str As String = TextBox1.Text
str = str.ToUpper()
Dim chars() As Char = str.ToCharArray()
For Each ch As Char In chars
    countAll += 1                        '统计字母总数
    Select Case ch
        Case "A"c                        '统计元音 A 或 a 的出现次数
            countA += 1
        Case "E"c                        '统计元音 E 或 e 的出现次数
            countE += 1
        Case "I"c                        '统计元音 I 或 i 的出现次数
            countI += 1
        Case "O"c                        '统计元音 O 或 o 的出现次数
            countO += 1
        Case "U"c                        '统计元音 U 或 u 的出现次数
            countU += 1
    End Select
Next ch
Label2.Text = "所有字母的总数为: " & countAll & vbCrLf
Label2.Text &= "元音字母出现的次数和频率分别为: " & vbCrLf
Label2.Text &= "A: " & countA & "个" & Format(countA * 1.0 / countAll, "Percent") & vbCrLf
Label2.Text &= "E: " & countE & "个" & Format(countE * 1.0 / countAll, "Percent") & vbCrLf
Label2.Text &= "I: " & countI & "个" & Format(countI * 1.0 / countAll, "Percent") & vbCrLf
Label2.Text &= "O: " & countO & "个" & Format(countO * 1.0 / countAll, "Percent") & vbCrLf
Label2.Text &= "U: " & countU & "个" & Format(countU * 1.0 / countAll, "Percent") & vbCrLf
End Sub

End Class
```

程序运行结果见图 3-6 所示。

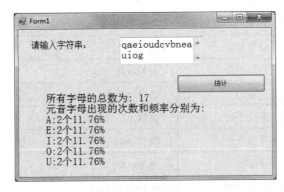

图 3-6　字符串使用示例

3.5.6 Object 类型

Object 类型是 Visual Basic 编程语言的类层次结构的根类型，Object 是 System.Object 的别名，所有的类型都隐含地最终派生于 System.Object 类。

Object 数据类型保存引用对象的地址；可以为 Object 的变量分配任何引用类型(字符串、数组、类或接口)；Object 变量还可以引用任何值类型(数值、Boolean、Char、Date、结构或枚举)的数据；Object 的默认值为 Nothing(空引用)；可以将任何数据类型的变量、常数或表达式赋给 Object 变量。

因为 .NET Framework 中的所有类均从 Object 派生，所以 Object 类中定义的每个方法可用于系统中的所有对象。

3.5.7 日期类型

Visual Basic 一般使用 Date 类型(System.DateTime 的别名)来表示和处理日期。如果涉及时区，则可以采用 TimeZoneInfo 和 DateTimeOffset。DateTime 结构属于 System 命名空间。

Date 表示公元 0001 年 1 月 1 日午夜 0:00:00 到公元 9999 年 12 月 31 日晚上 11:59:59 之间的日期和时间。Date 的默认值为 0001 年 1 月 1 日的 0:00:00(午夜)。

必须将 Date 文本括在"#"符号内。必须以 M/d/yyyy 格式指定日期值(此要求独立于区域设置和计算机的日期和时间格式设置)。例如：

```
Dim dt1 As Date =#10/1/2013 8:30:52 PM#          '2013/10/1   20:30:52
Dim dt2 As DateTime =New DateTime(2013,9,18)      '2013/9/18
Dim dt3 As DateTime =New Date(2013,7,18,18,30,15) '2013/7/18 18:30:15
Dim dt4 As DateTime =DateTime.Now                 '当前日期和时间
Dim dt5 As Date =Date.Today                       '当前日期
```

DateTime 常用的属性和方法如表 3-13 所示。(注：示例中 Dim dt As DateTime=new DateTime (2013, 9,1,9,31,16)，并假设当前日期时间(Now)即为 2013 年 9 月 1 日星期日 9 点 31 分 16 秒)。

表 3-13　DateTime 常用属性和方法

名　称	说　明	示　例	结　果
Now	属性。获取当前时间	DateTime.Now	2013/9/1 9:31:16
Today	属性。获取当前日期	DateTime.Today	2013/9/1
Year	属性。获取年份	dt.Year	2013
Month	属性。获取月份	dt.Month	9
Day	属性。获取日	dt.Day	1
Hour	属性。获取小时	dt.Hour	9
Minute	属性。获取分钟	dt.Minute	31
Second	属性。获取秒	dt.Second	16
DayOfWeek	属性。获取星期	dt.DayOfWeek	1

续表

名　称	说　明	示　例	结　果
DayOfYear	属性。获取日期是该年中的第几天	dt.DayOfYear	244
AddYears	方法。将指定年份数加到此实例的值上	dt.AddYears(3)	2016/9/1 9:31:16
AddMouths	方法。将指定月份数加到此实例的值上	dt.AddMonths(−3)	2013/6/1 9:31:16
AddDays(以天为单位的双精度实数)	方法。将指定天数加到此实例的值上	dt.AddDays(2.5)	2013/9/3 21:31:16
		dt.AddDays(−2.5)	2013/8/29 21:31:16
AddHoure	方法。将指定小时数加到此实例的值上	dt.AddHours(2.5)	2013/9/1 12:01:16
AddMinutes	方法。将指定分钟数加到此实例的值上	dt.AddMinutes(−2.5)	2013/9/1 9:28:46
AddSeconds	方法。将指定秒数加到此实例的值上	dt.AddSeconds(50)	2013/9/1 9:32:06
DayInMouth(年份，月份)	方法。返回指定年和月中的天数	DateTime.DaysInMonth(2013,10)	31
		DateTime.DaysInMonth(2012,2)	29
		DateTime.DaysInMonth(2013,2)	28
IsLeapYear(4 位数年份)	方法。判断是否为闰年	DateTime.IsLeapYear(2012)	True
		DateTime.IsLeapYear(2013)	False

3.5.8　可以为 Nothing 的类型

可以为 Nothing 的类型表示可被赋值为 Nothing 的值类型变量，其取值范围为其基础值类型正常范围内的值，再加上一个 Nothing 值。例如，Boolean?(Nullable(of Boolean)) 的值包括 True、False 或 Nothing。可以为 Nothing 的类型通常用于包含不可赋值的元素的数据类型，例如，数据库中的布尔型字段可以存储值 True 或 False，或者该字段也可以未定义。

可以为 Nothing 的类型的声明语法为：

    Dim x As T?

或

    Dim x As Nullable(Of T)

其中，T 为值类型。语法 T? 是 Nullable(Of T)的简写。可以为 Nothing 的类型赋值的方法与为一般值类型赋值的方法相同。例如，x= 10，或者 x = Nothing。

3.6 类 型 转 换

Visual Basic 编译器在数据类型之间进行转换时,基于类型检查选项定义了两种语义方式。

(1) Strict 类型语义:只允许进行隐式扩大转换,收缩转换必须是显式的。即只允许发生在从小的值范围的类型到大的值范围的类型的转换,转换后的数值大小不受影响,然而,从 Integer、UInteger 或 Long 到 Single 的转换,以及从 Long 到 Double 的转换的精度可能会降低。

(2) Permissive 类型语义:尝试所有隐式扩大转换和隐式收缩转换。类型语义适用于所有数据类型(包括对象类型)之间的转换。

默认情况下,Visual Basic 编译器"类型检查"选项开关为 Off,即允许进行隐式收缩转换。

3.6.1 隐式转换和显示转换

隐式转换不需要源代码中的任何特殊语法。例如,在下面的代码段中,将 intI 的值赋给 doubleD 之前,该值隐式转换成双精度浮点值。

```
Dim intI As Integer
Dim doubleD As Double
intI = 225
doubleD = intI              ' 从 Integer 到 Double 的隐式转换(如果 Option Strict On)
```

"显式转换"又称为"强制转换",使用类型转换函数(CType、CInt 等)将表达式强制转换为所需的数据类型。例如,在下面的代码段中,CInt 关键字将 doubleD 的值显式转换回整数,然后将该值赋给 intI。

```
' doubleD 已经从 intI 赋值(隐式转换)为 225
doubleD = Math.Sqrt(doubleD)
intI= CInt(doubleD)              ' intI 的值(显式转换)为整数 15 (225 的平方根)
```

3.6.2 类型转换函数

Visual Basic 包含一系列类型转换函数 CXXX(expression),每个函数都将表达式强制转换为一种特定的数据类型。这些函数采用内联方式编译,即转换代码是计算表达式的代码的一部分,所以执行速度比使用函数更快。

注意:如果传递给函数的 expression 超出要转换成的数据类型的范围,将发生异常 OverflowException。

类型转换函数如表 3-14 所示。表中的示例均基于如下的变量声明:

```
Dim aBool As Boolean
Dim aDouble, aDbl1, aDbl2 As Double
Dim aByte As Byte
```

Dim aSByte As SByte

Dim aString, aString1, aString2, aDateString, aTimeString As String

Dim aChar As Char

Dim aDate, aTime As Date

Dim aDecimal As Decimal

Dim aUInteger As UInteger

Dim aInt As Integer

Dim aULong As ULong

Dim along, along1, aLong2 As Long

Dim aUShort As UShort

Dim aShort As Short

Dim anObject As Object

Dim aSingle1, aSingle2 As Single

表 3-14　类型转换函数

转换关键字	目标类型	Expression 参数范围	示　例	结　果
CBool	Boolean	任何有效的 Char、String 或数值表达式	aBool = CBool(5 = 5)	aBool 的值为 True
			aBool=CBool(0)	aBool 的值为 False
Cbyte	Byte	0～255(无符号)，舍入小数部分	aDouble = 125.5678 aByte = CByte(aDouble)	aByte 的值为 126
CChar	Char	任何有效的 Char 或 String 表达式； 只转换 String 的第一个字符，值可以为 0～65 536(无符号)	aString = "BCD" aChar = CChar(aString)	aChar 的值为"B"
CDate	Date	任何有效的日期和时间表示法	aDateString ="February 12, 1969" aTimeString ="4:35:47 PM" aDate = CDate(aDateString) aTime = CDate(aTimeString)	aDate 的值为 1969/2/12 aTime 的值为 16:35:47
CDbl	Double	取值范围为 $\pm1.797\ 693\ 134\ 862\ 315\ 70E + 308$～$\pm4.940\ 656\ 458\ 412\ 465\ 44E - 324$	aDecimal = 234.456784D aDouble = CDbl(aDecimal* 8.2D *0.01D)	aDouble 的值为 19.225456288
CDec	Decimal	对于零变比数值，即无小数位数值，为 $\pm79\ 228\ 162\ 514\ 264\ 337\ 593\ 543\ 950\ 335$ 对于具有 28 位小数位的数字，范围是 $\pm7.922\ 816\ 251\ 426\ 433\ 759\ 354\ 395\ 033\ 5$ 最小的可用非零数是 $0.0000000000000000000000000001(\pm1E-28)$	aDouble = 10000000.0587 aDecimal = CDec(aDouble)	aDecimal 的值为 10000000.0587
CInt	Integer	$-2\ 147\ 483\ 648$～$2\ 147\ 483\ 647$，舍入小数部分	aDouble = 2345.5678 aInt = CInt(aDouble)	aInt 的值为 2346
CLng	Long	$-92\ 233\ 720\ 368\ 547\ 758$～$9\ 223\ 372\ 036\ 854\ 775\ 807$，舍入小数部分	aDbl1 = 25427.45 aDbl2 = 25427.55 aLong1 =CLng(aDbl1) aLong2 = CLng(aDbl2)	aLong1 的值为 25427 aLong2 的值为 25428

转换关键字	目标类型	Expression 参数范围	示　例	结　果
CObj	Object	任何有效的表达式	aDouble = 2.7182818284 anObject = CObj(aDouble)	anObject 指 向 aDouble
CSByte	SByte	−128～127，舍入小数部分	aDouble = 39.501 anSByte = CSByte(aDouble)	anSByte 的值为 40
CShort	Short	−32 768～32 767，舍入小数部分	aByte = 100 aShort = CShort(aByte)	aShort 的值为 100
CSng	Single	取值范围为 ±1.401298E−45～±3.402823E+38	aDbl1 = 75.3421105 aDbl2 = 75.3421567 aSingle1 = CSng(aDouble1) aSingle2= CSng(aDouble2)	aSingle1 的值为 75.34211 aSingle2 的值为 75.34216
CStr	String	CStr 的返回值取决于 expression 参数	aDouble = 437.324 aString1 = CStr(aDouble) aDate=#2/12/1969 12:00:01 AM# aString2 = CStr(aDate)	aString1 的值为 "437.324" aString2 的值为 "1969/2/12 0:00:01"
CType	逗号后面指定的类型	CType 是个通用类型转换函数，包含 2 个参数。第 1 个参数是将要转换的表达式，第 2 个参数是目标数据类型或对象类	aLong = 1000 aSingle = CType(aLong, Single)	aSingle 的值为 1000.0
CUInt	Uinteger	0～4294967295(无符号)，舍入小数部分	aDouble = 39.501 aUInteger = CUInt(aDouble)	aUInteger 的值为 40
CULng	Ulong	0～18446744073709551615(无符号)；舍入小数部分	aDouble = 39.501 aULong = CULng(aDouble)	aULong 的值为 40
CUShort	Ushort	0～65535(无符号)，舍入小数部分	aDouble = 39.501 aUShort = CUShort(aDouble)	aUShort 的值为 40

【例 3.7】 类型转换示例。

实现代码如下：

```
Private Sub Form1_Load(ByVal sender As System.Object, ByVal e As System.EventArgs) Handles MyBase.Load
    Dim sbyte1 As SByte = 123                      '隐式类型转换 Integer 到 SByte
    Dim sbyte2 As SByte = CSByte(123)              '显式类型转换 Integer 到 SByte
    Dim byte1 As Byte = 123                        '隐式类型转换 Integer 到 Byte
    Dim byte2 As Byte = CByte(123)                 '显式类型转换 Integer 到 Byte
    Dim short1 As Short = 123                      '隐式类型转换 Integer 到 Short
    Dim short2 As Short = 123S                     '使用后缀 S 初始化 Short
    Dim short3 As Short = CShort(123)              '显式类型转换 Integer 到 Short
    Dim ushort1 As UShort = 123                    '隐式类型转换 Integer 到 UShort
    Dim ushort2 As UShort = 123US                  '使用后缀 US 初始化 UShort
    Dim ushort3 As UShort = CUShort(123)           '显式类型转换 Integer 到 UShort
    Dim int1 As Integer = 123                      '123 默认为 Integer 类型
```

```
        Dim int2 As Integer = 123I          ' 使用后缀 I 初始化 Integer
        Dim int3 As Integer = 123           ' 123 默认为 Integer 类型
        Dim uint1 As UInteger = 123         ' 隐式类型转换 Integer 到 UInteger
        Dim uint2 As UInteger = 123UI       ' 使用后缀 UI 初始化 UInteger
        Dim uint3 As UInteger = CUInt(123)  ' 显式类型转换 Integer 到 UInteger
        Dim long1 As Long = 123             ' 隐式类型转换 Integer 到 ULong
        Dim long2 As Long = 123L            ' 使用后缀 L 初始化 Long
        Dim long3 As Long = CLng(123)       ' 显式类型转换 Integer 到 Long
    End Sub
```

3.7 运　算　符

Visual Basic 的运算符(Operator)是术语或符号,用于在表达式中对一个或多个称为操作数的进行计算并返回结果值。接收一个操作数的运算符被称做一元运算符,如 New;接收两个操作数的运算符被称做二元运算符,如算术运算符 +、-、*、/。

当表达式包含多个运算符时,运算符的优先级控制各运算符的计算顺序。例如,表达式"x + y * z"按"x + (y * z)"计算,因为"*"运算符的优先级高于"+"运算符。

Visual Basic 语言定义了许多运算符,包括算术运算符、关系运算符、逻辑/按位运算符、赋值运算符、字符串运算符、移位运算符等。

3.7.1 算术运算符

表 3-15 以优先级为顺序列出了 Visual Basic 中的算术运算符。假设表中 num 为整型变量,取值为 8。

表 3-15　算 术 运 算 符

运算符	含义	说　　明	优先级	示例	结果
^	幂	求以第 1 个操作数为底、以第 2 个操作数为指数的幂	1	-num^3	-512
+	正	操作数本身的值	2	+num	8
-	负	操作数的反数	2	-num	-8
*	乘	操作数的积	3	num*num*2	128
/	浮点除	第 2 个操作数除第 1 个操作数	3	10/num	1.25
\	整除	第 2 个操作数整除第 1 个操作数	4	10\num num \-3	1 -2
Mod	取余	第 2 个操作数除第 1 个操作数后的余数	5	10 mod num num mod 2.2	2 1.4
+	加	两个操作数之和	6	10+num	18
-	减	两个操作数之差	6	10-num	2

说明：

(1) Visual Basic 总是以 Double 数据类型形式执行求幂运算(^)。任何其他类型的操作数将转换为 Double 后再进行运算。

(2) "+" 运算符既可作为一元运算符，也可作为二元运算符。数值类型的一元 "+" 运算的结果就是操作数本身的值。对于数值类型，二元 "+" 运算符计算两个操作数之和；对于字符串类型，二元 "+" 运算符连接两个字符串。

(3) "−" 运算符既可作为一元运算符，也可作为二元运算符。数值类型的一元 "−" 运算的结果是操作数的反数。二元 "−" 运算符是从第一个操作数中减去第二个操作数。

(4) 执行浮点除(/)法之前，任何整数数值表达式都会被扩展为 Double。如果将结果赋给整数数据类型，Visual Basic 会尝试将结果从 Double 转换成这种类型；如果结果不适合该类型，会引发异常。

(5) 在执行整除(\ )之前，Visual Basic 尝试将所有浮点数值表达式转换为 Long。如果 Option Strict 为 On，将产生编译器错误；如果 Option Strict 为 Off，若值超出 Long 数据类型(Visual Basic)的范围，则可能会产生 OverflowException。

(6) 算术运算符两边的操作应是数值型。若是数字字符串，则将 String 隐式转换为 Double 后再进行运算；若是逻辑型，则将 True 转换为数值 −1、False 转换为数值 0 后再进行运算。例如：

```
100+ True              ' True 转换为 -1。结果是 99
False + 10 – "4"        ' False 转换为 0、"4" 转换为 4 (Double)。结果是 6 (Double)
```

【例 3.8】 算术运算符：幂^、一元 +、一元 −、二元 +、二元 −、*、/、\、Mod 等示例。

程序代码如下：

```
Public Class Form1
    Private Sub Form1_Load(ByVal sender As System.Object, ByVal e As System.EventArgs) Handles MyBase.Load
        '^ 幂运算
        Dim d1, d2, d3, d4, d5, d6, d7, d8 As Double
        d1 = 2 ^ 2              '4 (2 的平方)
        d2 = 3 ^ 3 ^ 3          '19683(先求 3 的立方，再对得到的值求立方)
        d3 = (−5) ^ 3           '−125(−5 的立方)
        d4 = (−5) ^ 4           '625(−5 的四次方)
        d5 = −5 ^ 4             '−625 (−5 的四次方)
        d6 = 8 ^ (1.0 / 3.0)    '2 (8 的立方根)
        d7 = 8 ^ (−1.0 / 3.0)   '0.5(1.0 除以 8 的立方根)
        d8 = 8 ^ −1.0 / 3.0     '0.0416666666666667(8 的 −1 次方，即 0.125 除以 3.0)
        Label1.Text = d1 & "; " : Label1.Text &= d2 & "; " : Label1.Text &= d3 & "; " : Label1.Text &= d4 & vbCrLf
        Label1.Text &= d5 & "; " : Label1.Text &= d6 & "; " : Label1.Text &= d7 & "; " : Label1.Text &= d8 & vbCrLf
```

```vb
        ' +
        Dim X As Single = 5.8
        Dim i As Integer = 5, j As Integer = -10
        Label1.Text &= "i=" & i & ", +i=" & +i & ",+j=" & +j & vbCrLf       ' 一元+
        Label1.Text &= "i+5=" & i + 5 & ",i+5=" & i + 0.5 & vbCrLf          ' 加法
        Label1.Text &= "x=" & X & ", x + ""8"" '=" & x + "8" & vbCrLf        ' String 隐式转换为 Double
        Label1.Text &= """8"" + ""8""=" & "8" + "8" & vbCrLf                 ' 字符串拼接

        ' -
        i = 5
        Label1.Text &= "i=" & i & ", -i=" & -i & ", i-1=" & i - 1 & ",i-0.5=" & i - 0.5 & vbCrLf

        ' *
        Label1.Text &= "i*8=" & i * 8 & ",-i*0.8=" & -i * 0.8 & vbCrLf

        ' / (浮点除法。请注意，即使两个操作数都是整数常数，结果也始终为浮点类型(Double))
        d1 = 10 / 14                    ' 2.5
        d2 = 10 / 3                     ' 3.333333
        Label1.Text &= d1 & "; " : Label1.Text &= d2 & "; " & vbCrLf

        ' (整数除法)
        Dim i1, i2, i3, i4 As Integer
        i1 = i1 \ 4                     ' 2
        i2 = 9 \ 3                      ' 3
        i3 = 100 \ 3                    ' 33
        i4 = 67 \ -3                    ' -22
        Label1.Text &= i1 & "; " : Label1.Text &= i2 & "; " : Label1.Text &= i3 & "; " : Label1.Text
&= i4 & vbCrLf
        ' Mod(取模)
        d1 = 10 Mod 5                   ' 0
        d2 = 10 Mod 3                   ' 1
        d3 = 12 Mod 4.3                 ' 3.4
        d4 = 12.6 Mod 5                 ' 2.6
        d5 = 47.9 Mod 9.35              ' 1.15
        Label1.Text &= d1 & ";" : Label1.Text &= d2 & "; " : Label1.Text &= d3 & "; "
        Label1.Text &= d4 & "; " : Label1.Text &= d5
    End Sub
End Class
```

程序运行结果参见图 3-7 所示。

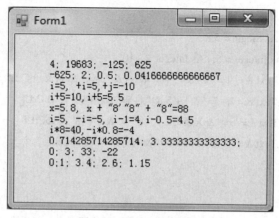

图 3-7 算术运算符示例

3.7.2 关系运算符

关系运算符是二元运算符。关系运算符用于将两个操作数的大小进行比较，若关系成立，则比较的结果为 True；否则为 False。表 3-16 列出了 Visual Basic 中的关系运算符。假设有如下声明：

Dim obj1, obj2 As New Object

表 3-16 关系运算符

运算符	含 义	示 例	结 果
=	相等	"ABCDEF" = "ABCD"	False
<>	不等	"ABCD"<>"abcd"	True
>	大于	"ABC" > "ABD"	False
>=	大于等于	123 >= 23	True
<	小于	"ABC" <"上海"	True
<=	小于等于	"123" <= "23"	True
Like	根据模式来比较字符串	"ABCDEF" Like "*BC*"	True
Is	两个对象引用是否引用同一个对象	Obj1 Is Obj2	False
IsNot	两个对象引用是否引用不同的对象	Obj1 IsNot Obj2	True

 注意：

① 关系运算符的优先级相同。

② 对于两个预定义的数值类型，关系运算符按照操作数的数值大小进行比较。

③ 对于 String 类型，关系运算符比较字符串的值，即按字符的 ASCII 码值从左到右一一比较：首先比较两个字符串的第一个字符，其 ASCII 码值大的字符串大，若第一个字符相等，则继续比较第二个字符，以此类推，直至出现不同的字符为止。

④ 模式匹配(String Like pattern)为字符串比较提供了一种多功能工具。模式匹配功能将 String 中的每个字符与特定字符、通配符字符、字符列表或某个字符范围进行匹配。表 3-17 显示了 pattern 中允许的字符和这些字符的匹配项。

表 3-17 pattern 中允许的字符和匹配项

pattern 中的字符	String 中的匹配项
?	任何单个字符
*	零或更多字符
#	任何单个数字(0~9)
[charlist]	charlist 中的任何单个字符
[!charlist]	不在 charlist 中的任何单个字符

3.7.3 逻辑/按位运算符

逻辑/按位运算符除逻辑非(Not)是一元运算符，其余均为二元运算符，用于将 Boolean 操作数进行逻辑运算，或者将数值操作数按位运算。表 3-18 按优先级从高到低的顺序列出了 Visual Basic 中常用的逻辑运算符。

表 3-18 逻辑运算符

运算符	含义	说 明	优先级	示 例	结果
Not	逻辑非	当操作数为 False 时返回 True；当操作数为 True 时返回 False	1	Not True Not False	False True
And	逻辑与	两个操作数均为 True 时，结果才为 True；否则为 False	2	True And True True And False False And True False And False	True False False False
AndAlso	简化逻辑与	对两个表达式执行简化逻辑合取	2	True And Also True True And Also False False And Also True False And Also False	True False False False
Or	逻辑或	两个操作数中有一个为 True 时，结果即为 True；否则为 False	3	True Or True True Or False False Or True False Or False	True True True False
OrElse	简化逻辑或	对两个表达式执行简化逻辑析取	3	True OrElse True True OrElse False False OrElse True False OrElse False	True True True False
Xor	逻辑异或	两个操作数不相同，即一个为 True，另一个为 False 时，结果才为 True；否则为 False	4	True Xor True True Xor False False Xor True False Xor False	False True True False

注意：

① 逻辑"与"(And)运算符对两个 Boolean 表达式执行逻辑合取，或对两个数值表达式执行按位合取。

② 逻辑"或"(Or)运算符对两个 Boolean 表达式执行逻辑析取，或对两个数值表达式执行按位析取。

③ 逻辑"异或"(Xor)运算符对两个 Boolean 表达式执行逻辑析取，或对两个数值表达式进行按位析取。

④ 简化逻辑"与"(AndAlso)执行其 Boolean 操作数的逻辑"与"运算，但仅在必要时才计算第二个操作数。即"x AndAlso y"对应于操作"x And y"。不同的是，如果 x 为 False，则不计算 y(因为不论 y 为何值，"与"操作的结果都为 False)。这被称为"短路"计算。

⑤ 简化逻辑"或"(OrElse)运算符执行 Boolean 操作数的逻辑"或"运算，但仅在必要时才计算第二个操作数。即"x OrElse y"对应于操作"x Or y"。不同的是，如果 x 为 True，则不计算 y(因为不论 y 为何值，"或"操作的结果都为 True)。这被称为"短路"计算。

3.7.4　赋值运算符

赋值运算符(=)将其右边的值赋给其左边的变量或属性中。等号(=)左边的元素可以是简单的标量变量，也可以是属性或数组元素。

1. 简单赋值语句

简单赋值语句形式如下：

　　变量名=表达式

其作用是计算右边表达式的值，然后将值赋给左边的变量或属性。

例如：

```
Dim mark As Double              '定义 mark 为 Double 浮点类型变量
Dim str1 As String             '定义 str1 为字符串类型变量
Dim judge As Boolean           '定义 judge 为 Boolean 类型变量
mark = 98.2                    '将 98.2 值赋给 mark
str1 = "Visual Basic.NET 程序设计"   '为字符串类型变量赋值
judge = "ABC" >"上海"          '将表达式的计算结果 False 赋值给 Boolean 类型变量 judge
```

2. 复合赋值语句

表 3-19 列出了 Visual Basic 中的复合赋值运算符。复合赋值运算符不仅可以简化程序代码，使程序精练，而且还可以提高程序编译的效率。例如，

　　x+=y

等效于：

　　x=x + y

表 3-19   复合赋值运算符

运算符	含 义	示 例	等效于
^=	幂赋值	sum ^= item	sum = sum1 ^ item
*=	乘法赋值	x *= y+5	x = x * (y+5)
/=	浮点除赋值	x /= y−z	x = x / (y−z)
\=	整除赋值	x \= y−z	x=x\(y−z)
+=	加法赋值	sum +=item	sum = sum + item
−=	减法赋值	count −=1	count = count − I
<<=	左移赋值	x <<= y	x=x << y
>>=	右移赋值	x >>= y	x=x >> y
&=	连接赋值	str1 &= str2	str1 =str1 & str2

【例 3.9】 赋值运算符 =、^=、+=、−=、*=、/=、\=、&=、<<=、>>= 等示例。
实现代码如下：

```
Public Class Form1

    Private Sub Form1_Load(ByVal sender As System.Object, ByVal e As System.EventArgs) Handles MyBase.Load
        ' 幂赋值运算符
        Dim a As Integer = 5
        a ^= 3
        Label1.Text = a & vbCrLf
        ' 加法赋值运算符
        a = 5
        a += 6
        Label1.Text &= a & vbCrLf
        ' 字符串拼接赋值运算符
        Dim s As String = "Hello"
        s &= " world."
        Label1.Text &= s & vbCrLf
        ' 减法赋值运算符
        a = 5
        a −= 6
        Label1.Text &= a & vbCrLf
        ' 乘法赋值运算符
        a = 5
        Dim i As Integer = 10
        a *= i + 6
```

```
        Label1.Text &= a & vbCrLf
        ' 浮点除法赋值运算符
        Dim d As Double = 5
        d /= i – 6
        Label1.Text &= d & vbCrLf
        ' 整数除法赋值运算符
        d = 5
        d \= i – 6
        Label1.Text &= d & vbCrLf
        ' 左移赋值运算符
        a = 1000
        a <<= 4
        Label1.Text &= a & vbCrLf
        ' 右移赋值运算符
        a = 1000
        a >>= 4
        Label1.Text &= a & vbCrLf
    End Sub
End Class
```

运行结果如图 3-8 所示。

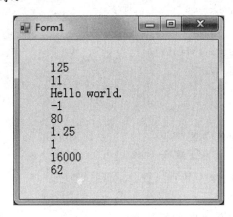

图 3-8 赋值运算符示例

3.7.5 字符串运算符

字符串运算符可将多个字符串连接为一个字符串。Visual Basic 提供两个字符串运算符："+"和"&"。两种字符串运算符之间的区别如下：

(1) "+"运算符的主要用途是将两个数字相加。不过，它还可以将数值操作数与字符串操作数串联起来。

① 如果运算符两旁的操作数均为数值，则执行加法运算。

② 如果运算符两旁的操作数均为字符串，则进行字符串连接操作。

③ 如果一个操作数为数值(数据类型)，而另一个操作数是字符串，分以下情况处理：

a．如果 Option Strict 为 On，则产生编译器错误；

b．如果 Option Strict 为 Off，则将 String 隐式转换为 Double 并执行加法运算；

c．如果 String 不能转换为 Double，将引发 InvalidCastException。

(2) "&" 运算符仅定义用于 String 操作数，而且无论 Option Strict 的设置是什么，都会将其操作数扩展到 String。

(3) 对于字符串串联操作，为了消除多义性，建议使用 "&" 运算符代替 "+" 运算符执行连接操作，因为 "&" 运算符是专门定义用于字符串的运算符，可以降低产生意外转换的可能性。

例如：

```
"计算机"+"程序设计"           ' 结果为 "计算机程序设计"
"123"+ 123                   ' 结果为 246
"123" + Nothing + "123"      ' 结果为 "123123"
"123" + 2.5                  ' 结果为 125.5
"'abc" + 123                 '编译错误从字符串 "abc" 到类型 "Double" 的转换无效
"abc" & 123                  ' 结果为 "abc123"
123 & "123" + 100            ' 结果为 123223
```

3.7.6 移位运算符

移位运算符对位模式执行数学移位。表 3-20 列出了 Visual Basic 的移位运算符。

表 3-20　移 位 运 算 符

运算符	含 义	示 例	结 果
<<	左移	&H1<<4	&H10
>>	右移	&Hf>>1	&H7

说明：

(1) 数学移位不是循环的，即不会将在结果的一端移出的数位从另一端重新移入。

(2) 在数学左移位运算中，丢弃移出结果数据类型范围的数位，而将右端空出的数位位置设置为零。

(3) 在数学右移位运算中，将丢弃所移出的最右侧数位位置的数位，并将最左侧的(符号)数位传播到左端空出的数位位置。这意味着如果要进行移位的位模式为负值，空出的位置将设置为1；否则，将设置为0。如果要进行移位的位模式的类型是任一种无符号类型，空出的位置将始终设置为0。

3.7.7 运算符优先级

表达式中的运算符按照运算符优先级(Precedence)的特定顺序计算。Visual Basic 语言定义的运算符优先级如表 3-21 所示。表 3-21 按优先级从高到低的顺序列出各运算符类别，同一类别中的运算符优先级相同。

表 3-21　运算符优先级

类　型	优先级	运算符	说　明
算术运算符和 字符串运算符	1	^	求幂
	2	+、−	一元 +、一元 −
	3	*、/	乘法、浮点除法
	4	\	整数除法
	5	Mod	取余
	6	+、−	加法，以及字符串连接、减法
	7	&	字符串连接
	8	<<、>>	算术左移、算术右移
关系运算符	9	=、<>、<、=<、 >、>=、Like、Is、 IsNot	相等、不等、小于、小于等于、大于、大于等于、字符串匹配、两个对象是否引用同一个对象、两个对象是否引用不同的对象
逻辑运算符和 位运算符	10	Not	布尔逻辑求反，数值按位求反
	11	And　AndAlso	布尔逻辑与，数值按位与、短路逻辑与
	12	Or　OrElse	布尔逻辑或，数值按位或、短路逻辑或
	13	Xor	布尔逻辑异或，数值按位异或

当具有相同优先级的运算符(如乘法和除法)在表达式中一起出现时，编译器将按每个运算符出现的顺序从左至右进行计算。例如，x*y/z 的计算顺序为(x * y) / z。

优先级和结合性都可以用括号控制。例如，2+3*2 的计算结果为 2 + (3*2)= 8，而(2+3)*2 的计算结果为 10。再如，

　　　　Dim b As Boolean = 16 + 2*5>= 7*8/2 Or "XYZ" < "xyz" And Not (10 − 6 > 18/2)

相当于：

　　　　Dim b As Boolean=((16+(2*5))>=(7*8/2)) Or (("XYZ" <> "xyz") And (Not ((10 − 6) > (18/2))))

结果为：

　　　　True

3.8　常　用　函　数

为了方便程序设计中各种数据类型的处理，提高程序设计的效率，Visual Basic 提供了大量的函数。

3.8.1　数学函数

1. Math 类和数学函数

Math 类为三角函数、对数函数和其他通用数学函数提供常数和静态方法(函数)。该类

属于 System 命名空间。Math 类是一个密封类，有两个公共字段和若干静态方法。若要不受限制地使用这些函数，可以在源代码顶端添加如下代码，将 System.Math 命名空间导入项目：

        Imports.System.Math

则 Math 类的公共字段和静态方法(函数)在使用过程中可以省略 Math。例如，Math.Sqrt(9) 可以简化为 Sqrt(9)。

Math 的两个公共字段如表 3-22 所示。

表 3-22　Math 类的两个公共字段

名　称	功 能 说 明	字 段 值
E	自然对数的底，它由常数 e 指定	2.7182818284590452354
PI	圆周率，即圆的周长与其直径的比值	3.14159265358979323846

Math 类常用的静态方法如表 3-23 所示。

表 3-23　Math 类常用的静态方法(函数)

名　称	说　明	示　例	结　果
Abs(数值)	绝对值	Abs(−8.99)	8.99
Sqrt(数值)	平方根	Sqrt(9)	3
Max(数值 1,数值 2)	最大值	Max(−5, −8)	−5
Min(数值 1,数值 2)	最小值	Min(5, 8)	5
Pow(底数,指数)	求幂	Pow(−5, 2)	25
Exp(指数)	以 e 为底的幂	Exp(3)	20.0855369231877
Log(数值)	以 e 为底的自然对数	Log(10)	2.30258509299405
Log(数值, 底数)	以指定底数为底的对数	Log(27, 3)	3
Log10(数值)	以 10 为底的自然对数	Log10(100)	2
Sin(弧度)	指定角度(以弧度为单位)的正弦值	Sin(0)	0
Cos(弧度)	指定角度(以弧度为单位)的余弦值	Cos(0)	1
Asin(数值)	返回正弦值为指定数字的角度(以弧度为单位)　　(反正弦)	Asin(0.5) * 180/PI	30
Acos(数值)	返回余弦值为指定数字的角度(以弧度为单位)　　(反余弦)	Acos(0.5) * 180/PI	60
Tan(弧度)	指定角度的正切值	Tan(0)	0
Sign(数值)	返回指定数值的符号：数值 > 0，返回 1；数值=0，返回 0；数值 < 0，返回 −1	Sign(6.7)	1
		Sign(0)	0
		Sign(−6.7)	−1
Truncate(数值)	计算一个小数或双精度浮点数的整数部分	Truncate(99.99f)	99
		Truncate(−99.99d)	−99

2. Random 类和随机函数

Random 类提供了产生伪随机数的方法。随机数的生成是从种子(seed)值开始。如果反复使用同一个种子，就会生成相同的数字系列。产生不同序列的一种方法是使种子值与时间相关，从而对于 Random 的每个新实例，都会产生不同的系列。默认情况下，Random 类的无参数构造函数使用系统时钟生成其种子值。产生随机数的方法必须由 Random 类创建的对象调用。可以使用如下代码声明一个随机对象 myRandom。

Dim myRandom As Random = New Random()

随机方法的使用参见表 3-24。

表 3-24 随机方法

名　　称	说　　明	示　　例	结　　果
随机对象.Next()	产生非负随机整数	myRandom.Next()	非负随机整数
随机对象.Next(非负整数)	产生大于等于 0 且小于指定非负整数(随机数上界)的非负随机数	myRandom.Next(10)	0～9(包括 0 和 9)之间的随机整数
随机对象.Next(整数 1, 整数 2)	产生大于等于整数 1 且小于整数 2 的随机整数	myRandom.Next(−10,10)	−10～9(包括 −10 和 9)之间的随机整数
随机对象.NextDouble()	产生大于等于 0 且小于 1.0 的双精度浮点数	myRandom.NextDouble()	0.0～1.0(包括 0.0、不包括 1.0)之间的随机双精度浮点数

另外，VB.NET 还保留了 VB6.0 等早期版本中利用 Rnd 函数和 Randomize 语句生成随机数的方法。

Rnd(x)函数返回介于 0 和 1 之间的双精度随机数。参数 x 为随机数生成时的种子。当 x < 0 时，每次都使用参数 x 作为随机数种子将得到相同的结果；当 x > 0 或省去参数时，得到序列中的下一个随机数；当 x=0 时，返回最近生成的随机数。默认情况下，每次运行一个应用程序，Visual Basic 都提供相同的种子，为了每次运行应用程序时产生不同的随机数，可在调用 Rnd 之前，先使用 Randomize[(number)] 语句初始化随机数生成器，该生成器给 number(整型量)一个新的种子值，若省略 number，则只有根据系统计时器得到的种子值。

【例 3.10】 Rnd(x)函数的使用。

实现代码如下：

```
Public Class Form1
    Private Sub Form1_Load(ByVal sender As System.Object, ByVal e As System.EventArgs) Handles
MyBase.Load
        Dim i%
        Randomize()
        Label1.Text = ""
        For i = 1 To 5
            Label1.Text &= Int(((10 − 3 + 1) * Rnd()) + 3) & vbCrLf    ' 生成 3 到 10 之间的随机整数值
```

```
        Next i
    End Sub
End Class
```

3.8.2 字符串函数

Visual Basic 字符串处理一般采用 System.String 类提供的成员函数，也可以使用 Visual Basic 6.0 等早期版本中提供的函数，如表 3-25 所示，其中，s1 和 s2 为字符串变量，假设 s1 的值为"AbcdEF"，s2 的值为

"□12□□345□□□" (□表示空格)

表 3-25　Visual Basic 早期版本中常用的字符串函数

名　称	说　明	示　例	结　果
InStr	返回一个整数，该整数指定一个字符串在另一个字符串中的第一个匹配项的起始位置	InStr(s1,"cd")	3
Left	返回一个字符串从左端开始的指定数量的字符	Left(s1,4)	Abcd
Len	返回一个整数，求字符串长度	Len(s1)	6
Mid	根据指定位置和长度，返回一个字符串的子字符串	Mid(s1,2,3)	bcd
Replace	将字符串中指定的子字符串用另一个子字符串替换	Replace(s1,"cd", "12")	Ab12EF
Right	返回一个字符串从右端开始的指定数量的字符	Right(s1,4)	cdEF
Space	返回由指定数量空格组成的字符串	"You" & Space(1) & "Me"	You□Me
Trim	去掉一个字符串左右两端的空格	Trim(s2)	12□□345

Visual Basic 中的字符串处理方法或函数属于 Microsoft.VisualBasic 命名空间，在使用时一般需要在字符串方法或函数名前加 Microsoft.VisualBasic.或 String.。

3.8.3 日期函数

Visual Basic 日期时间处理一般采用 System.DateTime 类提供的成员函数，也可以使用 VB6.0 等早期版本中提供的函数。这些日期函数主要包括用于提取计算机系统的当前时间和日期的函数 Now；还有 Year、Month、Day、Hour、Minute、Second、Weekday 等函数分别返回年份、月、日、小时、分、秒、星期几等信息。例如：

```
Dim MyDate, MyYear, MyWeekDay, MyHour, Today
MyDate = #9/1/2013 9:10:15 PM#          '指定一日期
MyYear = Year(MyDate)                   ' MyYear 的值为 2013
MyWeekDay = Weekday(MyDate)             ' MyWeekDay 的值为 1，2013 年 9 月 1 日是星期日
MyHour = Hour(MyDate)                    ' MyHour 的值为 9
Today = Now                             '将系统当前的日期与时间赋给变量 Today
```

3.8.4　转换函数

Visual Basic 数据类型的转换可以采用本章.2 节介绍的各种方法，也可以使用 VB6.0 等早期版本中提供的转换函数，以实现数值与非数值类型转换、数制转换、大小写字母转换等。VB 早期版本常用的转换函数如表 3-26 所示。

表 3-26　Visual Basic 早期版本中常用的转换函数

函　数	说　明
Asc(x)	返回字符串 x 中第一个字符的 ASCII 码值，例如，Asc("a")返回 97
Chr$(x)	把 x 的值转换为相应的 ASCII 字符。参数 x 的数值有效范围为 0～255。例如，Chr$("97")返回"a"
Str$(x)	把 x 的值转换为一个字符串。例如，Str$(123.456)返回字符串"123.456"
Val(x)	返回包含于字符串 x 内的数字，转换时忽略字符串中的非数字字符。例如，Val("123.456abc")返回 123.456。同时它还识别基数前缀，&O(表示八进制)，&H(表示十六进制)，例如，Val("&HFF")返回 255
Hex(x)	把一个十进制数转换为十六进制数。例如，Hex(32)返回 20
Oct(x)	把一个十进制数转换为八进制数。例如，Oct(32)返回 40
Ucase$	把小写字母转换为大写字母
Lcase$	把大写字母转换为小写字母
CBool(x)	将 x 的值转换为 Boolean 类型值。如果表达式的结果为非零的值,该函数返回 True,否则返回 False
CByte(x)	将参数 x 转换成 Byte 类型值
CCur(x)	把 x 的值转换为货币类型值，小数部分最多保留 4 位且自动四舍五入
CDate(x)	把日期表达式 x 转换成 Date 类型值
CDbl(x)	把 x 的值转换为双精度数
CInt(x)	把 x 的小数部分四舍五入，转换为整数
CLng(x)	把 x 的小数部分四舍五入，转换为长整数
CSng(x)	把 x 的值转换为单精度数
CStr(x)	将一数值 x 转换为字符串类型值

3.9　表　达　式

在 Visual Basic 语言的程序中，若要完成运算功能，必须使用表达式。尽管表达式能完成指定的运算，但表达式并不是完整的 Visual Basic 语言的语句。若把计算机算法语言中的每个语句比作自然语言中的一个句子，那么表达式仅仅是句子中的一部分短语。

所谓表达式就是指一个或多个运算的某种组合。Visual Basic 中的表达式就是由 VB 语言中的变量、常量、运算符、函数和圆括号，按照一定的规则组合起来的式子。表达式可用来执行运算、操作字符或测试数据。表达式通过运算后有一个结果，运算结果的类型由参加运算的数据和运算符共同决定。

1. 算术表达式

表达式中运算量是数值型量(整型、长整型、单精度型、双精度型、货币型)，使用的运算符为算术运算符，表达式的运算结果也是数值型量的表达式，称为算术表达式。例如：

$(3 + 5) * 5 \text{ Mod } 2 - 2 * 3 * \text{Sin}(x) ^ 2$

算术表达式有以下书写规则：

(1) 表达式中的乘号(*)既不能省略，也不能用"·"代替，也不能写作"×"。

(2) 括号必须成对出现，而且只能使用圆括号，圆括号可以嵌套使用。

(3) 对于单目运算，一般需加括号。例如，$(-x)^2$ 的 Visual Basic 表达式应写为 $(-x)^2$，若写成 $-x^2$，则表示 $-x^2$。

(4) 所有表达式中的元素从左到右在同一基准上书写，无高低、大小之分。

例如，已知数学表达式 $\dfrac{\sqrt{(2x + 3y) * z}}{(xy)^3}$，写成 Visual Basic 表达式为

$\text{Math.Sqrt}((2 * x + 3 * y) * z) / (x * y) ^ 3$

2. 关系表达式

关系表达式是由关系运算符组成的表达式，表示两操作数之间的关系。关系表达式中两个操作数必须是相同类型，运算结果为逻辑真(True 或 −1)或假(False 或 0)。

3. 逻辑表达式

由逻辑运算符连接起来的表达式称为逻辑表达式。逻辑表达式中的操作数只能是由表达式构成的逻辑值，其运算结果也是一逻辑值。

例如，将"3≤x≤5"写成 Visual Basic 表达式是：

$(x >= 3) \text{ And } (x <= 5)$

4. 字符串表达式

字符串表达式是由字符串常量、字符串变量、字符串函数用字符串运算符"+"或"&"连接起来构成的，表示将两个字符串进行拼接。其中，表达式中的字符串常量必须用引号引起来。

5. 日期表达式

日期型表达式由算术运算符"+"、"−"、算术表达式、日期型常量、日期型变量和函数组成。日期型数据是一种特殊的数值型数据，它们之间只能进行加"+"、减"−"运算。有下面三种情况：

(1) 两个日期型数据可以相减，结果是一个数值型数据，表示参加运算的两个日期相差的天数。例如：

```
#12/31/2001# – #12/1/2001#          ' 结果为数值型数据：30
```

(2) 一个日期型数据加上一个表示天数的数值型数据，其结果仍然为一日期型数据，表示向后推算日期。例如：

```
#12/1/2001# + 30          ' 结果为日期型数据：#01-12-31#
```

(3) 一个日期型数据减去一个表示天数的数值型数据，其结果仍然为一日期型数据，

表示向前推算日期。例如：

    #12/31/2001# – 30   ' 结果为日期型数据：#01-12-1#

【例 3.11】 Visual Basic 表达式示例。在本例中，a 是 0～10(包括 0 和 10)之间的随机整数，c 是 –10～0(包括 10 和 0)之间的随机整数。

实现代码如下：

```
Imports System.Math
Public Class Form1
    Private Sub Form1_Load(ByVal sender As System.Object, ByVal e As System.EventArgs) Handles MyBase.Load
        Dim myRandom As Random = New Random()
        ' a 是 0～10(包括 0 和 10)之间的随机整数，c 是 –10～0(包括 –10 和 0)之间的随机整数
        Dim a As Integer = myRandom.Next(11), b As Integer = 2, c As Integer = myRandom.Next(–10, 1)
        Label1.Text = " a =" & a & ",    b =" & b & ",    c =" & c & vbCrLf
        b += a + c
        Label1.Text &= " a = " & a & ",    b = " & b & ",    c = " & c & vbCrLf
        Label1.Text &= " c >= bAND b >= a 结果为: " & CStr(c >= b And b >= a) & vbCrLf
        Label1.Text &= "(b2-4ac)的平方根为: " & Format(Math.Sqrt(b ^ 2 – 4 * a * c), "0.00") & vbCrLf
        ' Format 是一个格式化输出函数，可以修饰日期、数值以及字符串型态的数据，其传回值的数据型态为字符串。具体使用方法参见网址：http://msdn.microsoft.com/zh-cn/downloads/default
        Dim m, n, p As Boolean
        m = False : n = True : p = True
        Label1.Text &= " m =" & m & ",    0 =" & 0 & ",    p =" & p & vbCrLf
        Label1.Text &= " m Or n Xor p = " & CStr(m Or n Xor p) & vbCrLf
        Label1.Text &= " Not m Or n Xor p = " & CStr(Not m Or n Xor p)
    End Sub
End Class
```

程序运行结果如图 3-9 所示。

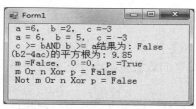

图 3-9　表达式示例

3.10　语　句

语句是 Visual Basic 程序的过程构造块，用于声明变量和常量、创建对象、变量赋值、调用方法、控制分支、创建循环等。VB 程序常见的一些语句如下：

(1) 声明语句：用于声明局部变量和常量。

(2) 表达式语句：用于对表达式求值。可用作语句的表达式包括方法调用、使用 New 运算符的对象分配、使用"="和复合赋值运算符的赋值。

(3) 选择语句：用于根据表达式的值从若干个给定的语句中选择一个来执行。这一组语句有 If…Then…Else 和 Select…Case。

(4) 迭代语句：用于重复执行嵌入语句。这一组语句有 While、Do、For 和 For Each。

(5) 跳转语句：用于转移控制。这一组语句有 Continue、Goto、Return、Exit、End 和 Stop 等。

【例 3.12】 Visual Basic 语句示例：声明语句、赋值语句、循环语句、调用静态方法等。实现代码如下：

```
Imports System.Math
Public Class Form1

Private Sub Button1_Click(ByVal sender As System.Object, ByVal e As System.EventArgs)
Handles Button1.Click
        Const PI As Double = 3.14                   '声明语句   声明常量
        Dim a As Double, i%                         '声明语句   声明变量
        Label1.Text = ""                            '赋值语句
        For i = 1 To 5                              '控制语句   循环语句
            a = PI * i * i                          '赋值语句
            Label1.Text &= "半径=" & i & "    " & "面积=" & a & vbCrLf    '复合赋值语句
        Next i
    End Sub
End Class
```

程序运行结果如图 3-10 所示。

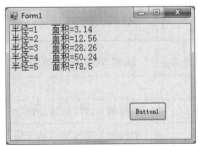

图 3-10　Visual Basic 语句示例

3.11　MsgBox 函数

在使用 Windows 时，如果操作有误，屏幕上会显示一个对话框，让用户进行选择，然后根据选择确定其后的操作。Visual Basic 提供的 MsgBox 函数的功能与此类似，在执行时

屏幕上会出现一个消息框,用以向用户提示信息,并可通过用户在对话框上的选择接收用户所做出的响应作为程序继续执行的依据。

MsgBox 函数的语法格式为:

MsgBox(msg[,buttons][,title])

其中,第一个参数 msg 是一个字符串,表示提示的内容;第三个参数 title 表示消息框的标题;第二个参数 buttons 由 3 个数值相加之和组成,这 3 个数值分别代表按钮的类型、显示图标的种类和哪一个按钮是缺省的"活动按钮"。表 3-27、3-28、3-29 中分别列出了这三个数值的含义。

表 3-27 列出消息框中包括哪一类按钮,当值为 0 时,消息框中只包含一个"确定"按钮,当值为 1 时,消息框中有两个按钮("确定"和"取消"),其余类推。表 3-28 列出消息框中左上部显示的小图标的种类。表 3-29 列出哪一个按钮是缺省的"活动按钮"。

表 3-27 按钮的类型及其对应的值

符号常量	值	在消息框上显示出来的按钮
vbOKOnly	0	"确定"按钮
vbOKCancel	1	"确定"和"取消"按钮
vbAbortRetryIgnore	2	"终止(A)"、"重试(R)"和"忽略(I)"按钮
vbYesNoCancel	3	"是(Y)"、"否(N)"和"取消"按钮
vbYesNo	4	"是(Y)"和"否(N)"按钮
vbRetryCancel	5	"重试(R)"和"取消"按钮

表 3-28 图标的类型及其对应的值

符号常量	值	在消息框上显示出来的图标
vbCritical	16	✕
vbQuestion	32	?
vbExclamation	48	!
vbInformation	64	I

表 3-29 缺省按钮及其对应的值

符号常量	值	效　果
vbDefaultButton1	0	第一个按钮为缺省的活动按钮
vbDefaultButton2	256	第二个按钮为缺省的活动按钮
vbDefaultButton3	512	第三个按钮为缺省的活动按钮

当值为 0 时,第一个按钮为缺省的活动按钮,即运行开始时第一个按钮是激活的,或称为"焦点在第一个按钮处",此时,可以用按回车键来代替单击活动按钮的操作。

MsgBox 函数中第二个参数是从上面 3 个表中各取一个相加而得。例如,$65 = 1 + 64 + 0$。在程序中不需要分别指明这 3 个表中的值,只需给出这 3 个值的和即可。

MsgBox 函数的返回值是一个整数,其值是根据用户按下哪个按钮而定的,见表 3-30。

表 3-30　MsgBox 函数返回的值

符号常量	返回值	操　作
vbOK	1	选"确定"按钮
vbCancel	2	选"取消"按钮
vbAbort	3	选"终止(A)"按钮
vbRetry	4	选"重试(R)"按钮
vbIgnore	5	选"忽略(I)"按钮
vbYes	6	选"是(Y)"按钮
vbNo	7	选"否(N)"按钮

当用户按下"确定"按钮时，MsgBox 函数值为 1；若按"取消"钮，则 MsgBox 函数值是 2，……

【例 3.13】 使用 MsgBox 函数弹出消息对话框。

实现代码如下：

```
Private Sub Form1_Click1(ByVal sender As Object, ByVal e As System.EventArgs) Handles Me.Click
        Dim Info1$, Info2$, Answer$
        Info1 = "请点击下面的一个按钮"
        Info2 = "这是一个消息对话框"
        Answer = MsgBox(Info1, 291, Info2)          ' 291 = 3 + 32 + 256
        Label1.Text=Answer
    End Sub
```

程序运行后，单击窗体将弹出如图 3-11 所示的消息对话框。

图 3-11　MsgBox 函数对话框

本例中，MsgBox 函数的第一个参数是显示在对话框内的信息；第三个参数是对话框的标题；第二个参数为 291，由 3 + 32 + 256 得来，3 表示对话框内显示"是(Y)"、"否(N)"、"取消"三个命令按钮，32 表示在对话框内显示"?"图标，256 表示把对话框内第二个按钮作为默认活动按钮。执行 MsgBox 函数后的返回值赋给变量 Answer，最后一个语句在标签中打印出该返回值。如果按"是"按钮，则打印出返回值 6；如果按"否"按钮，则打印出返回值 7；如果按"取消"按钮，则打印出返回值 2。

注意：用 MsgBox 函数显示的提示信息最多不超过 1024 个字符，所显示的信息自动换行，并能自动调整信息框的大小。如果由于格式要求需要换行，则需增加回车换行符(Chr$(13) + Chr$(10)或 vbCrLf)。

3.12　InputBox 函数

Visual Basic 提供的 InputBox 函数可以产生一个输入对话框，作为输入数据的界面，等待用户在其中的文本输入区内输入信息，并返回所输入的内容。InputBox 函数的语法格式为：

InputBox(prompt[,title][,default] [,xpos,ypos])

其中，第一个参数 prompt 是一个长度不超过 1024 个字符的字符串，它是显示在对话框内的提示信息；第二个参数 title 也是一个字符串，它是作为对话框的标题；第四、五个参数 xpos 和 ypos 是数值，它们分别表示对话框的左上角距窗体的左边界和上边界。第三个参数 default 也是一个字符串，是作为文本输入区中的缺省值，如果用户认可它，则可用它作为默认输入值；如果用户不想用这个字符串作为输入值，则可直接改变它；如果省略该参数，则对话框的输入文本区为空白，等待用户键入信息。

执行 InputBox 函数所产生的输入对话框有两个按钮："确定"和"取消"。用户在文本输入区输入数据后，单击"确定"按钮(或按回车键)表示确认，函数将以字符串的形式返回用户在输入区中输入的数据；如果用户单击"取消"按钮(或按 Esc 键)，则使当前的输入无效，函数将返回一个空字符串。

【例 3.14】　使用 InputBox 函数输入信息。

实现代码如下：

```
Private Sub Form1_Click1(ByVal sender As Object, ByVal e As System.EventArgs) Handles Me.Click
    Dim Info1$, Info3$, Info$, title$, username$
    Info1 = "请输入用户名"
    Info3 = "需注意大小写"
    Info = Info1 + vbCrLf + Info3
    title = "用户信息输入框"
    username = InputBox(Info, title, "Jack")
    Label1.Text= username
End Sub
```

程序运行后，单击窗体将弹出如图 3-12 所示的输入对话框。当单击"确认"按钮时，将在标签中打印出用户在文本输入区中输入的内容。

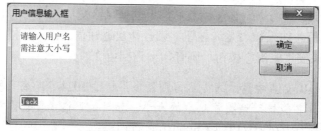

图 3-12　InputBox 函数对话框

习　题　3

3.1　下列哪些可作为 Visual Basic.NET 的变量名，哪些不可以？

(1) 4*Delta

(2) Alpha

(3) 4ABC

(4) ABπ

(5) String

(6) Filename

(7) A(A+B)

(8) C254d

(9) Integer

3.2　Visual Basic .NET 中的整型数有几种？各用多少字节存储？

3.3　怎样用值类型字符表示常量的类型？怎样用类型说明符表示变量的类型？

3.4　符号常量和变量有什么区别？什么情况下宜用符号常量？假定一个符号常量的名字为 M，其值为 3352，类型为长整型，应如何定义？

3.5　假定两个变量的名字分别为 a 和 b，其类型分别为短整型和双精度型，初始值分别为 123 和 5793.25，应如何定义？

3.6　指出下列 Visual Basic .NET 表达式中的错误，并写出正确的形式：

(1) CONTT. DE+COS(28°)

(2) −3/8+8. INT24. 8

(3) (8+6)−(4÷2)+SIN(2*π)

(4) [(x+y)+z]×80−5(C+D)

3.7　将下列数学式子写成 Visual Basic .NET 表达式：

(1) $\cos^2(c+d)$

(2) $5 + (a + b)^2$

(3) $\cos(x)(\sin(x) + 1)$

(4) $e^2 + 2$

(5) $2a(7 + b)$

(6) $8e^3\ln2$

3.8　设 a=2，b=3，c=4，d=5，求下列表达式的值：

(1) a>b AND c<=d OR 2*a>c

(2) 3>2 * b OR a=c AND b<>c OR c>d

(3) NOT a<=c OR 4*c= b−2 AND b<>a+c

(4) a>b AndAlso c<d

(5) a<b OrElse c>d

3.9　设变量 a 和 b 均为字符串类型，其值分别为 "Visual Basic" 和 "Programming"，编写程序求 a+b 和 a & b 的值。

3.10　设变量 S 的值为 "ABCDEFGHIJK"，编程序求下列函数的值：

(1) Left(S,4)

(2) Right(S, 4)

(3) Mid(S, 3,4)

(4) Mid(S,4)

(5) Len(S)

(6) Instr(S, "EFG")

(7) Lcase(Right(S, 5))

(8) Len(Mid(S, 3))

3.11　输入三角形三条边的长度 a、b、c，计算并显示三角形的面积。公式为

$$面积 = \sqrt{s(s-a)(s-b)(s-c)}$$

其中，$s = (a+b+c)/2$。

3.12 随机产生一个 3 位正整数，然后逆序输出，产生的数与逆序数同时显示。例如，产生 135，输出是 531。

3.13 在高度为 6 m 的地方垂直于地面向上抛起 1 个小球，初速度为 12 m/s。编写程序，根据用户输入的时间(秒)计算出小球离开地面的高度。例如，用户输入"3.1"，计算 3.1 秒后小球离开地面的高度。

3.14 如果 n 是闪电和打雷间隔的秒数，暴风雨以 $n/5$ km 的速度前进。编写程序，输入闪电和打雷间隔的秒数，显示暴风雨在 6 s 后前进的距离。

3.15 在户外进行有氧运动时，需保持心跳的速率。该速率由 $7 \times (220/a) + 0.3 \times r$ 计算，a 是年龄，r 是休息时的心跳次数。编写程序，输入 a 和 r，计算运动时的心跳次数。

3.16 编程：在窗体上放置 1 个文本框和 1 个按钮。在文本框中输入英文字符，单击按钮会将文本框中的所有大写字符转换为小写，所有小写字符转换为大写。例如，输入"I Just MEET Her"，则转换为"i jUST meet hER"。

第4章 程序设计结构

结构化程序设计的基本控制结构有三种，即顺序结构、选择结构和循环结构。

总体上说，Visual Basic 程序大多是按照语句书写的前后顺序执行的，如我们在前面所学习到的一些简单的程序都可称为顺序结构。使用流程控制语句，可以改变这种简单顺序执行的特点，使程序中语句的执行顺序与书写顺序不一致。

为了描述程序的控制结构，经常使用流程图。流程图中用一些图形符号来表示程序或算法中的各种操作，具有直观形象、易于理解等优点。表 4-1 中简单介绍了常遇到的图形符号。

表 4-1　流程图常用图形符号

符　　号	名　　称	含　　义
▭	起止框	流程的开始或结束
▭	处理框	语句或语句块
⟶	流程线	指向程序执行的方向
◇	判断框	根据给定的条件进行判断，选择下一步路径

复杂程序都可以由三种基本结构来构成。图 4-1 中给出了最基本的三种结构的流程图。

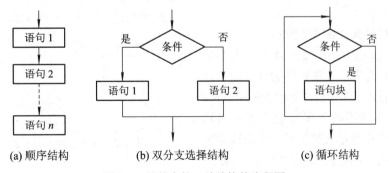

(a) 顺序结构　　(b) 双分支选择结构　　(c) 循环结构

图 4-1　最基本的三种结构的流程图

4.1　顺　序　结　构

Visual Basic 程序中语句执行的基本顺序按各语句出现的位置的先后次序执行，称为顺序结构，参见图 4-1(a)。先执行语句 1，再执行语句 2，……，最后执行语句 n，各语句按顺序执行。

【例 4.1】 华氏温度与摄氏温度转换。程序中用到的控件属性及说明见表 4-2。

输入华氏温度，计算对应的摄氏温度。计算公式如下：

$$c = \frac{5 \times (f - 32)}{9}$$

式中，c 表示摄氏温度，f 表示华氏温度。

表 4-2　例 4.1 所使用的控件属性及说明

控件	属性	属性值	说明
Label1	Text	输入华氏温度，计算对应的摄氏温度值	试题说明标签
Label2	Text	输入华氏温度 f	提示输入标签
Label3	Text	摄氏温度 c =	提示输出标签
PictureBox1	Image	转换公式图片的文件路径及文件名	转换公式
TextBox1	Text	空	华氏温度输入文本框
TextBox2	Text	空	摄氏温度输出文本框
Button1	Text	计算	计算命令按钮

程序代码如下：

```
Public Class Form1

    Private Sub Button1_Click(ByVal sender As System.Object, ByVal e As System.EventArgs)
Handles Button1.Click

        TextBox2.Text = CSng(5 * (Val(TextBox1.Text) – 32) / 9)

    End Sub

End Class
```

程序运行结果如图 4-2 所示。

本程序代码量很少，编程者实际书写的语句仅一条。而为了实现程序运行界面良好的交互性，用到了 7 个控件。因 Visual Basic 程序编辑器本身不具备图形对象的编辑功能，编者通过其他方法制作了一个华氏温度和摄氏温度转换公式的图片，通过

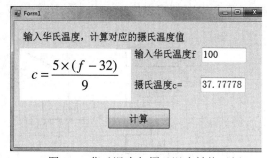

图 4-2　华氏温度与摄氏温度转换示例

PictureBox1.Image 加载到程序界面上。本题属于纯数字计算，而 TextBox1.Text 的值是文本类型，可使用转换函数 Val，将文本类型转换为数字类型。5 *(Val(TextBox1.Text) – 32) / 9 的运算结果是双精度类型，保留了较多位小数，用 CSng 函数将其转换为单精度小数，以减少小数位数。

【例 4.2】 根据提示输入直角三角形的两条直角边长，求直角三角形的斜边、周长和面积。

所使用的控件属性及说明参见表 4-3。

表 4-3　例 4.2 所使用的控件属性及说明

控　件	属　性	属　性　值	说　　明
Label1	Text	输入直角边 A	提示输入标签
Label2	Text	输入直角边 B	提示输入标签
Label3	Text		结果输出标签
TextBox1	Text		直角边 A 输入文本框
TextBox2	Text		直角边 B 输入文本框
Button1	Text	计算	计算命令按钮

程序源代码如下:

```
Public Class Form1

    Private Sub Button1_Click(ByVal sender As System.Object, ByVal e As System.EventArgs) Handles Button1.Click
        Dim a, b, c, p, h, area As Double
        a = TextBox1.Text
        b = TextBox2.Text
        c = Math.Sqrt(a ^ 2 + b ^ 2)
        Label3.Text = "直角三角形三边分别为: a=" & a & ", b=" & b & ", c=" & Format(c, "0.00") & vbCrLf
        p = a + b + c : h = p / 2
        area = Math.Sqrt(h * (h – a) * (h – b) * (h – c))
        Label3.Text &= "直角三角形的周长=" & Format(p, "0.00") & ", 面积=" & Format(area, "0.00")

    End Sub
End Class
```

程序运行结果参见图 4-3。

在本例中，通过文本框输入两条直角边的长度，用勾股定理 $a^2 + b^2 = c^2$ 计算斜边的平方值，用 Sqrt 方法计算斜边值。Format 是格式化输出函数，"Format(c, "0.00")"表示 c 的输出值保留 2 位小数。

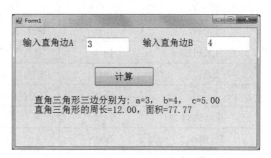

图 4-3　例 4.2 程序运行结果

4.2　选　择　结　构

在日常生活和工作中，常常需要对给定的条件进行分析、比较和判断，并根据判断结果采取不同的操作。在 Visual Basic 中，这样的问题通过选择结构程序来解决，而选择结构可以使用 If 语句、Select Case 语句来实现。

4.2.1 If…Then…Else 语句

If…Then…Else 条件语句包含三种形式：单分支、双分支和多分支。

1. 单分支结构 If…Then 语句

单分支结构的流程图如图 4-4 所示。

If…Then 语句用于有条件地执行一个或多个语句。可以在单行中使用，也可以书写在多行中，其语句形式如下：

格式 1：

    If 条件表达式 Then 语句

格式 2：

    If 条件表达式 Then

        语句块

    End If

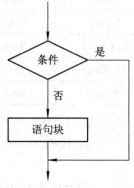

图 4-4 单分支结构

其中，"条件表达式"可以是关系表达式、逻辑表达式或数值表达式，表达式非 0 值为 True(真、是)，0 值为 False(假、否)；"语句"或"语句块"可以是一行或多行语句，若用第一种形式则只能是一条语句，或语句间用冒号分隔且书写在同一行上。

该语句的作用是当条件表达式的值为非 0(True)时，执行 Then 后面的语句或语句块，否则不做任何操作而顺序向下执行程序。

【例 4.3】 输入两个数 x 和 y，编程使得 x 的值始终大于 y。程序中用到的控件属性及说明见表 4-4 所示。

表 4-4 例 4.3 所使用的控件属性及说明

控 件	属 性	属 性 值	说 明
Label1	Text	输入 X 的值	提示输入标签
Label2	Text	输入 Y 的值	提示输入标签
Label3	Text	X 的值 =	输出提示标签
Label4	Text	Y 的值 =	输出提示标签
TextBox1	Text		输入 X 值文本框
TextBox2	Text		输入 Y 值文本框
TextBox3	Text		输出 X 值文本框
TextBox4	Text		输出 Y 值文本框
Button1	Text	计算	计算命令按钮

程序代码如下：

```
Public Class Form1
    Private Sub Button1_Click(ByVal sender As System.Object, ByVal e As System.EventArgs)
Handles Button1.Click
        Dim x As Integer, y As Integer, t As Integer
        x = Val(TextBox1.Text)
```

```
            y = Val(TextBox2.Text)
            If x < y Then
                t = x
                x = y
                y = t
            End If
            TextBox3.Text = x
            TextBox4.Text = y
        End Sub
    End Class
```

程序运行结果如图 4-5 所示。

图 4-5　例 4.3　比较两个数的大小

本例中 t = x、x = y、y = t 三条语句的作用是交换 x、y 的值。当两个变量 x、y 的值需要交换时，不能直接使用语句 x=y : y=x。请读者思考一下为什么？

【例 4.4】　求一元二次方程 $ax^2 + bx + c = 0(a \neq 0)$ 的实数根。

程序代码如下：

```
    Public Class Form1
        Private Sub Button1_Click(ByVal sender As System.Object, ByVal e As System.EventArgs)
Handles Button1.Click
        Dim a, b, c, dt, x1, x2 As Single
        a = Val(TextBox1.Text)
        b = Val(TextBox2.Text)
        c = Val(TextBox3.Text)
        dt = b ^ 2 – 4 * a * c
        If dt >= 0 Then
            x1 = (–b + Math.Sqrt(dt)) / (2 * a)
            x2 = (–b – Math.Sqrt(dt)) / (2 * a)
            Label3.Text = "该一元一次方程的实数根是：" & vbCrLf & x1 & "    和    " & x2
        End If
        If dt < 0 Then Label3.Text = "该一元一次方程无实数根"
        End Sub
    End Class
```

运行结果如图 4-6 所示。

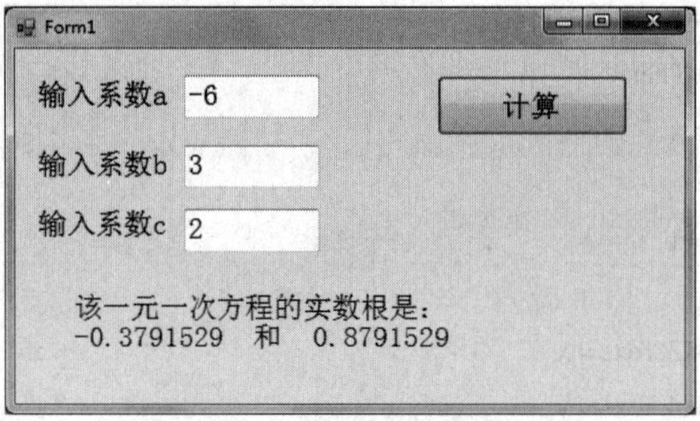

图 4-6 一元二次方程的实数根

本例利用求根公式：$x = \dfrac{-b \pm \sqrt{b^2 - 4ac}}{2a}$ 计算一元二次方程的实数根。在程序中利用 If 语句判断 $b^2 - 4ac \geq 0$ 是否为真，如果为真，就计算实数根，否则显示无实数根。通过本示例注意 If 单分支两种结构的使用区别。

2. 双分支结构 If…Then…Else 语句

使用 If…Then…Else 语句可以定义两个语句块，Visual Basic 程序可以根据检测的结果执行其中的一个语句块。既可以书写在单行中，也可以书写在多行中，其语句格式如下：

格式 1：

    If 条件 Then 语句 Else 语句

格式 2：

    If 条件 Then

        语句块 1

    Else

        语句块 2

    End If

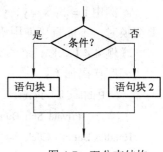

该语句的作用是当表达式的值为非 0(True)时执行 Then 后面的语句或语句块，否则执行 Else 后面的语句或语句块，其流程见图 4-7 所示。

图 4-7 双分支结构

【例 4.5】 计算分段函数：

$$y = \begin{cases} \sin x + 2\sqrt{x + e^4} - (x+1)^3 & x \geq 0 \\ \ln(-5x) - \dfrac{|x^2 - 8x|}{7\pi} + e & x < 0 \end{cases}$$

下面分三种方法给出程序的主要片段。请读者自己编程测试。

方法一：用单分支结构实现。

```
y1= Math.sin(x)+ 2 * Math.Sqrt(x + Math.Exp(4)) – Math.Pow(x + 1,3)
if x<0 then
    y1= Math.log(–5 * x) – Math.Abs(x * x – 8 * x) / (7 * Math.PI) + Math.E
End If
```

方法二：用双分支结构实现。

```
If x>=0 then
        y1= Math.sin(x) + 2 * Math.Sqrt(x + Math.Exp(4)) – Math.Pow (x + 1,3)
Else
        y1= Math.log(–5 * x) – Math.Abs(x * x – 8 * x) / (7 * Math.PI) + Math.E
End If
```

方法三：用条件运算符实现。

Visual Basic 提供了一个条件运算符 IIF，可以实现双分支结构。IIF 的格式如下：

```
IIf ([argument1]，argument2，argument3)
```

参数 argument1 是一个逻辑值。当值为真时，IIf 运算的结果是 argument2 的值；当值为假时，结果是 argument3 的值。

y1 = IIf(x >= 0, Math.Sin(x) + 2 * Math.Sqrt(x + Math.Exp(4)) – (x + 1) ^ 3, Math.Log(–5 * x) – Math.Abs(x * x – 8 * x) / (7 * Math.PI) + Math.E)

如果在代码编辑器的"常规"区输入：Imports System.Math，则上述代码中的 Math. 可以省略。

【例 4.6】 输入的一串英文字母，分别统计其中大写字母和小写字母的个数。

程序代码如下：

```
Public Class Form1

        Private Sub Button1_Click(ByVal sender As System.Object, ByVal e As System.EventArgs)
Handles Button1.Click
                Dim c As String, i, cu, cl As Integer
                c = Trim(TextBox1.Text)
                cu = 0 : cl = 0
                For i = 1 To Len(c)
                        If Mid(c, i, 1) >= "a" And Mid(c, i, 1) <= "z" Then
                                cl = cl + 1
                        Else
                                cu = cu + 1
                        End If
                Next
                Label1.Text = "小写字母个数=" & cl
                Label2.Text = "大写字母个数=" & cu
        End Sub
End Class
```

3. 多分支结构 If…Then…ElseIf 语句

使用 If…Then…ElseIf 语句可以定义多个语句块，Visual Basic 程序可以根据检测的结果执行其中的一个语句块，其语句格式如下：

```
If  条件 1 Then
```

```
        语句块 1
ElseIf <条件 2> Then
        语句块 2
        ...
ElseIf  条件 n Then
        语句块 n
    [Else
        语句块 n+1]
End If
```

该语句的作用是根据不同的表达式确定执行哪个语句块，Visual Basic 测试条件的顺序为条件 1，条件 2… 依此类推，直到找到一个为非 0(True)的条件，则执行该条件下的语句块，然后执行 End If 后面的代码(其余分支不再执行)。其中，Else 语句块是可选的，如果包含 Else 语句块，则当前面的条件都不是 True 时，VB 将执行 Else 语句块。多分支结构 If…Then…ElseIf 语句的流程图见图 4-8 所示。

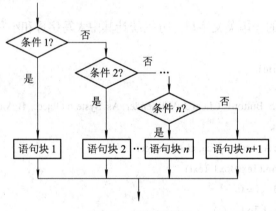

图 4-8 多分支结构

可以看出，当一个 ElseIf 子句也不用时，就得到了 If…Then…Else 语句的特例；而 If…Then…Else 语句如果再省略 Else 子句，就得到了最简单的 If…Then 语句。

【例 4.7】 某超市节日期间举办购物打折扣的促销活动，优惠办法是：每位顾客当天一次性购物在 100 元以上者，按九五折优惠；在 200 元以上者，按九折优惠；在 300 元以上者，按八五折优惠；在 500 元以上者，按八折优惠。由此可根据顾客购物款数计算出优惠价。
    程序代码如下：

```
Public Class Form1

    Private Sub Button1_Click(ByVal sender As System.Object, ByVal e As System.EventArgs)
Handles Button1.Click
        Dim x As Single, y As Single
        x = Val(TextBox1.Text)
        If x < 100 Then
            y = x
```

```
        ElseIf x < 200 Then
            y = 0.95 * x
        ElseIf x < 300 Then
            y = 0.9 * x
        ElseIf x < 500 Then
            y = 0.85 * x
        Else
            y = 0.8 * x
        End If
        Textbox2.Text = y
    End Sub
End Class
```

【例 4.8】 已知某课程的百分制分数 mark，将其转换为等级制(优、良、中、及格和不及格)的评定等级 grade。评定条件如下：

$$
成绩等级 = \begin{cases}
优 & mark \geqslant 90 \\
良 & 80 \leqslant mark < 90 \\
中 & 70 \leqslant mark < 80 \\
及格 & 60 \leqslant mark < 70 \\
不及格 & mark < 60
\end{cases}
$$

根据评定条件，给出以下三种不同的实现方法(主要代码片段)，供读者分析。

方法一：

```
If mark >= 90 Then
    grade="优"
ElseIf mark >= 80 Then
    grade="良"
ElseIf mark >= 70 Then
    grade="中"
ElseIf mark >= 60 Then
    grade="及格"
Else
    grade="不及格"
End If
```

方法二：

```
If mark >= 90 Then
    grade="优"
ElseIf mark >= 80 And mark < 90 Then
    grade="良"
ElseIf mark >= 70 And mark < 80 Then
    grade="中"
```

```
        ElseIf mark >= 60 And mark < 70 Then
            grade="及格"
        Else
            grade="不及格"
        End If
```

方法三：

```
        If mark >= 60 Then
            grade="及格"
        ElseIf mark >= 70 Then
            grade="中"
        ElseIf mark >= 80 Then
            grade="良"
        ElseIf mark >= 90 Then
            grade="优"
        Else
            grade="不及格"
        End If
```

其中，方法一使用关系运算符"">="，按分数从高到低依次比较；方法二使用关系运算符和逻辑运算符，表达式表示完整，语句不需要按分数从高到低依次比较书写；方法三使用关系运算符">="，按分数从低到高依次比较。

上述三种方法，第一种和第二种方法正确，方法一常用，方法二条件有冗余。方法三是错误的，只能得到"及格"或"不及格"。问题原因请读者自行分析。

4. If 语句的嵌套

If 语句的嵌套是指 If 或 Else 后面的语句块中又包含 If 语句。其语句形式如下：

```
    If  条件 1 Then
        If  条件 2 Then
            …
        End If
        …
    End If
```

【例 4.9】 比较三个数 x、y、z 的大小并排列，使得 x < y < z。

程序代码如下：

```
    If x > y Then t = x: x = y: y = t
    If y > z Then
        t = y: y = z: z = t
        If x > y Then
            t = x: x = y: y = t
        End If
    End If
```

为了增强程序的可读性，书写时应采用锯齿形缩进结构。此外，若 If 语句不在一行上书写，则必须与 End If 配对使用；多个 If 嵌套，End If 与它最近的 If 配对。

【例 4.10】　输入一串字符，统计英文字母、数字和其他字符的个数。

假设字符串通过文本框 textbox1 输入，并赋值一个字符到变量 ch 中，结构如下：

```
For i=1 to len(trim(textbox1.text))
        Ch=mid(trim(textbox1.text), i, 1)
        (方法一 或 方法二)
Next i
```

具体实现代码如下：

方法一：

```
If Char.isletter(ch) Then
        If Char.isupper(ch)    Then
                MsgBox(ch +"是大写字母")
        Else
                MsgBox(ch+"是小写字母")
        End If
Else If char.isnumber(ch)    Then
        MsgBox(ch+"是数字字符")
Else
        MsgBox(ch+"是其他字符")
End If
```

方法二(利用字符比较)：

```
If char.ToUpper(ch) >= "A"c And Char.ToUpper(ch) <= "Z"c Then
        If ch >= "A"c And ch <= "Z"c Then
                MsgBox( ch +"是大写字母")
        Else
                MsgBox(ch+"是小写字母")
        End If
Else If ch >= "0"c And ch <= "9"c Then
        MsgBox(ch +"是数字字符")
Else
        MsgBox(ch +"是其他字符")
End If
```

本例中，首先通过一个循环程序段从文本框中获得一个字符，然后再通过分支语句判断该字符属于哪种类型。在代码中用到了两个常用函数：Mid 和 MsgBox 函数，读者要通过示例学会它们的使用方法，并将程序补充完整。

【例 4.11】　编程判断某年是否是闰年。判断闰年的条件是：年份能被 4 整除但不能被 100 整除，或者能被 400 整除。程序算法框图如图 4-9 所示。

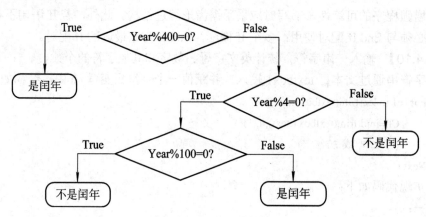

图 4-9　闰年的判断条件

本例可用四种方法实现。主要源代码如下：

方法一(使用日期时间型变量的成员来判断闰年)：

```
If DateTime.IsLeapYear(Year) Then
        MsgBox(Year & " year is a leap year!")
    Else
        MsgBox(Year & " year is not a leap year!")
    End If
```

方法二(使用一个逻辑表达式包含所有的闰年条件)：

```
If Year Mod 4 = 0 And Year Mod 100 <> 0 Or Year Mod 400 = 0 Then
        MsgBox(Year & " year is a leap year!")
    Else
        MsgBox(Year & " year is not a leap year!")
    End If
```

方法三(使用嵌套的 If 语句)：

```
If Year Mod 400 = 0 Then
        MsgBox(Year & " year is a leap year!")
    Else
      If Year Mod 4 = 0 Then
        If Year Mod 100 = 0 Then
            MsgBox(Year & " year is not a leap year!")
        Else
            MsgBox(Year & " year is a leap year!")
        End If
      Else
        MsgBox(Year & " year is not a leap year! ")
      End If
    End If
```

方法四(使用 If…Then…ElseIf 语句)：

```
If Year Mod 400= 0 Then
    MsgBox(Year & " year is a leap year!")
ElseIf Year Mod 4<>0 Then
    MsgBox(Year & "year is not a leap year!")
ElseIf Year Mod 100=0 Then
    MsgBox(Year & " year is not a leap year!")
Else
    MsgBox(Year & " year is a leap year!")
End If
```

4.2.2　Select…Case 语句

If 条件语句的执行过程是根据条件表达式的值为真，则执行一段程序，条件为假，则执行另一段程序。这对于多重值的条件转移显得很不方便。在 Visual Basic 中，多分支的情形可以通过 Select Case 语句来简便地实现。Select Case 语句也称为情况语句，它根据一个表示式的值，在一组相互独立的可选语句块中挑选一个来执行。

Select Case 语句的功能与 If…Then…ElseIf 语句类似，但对多重选择的情况，Select Case 语句使代码更加易读。Select Case 语句处理一个测试表达式并只计算一次。然后，将表达式的值与结构中的每个 Case 的值进行比较。如果相等，就执行与该 Case 相关联的语句块。如果不止一个 Case 子句中的值与测试值相匹配，则只对第一个匹配的 Case 执行与之相关联的语句块。其流程见图 4-10 所示。

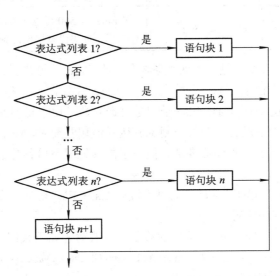

图 4-10　Select Case 语句

Select Case 语句的格式为：

Select Case　测试表达式或变量
　　Case　表达式列表 1
　　　　语句块 1

```
        Case  表达式列表 2
            语句块 2
            …
        [Case Else
            语句块 n+1]
    End Select
```

其中，"测试表达式或变量"为必要参数，可以是任何数值型表达式或字符串表达式；在 Case 子句中，"表达式列表"为必要参数，必须与"测试表达式或变量"的类型一致，它用来测试其中是否有值与"测试表达式或变量"相匹配，是一个或多个如表 4-5 所示形式的列表。当使用多个表达式列表时，表达式与表达式之间要用逗号隔开。例如：

```
        Case 1, 3, 5, 7, 9, Is >50        '表示测试表达式的值为 1，3，5，7，9 或大于 50
```

每个 Case 中的表达式值必须互不相同，否则就会出现矛盾现象。各 Case 子句的出现次序不影响执行结果。

表 4-5　Case 表达式的形式

形　式	示　例	说　明
表达式	Case 100 * a	数值或字符串表达式
表达式 1 To 表达式 2	Case 1 To 10 Case "a" To "z"	用来指定一个值范围，较小的值要出现在 To 之前
一组枚举表达式(用逗号分隔)	Case 1, 3, 5, 7, 9	表示测试表达式的值为枚举表达式中的某一个值
Is 关系运算表达式	Case Is > 500	Case Is > 500 可以配合比较运算符来指定一个数值范围。如果没有提供，则 Is 关键字会自动插入

"语句块"为可选参数，是一条或多条语句，当 Case 子句的表达式列表中有值与测试表达式或变量的值相匹配时执行，每执行完一个 Case 后面的语句块后，就把控制流程转向 End Select 的下一语句执行。Case Else 子句是可选参数，用于指明其他语句列。当所有的 Case 子句的表达式列表中没有一个值与测试表达式值相匹配时，则执行 Case Else 子句中的语句块。虽然 Case Else 子句不是必要的，但为了能够处理不可预见的测试条件值，最好还是加上该子句。

如果没有 Case 值匹配测试条件，而且也没有 Case Else 语句，则程序会从 End Select 之后的语句继续执行程序代码。

【例 4.12】　例 4.7 中计算优惠价格的算法可以改写为如下代码：

```
    Private Sub Button1_Click(ByVal sender As System.Object, ByVal e As System.EventArgs) Handles Button1.ClickDim x As Single, y As Single
        x = Val(TextBox1.Text)
        Select Case x
            Case Is < 100
                y = x
```

```
            Case Is < 200
                    y = 0.95 * x
            Case Is < 300
                    y = 0.9 * x
            Case Is < 500
                    y = 0.85 * x
            Case Else
                    y = 0.8 * x
            End Select
            TextBox2.Text = y
    End Sub
```

📢 注意：Select Case 结构每次都要在开始处计算表达式的值，而 If…Then…ElseIf 结构为每个 ElseIf 语句计算不同的表达式。只有在 If 语句和每一个 ElseIf 语句计算相同表达式时，才能用 Select Case 结构替换 If…Then…ElseIf 结构。

4.3　循　环　结　构

在实际的应用中，我们可能会遇到这样的问题：某一段代码功能相对简单，但需要反复执行多次，比如学校中统计各门课程的平均分、银行存款利率计算等。对于这样的问题，如果用顺序结构的程序来逐个处理，将会是非常烦琐的。为此，Visual Basic 中提供了循环语句，使用循环语句，可以实现循环结构程序设计。

循环语句产生一个语句序列，不断重复执行，直到某个特定的时刻才停止。Visual Basic 提供了 4 种不同风格的循环结构，包括 For…Next 语句、While 语句、Do…Loop 语句和 For Each…Next 语句。

4.3.1　For 循环

For 循环也称为 For…Next 循环或计数循环。其一般格式如下：

```
    For 循环变量 = 初值 To 终值 [Step 步长]
        [循环体]
        [Exit For]
    Next [循环变量]
```

For 循环按指定的次数执行循环体。例如：

```
    For i =1 to 100 Step 1
        Sum = Sum + i
    Next i
```

该例从 1 到 100，步长为 1，共执行 100 次"Sum = Sum + i"。其中 i 是循环变量，1 是初值，100 是终值，Step 后面的 1 是步长值，"Sum = Sum + i"是循环体。

说明：

(1) "循环变量"：亦称"循环控制变量"、"控制变量"或"循环计数器"。它是一个数值变量，但不能是下标变量或记录元素。

(2) "初值"：循环变量的初值，它是一个数值表达式。

(3) "终值"：循环变量的终值，它也是一个数值表达式。

(4) "步长"：循环变量的增量，是一个数值表达式。其值可以是正数(递增循环)或负数(递减循环)，但不能为 0。如果步长为 1，则可略去不写。

(5) "循环体"：在 For 语句和 Next 语句之间的语句序列，可以是一个或多个语句。

(6) Exit For：用于在循环执行过程的某个时机退出循环。

(7) Next：循环语句尾标记。在 Next 后面的"循环变量"与 For 语句中的"循环变量"必须相同。

(8) For 语句的执行过程：

① For 循环语句在执行时，首先计算初值、终值和步长(仅此一次)。

② "初值"赋给"循环变量"。

③ 检查"循环变量"的值是否超过终值，如果超过就停止执行"循环体"，跳出循环，执行 Next 后面的语句；否则执行一次"循环体"。

④ 当遇到 Next 时，把"循环变量"按照"步长"的值进行调整后，再转步骤③继续循环。

这里所说的"超过"有两种含义：当步长为正值时，检查循环变量是否大于终值；当步长为负值时，检查循环变量的值是否小于终值。图 4-11 示出了 For…Next 循环的逻辑流程。

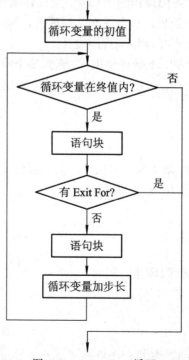

图 4-11 For…Next 循环

需要说明的是：格式中的初值、终值、步长均为数值表达式，但其值不一定是整数，可以是实数，Visual Basic 会自动取整后，按照整数来处理。For 语句和 Next 语句必须成对出现，不能单独使用，且 For 语句必须在 Next 语句之前。

【例 4.13】　求 1 + 3 + 5 + ··· + 99 的累加和可用 For···Next 循环实现。

具体实现代码如下：

```
Private Sub Button1_Click(ByVal sender As System.Object, ByVal e As System.EventArgs) Handles
Button1.ClickDim x As Single, y As Single
        Dim S As Integer, n As Integer
        S = 0
        For n = 1 To 99 Step 2
            S = S + n
        Next n
        Textbox1.text= S
    End Sub
```

在这里，n 是循环变量，循环初值为 1，终值为 99，步长为 2，S = S + n 和 Textbox1.text=S 是循环体。执行过程如下：

(1) 把初值 1 赋给循环变量 n。

(2) 将 n 的值与终值进行比较，若 n > 99，则转到(5)，否则执行循环体。

(3) n 增加一个步长值，即 n = n + 2。

(4) 返回(2)继续执行。

(5) 执行 Next 后面的语句。

For···Next 循环遵循"先检查，后执行"的原则，即先检查循环变量是否超过终值，然后决定是否执行循环体。因此，在下列情况下，循环体将不会被执行：① 当步长为正数，初值大于终值时；② 当步长为负数，初值小于终值时。

当初值等于终值时，不管步长是正数还是负数，均执行一次循环体。对于一般情况，循环次数由初值、终值和步长 3 个因素确定，计算公式为：

$$循环次数 = \frac{\text{Int(终值 - 初值)}}{步长} + 1$$

一般情况下，循环变量到达终值后，For···Next 正常结束。但在有些情况下，可能需要在循环变量到达终值前退出循环，这可以通过 Exit For 语句来实现。在一个 For···Next 循环中，可以含有一个或多个 Exit For 语句，并且可以出现在循环体的任何位置，用以退出当前循环过程。

【例 4.14】　判断一个自然数是否是素数。

算法思想："素数"是指除了 1 和该数本身，不能被任何整数整除的数。判断一个自然数 $n(n > 1)$ 是否是素数，只要依次用 2～$\sqrt{n}$ 作除数去除 n，若 n 不能被其中任何一个数整除，则 n 即为素数；否则，n 不是一个素数。

程序代码如下：

```
Public Class Form1
    Private Sub Form1_Click1(ByVal sender As Object, ByVal e As System.EventArgs) Handles Me.Click
        Dim n As Long, i As Long, flag As Long
```

```
        n = Val(TextBox1.Text)
        If n > 0 And Int(n) = n Then
            flag = 0
            For i = 2 To Int(Math.Sqrt(n))
                If n Mod i = 0 Then
                    flag = 1
                    Exit For
                End If
            Next i
            If flag = 0 Then
                TextBox2.Text = "是素数"
            Else
                TextBox2.Text = "不是素数"
            End If
        Else
            TextBox2.Text = "请输入一个正整数"
        End If
    End Sub
End Class
```

程序运行结果如图 4-12 所示。

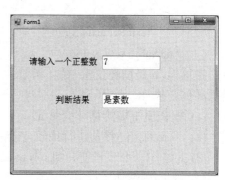

图 4-12   判断一个自然数是否为素数

4.3.2   While 循环

在自然界和人类生产实践活动中存在着大量的转化现象。在一定的条件下，物质可以由一种状态转化为另一种状态。例如，当温度降到 0℃ 时，水变成冰；当水温上升到 100℃ 时，水变成水蒸气。在 Visual Basic 中，描述这类问题使用的是 While 循环语句。其格式如下：

```
While 条件
    [语句块]
Wend
```

其中，"条件" 为一布尔表达式。当循环语句的功能是：当给定的 "条件" 为 True 时，执行循环中的 "语句块"（即循环体）。

While 循环语句的执行过程是：如果 "条件" 为 True（非 0 值），则执行 "循环体" 中的语句，当遇到 Wend 语句时，控制流程返回到 While 语句并对 "条件" 进行重新测试，如果仍然为 True，则重复上述过程；如果 "条件" 为 False，则不执行 "循环体"，而执行 Wend 后面的语句。While 循环过程如图 4-13 所示。

While 循环与 For 循环的区别是：For 循环对循环体执行指定的次数，While 循环则是在给定的条件为 True

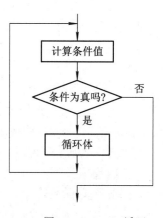

图 4-13   While 循环

时重复循环体的执行。设有如下一段程序：

```
While e>0
    s = s + 1
    e = e - 1
Wend
```

上述程序通过重复做加法来计算"s = s + 1"，重复的条件是"e > 0"。每次执行循环以前，都要按 While 语句指定的条件(e > 0)做一次判断。如果条件求值的结果为 True，则执行循环体中的语句。也就是说，只要条件为 True，则"测试，执行，测试，执行……"的操作就一直进行下去，直到条件为 False(b < 0)时才结束循环，控制转移到 Wend 后面的语句。

这就是说，While 循环可以指定一个循环终止的条件，而 For 循环只能指定重复操作的次数。因此，当需要由数据的某个条件是否出现来控制循环时，就不宜使用 For 循环，而应使用 While 循环语句来描述。

【例 4.15】 从键盘上输入字符，对输入的字符进行计数，当输入的字符仅为"？"时，停止计数，并输出结果。

由于需要输入字符的次数没有指定，不宜用 For 循环来编写程序。停止计数的条件是输入的字符为"?"，可以用 While 循环语句来实现。

程序代码如下：

```
Private Sub Form1_Click1(ByVal sender As Object, ByVal e As System.EventArgs) Handles Me.Click
    Dim ch As String, msg$, Counter%
    Const ch1$ = "?"
    counter = 0
    msg = "Enter a Character:"
    ch = InputBox(msg)
    While ch <> ch1
        Counter = Counter + 1
        ch = InputBox(msg)
    End While
    Label1.Text = "Number of Characters entered:" & Counter
End Sub
```

在使用 While 循环语句时，应注意以下几点：

(1) While 循环语句先对"条件"进行测试，然后才决定是否执行循环体，只有在"条件"为 True 时才执行循环体。如果条件从开始就不成立，则一次循环体也不执行。例如：

```
While 1<>1
    循环体
Wend
```

条件"1 <> 1"永为 False，因此不执行循环体。当然，这样的语句没有什么实用价值。

(2) 如果条件总是成立，则不停地重复执行循环体。例如：

```
flag = 1
While flag
    循环体
Wend
```

这种情况被称为"死循环"。在此情况下，程序运行后，只能通过人工干预的方法或由操作系统强迫其停止执行。死循环是程序设计中容易出现的严重错误，应当尽力避免。

(3) 开始时对条件进行测试，如果成立，则执行循环体；执行完一次循环体后，再测试条件，如成立，则继续执行……直到条件不成立为止。也就是说，当条件最初出现 False 时，或是以某种方式执行循环体，使得条件的求值最终出现 False 时，While 循环才能终止。在正常使用的 While 循环中，循环体的执行应当能使条件改变，否则会出现死循环。

【例 4.16】 使用 While 语句编写程序，判断一个自然数是否是素数。

程序代码如下：

```
Private Sub Form1_Click1(ByVal sender As Object, ByVal e As System.EventArgs) Handles Me.Click
    Dim n As Long, i As Long, flag As Long, r As Long
    n = Val(TextBox1.Text)
    flag = 0
    i = 2
    While (i <= Int(Math.Sqrt(n))) And (flag = 0)
        r = n Mod i
        If r = 0 Then
            flag = 1
        Else
            i = i + 1
        End If
    End While
    If flag = 0 Then
        TextBox2.Text = "是素数"
    Else
        TextBox2.Text = "不是素数"
    End If
End Sub
```

4.3.3 Do 循环

Do 循环不仅可以不按照限定的次数执行循环体内的语句块，而且可以根据循环条件是 True 或 False 决定是否结束循环，十分方便。Do…Loop 语句有几种演变形式，但每种都是通过计算条件表达式以决定是否继续执行。

根据循环条件的放置位置以及计算方式，Do 循环有几种格式。

1. 先判断 Do…Loop 循环

先判断 Do…Loop 循环结构有两种形式：Do While…Loop 和 Do Until…Loop，如图

4-14(a)、(b)所示。它们都在循环顶部检查进入循环的条件,根据条件决定是否执行循环体。因此,执行循环的最少次数为 0,即循环体可能不被执行。

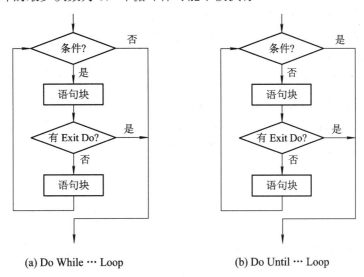

(a) Do While … Loop　　　　　(b) Do Until … Loop

图 4-14　先判断 Do…Loop 循环

下面是关于这两种循环的语法格式:

Do While | Until　条件

　　语句块

[Exit Do]

　　语句块

Loop

其中,Exit Do 是可选项,表示当执行该语句后,退出循环,程序流程转到 Loop 的下一条语句。Exit Do 通常用于条件判断(例如 If…Then)之后。

Do While…Loop 是先判断当型循环语句,当执行这个循环时会首先测试条件表达式的值。如果条件成立(条件表达式的值为真),则 Visual Basic 执行循环体内的语句块,然后返回到 Do While 语句再测试条件;如果条件不成立(条件表达式的值为假),则跳过循环体内的所有语句,如此反复循环。因此,只要表达式的值为真或为非零,循环就可以执行任意多次,除非遇到 Exit Do 语句。如果条件表达式的值一开始就为假,则不会执行循环体,直接跳转到 Loop 的下一条语句执行。

Do Until…Loop 是先判断直到型循环语句,条件为假时执行循环体,直到条件为真时终止循环。

【例 4.17】　用循环语句求 $1 + 2 + 3 + … + 100$ 的累加和。

具体实现代码如下:

```
Private Sub Form1_Click1(ByVal sender As Object, ByVal e As System.EventArgs) Handles
Me.Click
    Dim S As Integer, n As Integer
    S = 0
    Do While n <= 100
```

```
S = S + n
n = n + 1
Loop
Label1.Text= S
End Sub
```

该例也可以用 Do Until…Loop 循环语句实现，请读者自行完成。

2. 后判断 Do…Loop 循环

后判断 Do…Loop 循环结构有两种形式：Do…Loop While 和 Do…Loop Until，如图 4-15(a)、(b)所示。这两种循环结构首先执行循环体，然后判断条件，根据条件决定是否继续执行循环。因此，执行循环的最少次数为 1。

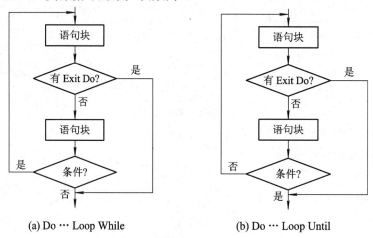

(a) Do … Loop While   (b) Do … Loop Until

4-15　后判断 Do…Loop 循环

下面是关于这两种循环的语法格式：

```
Do
    语句块
[Exit Do]
    语句块
Loop While | Until  条件
```

Do…Loop While 是后判断当型循环语句，当条件为真时执行循环体(除非遇到 Exit Do 语句)，条件为假时终止循环。

Do…Loop Until 是后判断直到型循环语句，当条件为假时继续执行循环体，直到条件为真时终止循环。

【例 4.18】 用辗转相除法求两个自然数 m 和 n 的最大公约数和最小公倍数。

求最大公约数的算法思想：

(1) 对于已知两数 m、n，使得 m > n；

(2) 以大数 m 作被除数，小数 n 作除数，m 除以 n 得余数 r；

(3) 若 r≠0，m←n，n←r，继续执行步骤(2)；

(4) 若 r=0，则 n 即为所求的 m 与 n 的最大公约数，算法结束。

求最小公倍数的算法思想：将 m 与 n 相乘后除以最大公约数即为所求。

程序代码如下：

```
Private Sub Form1_Click(ByVal sender As Object, ByVal e As System.EventArgs) Handles Me.Click
    Dim m%, n%, t%, r%, mn&
    m = Val(TextBox1.Text)
    n = Val(TextBox2.Text)
    If m <= 0 Or n <= 0 Then
        TextBox3.Text = "输入错误"
        End                        'End 用于结束程序的运行
    End If
    mn = m * n
    If m < n Then
        t = m : m = n : n = t
    End If
    Do
        r = m Mod n
        m = n
        n = r
    Loop While r <> 0
    TextBox3.Text = m
    TextBox4.Text = mn / m
End Sub
```

4.3.4　For Each…Next 循环

For Each…Next 语句用于枚举数组或对象集合，并对该数组或集合中的每个元素执行一次相关的嵌入语句。For Each…Next 语句用于循环访问数组或集合，以获取所需信息。当为数组或集合中的所有元素完成迭代后，控制传递给 For Each…Next 之后的下一个语句。

For Each…Next 语句的格式为：

```
For Each  变量名 [ As datatype ] In 数组或集合名称
    [语句块]
    [Countion For]
    [语句块]
    [Exit For ]
    [语句块]
Next [变量名]
```

说明：

(1)"变量名"是一个循环变量，在循环中，该变量依次获取数组或集合中各元素的值。如果在使用 For Each…Next 循环之前尚未声明，则必须使用 As datatype 声明其数据类型。

(2)"变量名"必须与数组或集合的类型一致。

(3) 在 For Each 循环体 "语句块" 中，数组或集合的元素是只读的，其值不能改变。如果需要迭代数组或集合中的各元素，并改变其值，就应使用 For 循环。

(4) Continue For：将控制转移到 For Each 循环的开始。

(5) Exit For：将控制转移到 For Each 循环外。

【例 4.19】 使用 For Each…Next 循环显示整数数组的内容。

程序代码如下：

```
Private Sub Form1_Click1(ByVal sender As Object, ByVal e As System.EventArgs) Handles Me.Click
        Label1.Text = ""
        Dim myArray() As Integer = {10, 20, 30, 40, 50}              ' 整数数组
        For Each item As Integer In myArray                          ' 输出整数数组
            Label1.Text &= item & " "
        Next
    End Sub
```

程序运行结果如图 4-16 所示。

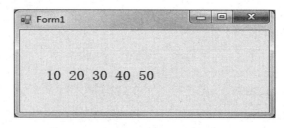

图 4-16　For Each…Next 循环显示数组内容

4.3.5　多重循环

通常把循环体内不含有循环语句的循环叫做单重循环，而把循环体内含有循环语句的循环称为多重循环。多重循环又称多层循环或嵌套循环。例如在循环体内含有一个循环语句的循环称为二重循环。按一般习惯，为了使嵌套结构更具可读性，总是用缩进方式书写。

【例 4.20】 打印 "九九乘法表"，输出结果如图 4-17 所示。

"九九乘法表" 是一个 9 行 9 列的二维表，行和列都在变化，而且在变化中互相约束。这个问题可以用下面的二重循环来实现。

具体实现代码如下：

```
Private Sub Form1_Click(ByVal sender As Object, ByVal e As System.EventArgs) Handles Me.Click
    Dim i As Integer, j As Integer, s As String
    Label1.Text = ""
    For i = 1 To 9
        s = ""
        For j = 1 To i
        ' 字符串左对齐，在右边以空格填充以达到总长度为 8
          s &=  (i & "x" & j & "=" & i * j).PadRight(8)
        Next j
```

```
        Label1.Text &= s & vbCrLf

    Next i

End Sub
```

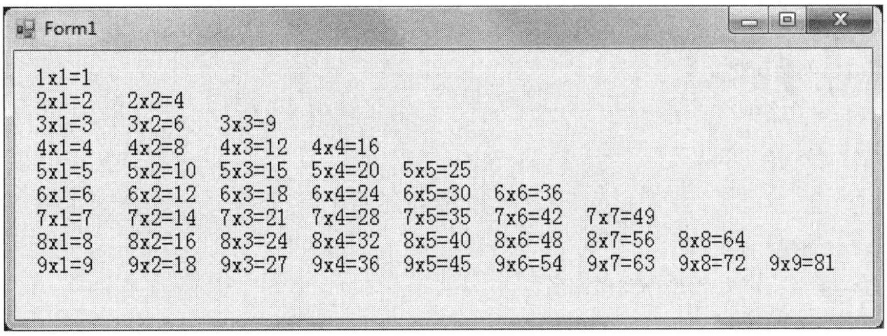

图 4-17　显示九九乘法表(一)

通过对循环变量的控制，可以以如图 4-18 所示的图形显示九九乘法表。

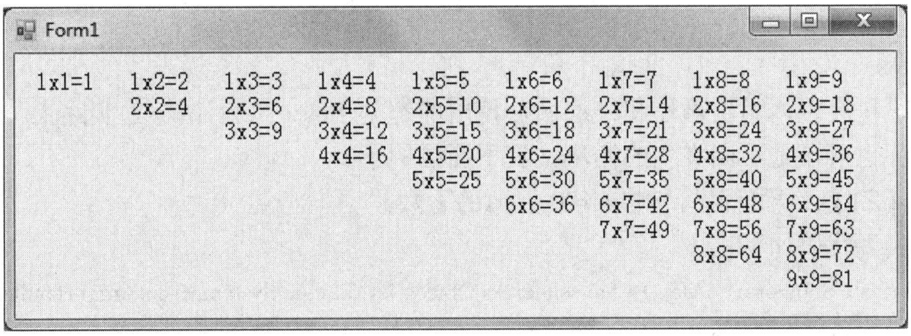

图 4-18　显示九九乘法表(二)

显示图 4-18 结果的程序代码如下：

```
Private Sub Form1_Click(ByVal sender As Object, ByVal e As System.EventArgs) Handles Me.Click

    Dim i As Integer, j As Integer, s As String

    Label1.Text = ""

    For i = 1 To 9

        s = ""

        For j = 1 To i − 1

            s &= (String.Format("")).PadRight(8)

        Next j

        For j = i To 9

            s &= (String.Format(i & "x" & j & "=" & i * j)).PadRight(8)

        Next j

        Label1.Text &= s & vbCrLf

    Next i

End Sub
```

在上述循环的嵌套中，第一个 Next 关闭了内层的 For 循环，而第二个 Next 关闭了外层的 For 循环。

📢 **注意：** 使用嵌套循环时还要内循环变量与外循环变量不能同名；外循环必须包含完全的内循环，内、外层循环不能交叉。

例如，以下程序段都是错误的：

```
'内、外循环交叉
For i = 1 To 9
    For j = 1 To 9
        ...
    Next i
Next j        '内、外循环变量同名
For i = 1 To 9
    For i = 1 To 9
        ...
    Next i
Next i
```

在这段程序中，内层循环和外层循环使用的都是 For…Next 循环。实际上，内层循环和外层循环也可以是不同类型的循环。看下面的例子。

【例 4.21】 编写程序，输出 100 以内的素数。

具体实现代码如下：

```
Private Sub Form1_Click(ByVal sender As Object, ByVal e As System.EventArgs) Handles Me.Click
    Dim n As Long, i As Long, flag As Long, r As Long
    Dim count As Integer
    count = 0
    Label1.Text = ""
    For n = 2 To 100
        flag = 0
        i = 2
        While ((i <= Int(Math.Sqrt(n))) And (flag = 0))
            r = n Mod i
            If r = 0 Then
                flag = 1
            Else
                i = i + 1
            End If
        End While
        If flag = 0 Then
            Label1.Text &= n & "   "
            count = count + 1
            If count Mod 5 = 0 Then Label1.Text &= vbCrLf
```

```
        End If
    Next n
End Sub
```

该例的外层循环使用的是 For…Next 循环，内层循环使用的是 While 循环。count 变量记录素数的个数，用于在输出素数时，按每行 5 个数打印。程序的执行结果如图 4-19 所示。

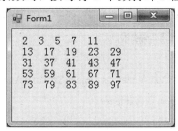

图 4-19　100 以内的素数

4.4　跳　转　语　句

跳转语句用于无条件地转移控制。Visual Basic 提供了许多转移控制的语句，包括 GoTo、Countinue、Exit、End、Stop 等。

4.4.1　GoTo 语句

GoTo 语句可以改变程序执行的顺序，跳过程序的某一部分去执行另一部分，或者返回已经执行过的某语句使之重复执行。因此，用 GoTo 语句可以构成循环。

GoTo 语句的一般格式为：

```
GoTo  标号
```

"标号"是一个以冒号结尾的标识符。例如：

```
Start:
```

GoTo 语句改变程序执行的顺序，无条件地把控制转移到"标号"所在的程序行，并从该行开始向下执行。

标号必须以英文字母开头，以冒号结束。

GoTo 语句中的标号在程序中必须存在，并且是唯一的，否则会产生错误。标号可以在 GoTo 语句之前，也可以在 GoTo 语句之后。当标号在 GoTo 语句之前时，提供了实现循环的另一种途径。例如：

```
Start:
    r=inputBox("Enter a number :")
    If r = 0 Then
        End
    Else
        A = 3.14159*r*r
        Label1.text= "Area=" & A
```

```
        End If
        GoTo Start
        ...
```

为了减少 GoTo 语句对程序易读性的影响，Visual Basic 对 GoTo 语句的使用有一定的限制，规定它只能在一个过程中使用。

GoTo 语句是无条件转移语句，但常常与条件语句结合使用。看下面的例子。

【例 4.22】 编写程序，计算存款利息。

程序代码如下：

```
Private Sub Form1_Click(ByVal sender As Object, ByVal e As System.EventArgs) Handles Me.Click
        Dim p, r As Single, i, t As Integer
        p = 10000 : r = 0.125
        t = 1
Again:
        If t > 10 Then GoTo Lb
        i = p * r
        p = p + i
        t = t + 1
        GoTo Again
Lb:
        Label1.Text = p
End Sub
```

该例用来计算存款利息。本金为 10000(p)，年利率为 0.125(r)，每年复利计息一次，求 10 年本利合计是多少。程序中"Again:"和"Lb:"为标号。

4.4.2 Continue 语句

Continue 语句结束本次循环，即跳过循环体内自 Continue 下面尚未执行的语句，返回到循环的起始处，并根据循环条件判断是否执行下一次循环。Continue 语句形式如下：

Continue {Do | For | While}

说明：

(1) Continue 语句可以从 Do、For 或 While 循环内进入该循环的下一轮循环。控制权将立即转移到循环条件的测试部分，即转移到 For 或 While 语句，或转移到包含 Until 或 While 子句的 Do 或 Loop 语句。

(2) 如果嵌套了同类循环，例如，一个 Do 循环嵌套在另一个 Do 循环中，则 Continue Do 语句将跳到包含它的最内层 Do 循环的下一轮。不能使用 Continue 跳到同类型的包含循环的下一轮循环。

(3) 如果嵌套了多个类型不同的循环，例如，一个 Do 循环嵌套在一个 For 循环中，则可使用 Continue Do 或 Continue For 跳到任一循环的下一轮循环。

【例 4.23】 显示 100～200 之间不能被 3 整除的数。要求一行显示 10 个数。

程序代码如下：

Private Sub Form1_Load(ByVal sender As System.Object, ByVal e As System.EventArgs) Handles MyBase.Load

    Label1.Text = "100-200 之间不能被 3 整除的数有:" & vbCrLf

    Dim i As Integer =1, sum As Integer = 0,j%   '控制一行显示的数字个数

    For i = 100 To 200

    If i Mod 3 = 0 Then Continue For   '被 3 整除的数

    Label1.Text &= i & " "

    j += 1

    If j Mod 10 = 0 Then Label1.Text &= vbCrLf   ' 一行显示 10 个数后换行

    Next

    End Sub

程序运行结果如图 4-20 所示。

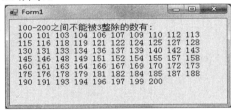

图 4-20　例 4.23 的运行结果

4.4.3　Exit 语句

Exit 语句用于退出过程或块，并且立即将控制传送到过程调用或块定义后面的语句。其语法如下：

  Exit {Do | For | Function | Select | Sub | While}

说明：

(1) Exit Do 立即退出所在的 Do 循环。当在嵌套的 Do 循环内使用时，Exit Do 将退出最内层的循环。

(2) Exit For 立即退出所在的 For 循环。当在嵌套的 For 循环内使用时，Exit For 将退出最内层的循环。

(3) Exit Function 立即退出所在的 Function 过程。

(4) Exit Select 立即退出所在的 Select Case 块。

(5) Exit Sub 立即退出所在的 Sub 过程。

(6) Exit While 立即退出所在的 While 循环。当在嵌套的 While 循环内使用时，Exit While 将退出最内层的循环。

【例 4.24】　使用 Exit 语句退出 For…Next 循环、Do 循环及 Sub 过程。

程序代码如下：

  Public Class Form1

    Sub exitDemo()

      Dim Num As Integer

      Dim myRandom As Random = New Random()

```
            '无限循环
            Do
                For i As Integer = 1 To 10000000
                    Num = myRandom.Next(100)              '生成 0～100 的随机整数
                    Select Case Num
                        Case 7
                            MsgBox("7 Exit For")
                            Exit For                      '退出 For 循环
                        Case 29
                            MsgBox("29 Exit Do")
                            Exit Do                       '退出 Do 循环
                        Case 54
                            MsgBox("54 Exit Sub")
                            Exit Sub                      '退出 Sub 子过程
                    End Select
                Next i
            Loop
        End Sub
        Private Sub Form1_Load(ByVal sender As System.Object, ByVal e As System.EventArgs)
Handles MyBase.Load
            Call exitDemo()
        End Sub
    End Class
```

4.4.4 End 语句

End 语句用于立即终止执行程序，其格式如下：

　　End

说明：

(1) 可以将 End 语句放在过程中任意处，以强制整个应用程序停止运行。End 可关闭用 Open 语句打开的所有文件，并清除所有应用程序的变量。只要其他程序没有引用应用程序的对象并且应用程序的代码当前都未运行，该应用程序就会立即关闭。

(2) 由于 End 会立即终止应用程序，而不顾及任何可能已打开的资源，因此在使用该语句前，应彻底关闭所有资源。例如，如果应用程序中还有打开的窗体，应该先关闭这些窗体，然后再将控制传递给 End 语句。

(3) 尽量少用 End，只有在需要立即停止时才使用该语句。End 语句是终止过程的正常方式，不仅彻底关闭过程，而且允许彻底关闭调用代码。

4.4.5 Stop 语句

Stop 语句用于中止执行程序，其格式如下：

　　Stop

说明：

(1) 可以将 Stop 语句放在过程的任何地方以中止执行。使用 Stop 语句类似于在代码中设置断点。

(2) Stop 语句中止执行，但与 End 不同，它不关闭任何文件或清除任何变量，除非在已编译的可执行(.exe)文件中遇到 Stop 语句。

4.5　综　合　应　用

计算机解决问题必须按照一定的算法"循序渐进"，算法就是解决问题或处理事物的方法和步骤。对于求解同一问题，往往可以设计出多种不同的算法，它们的运行效率、占用内存量可能有较大的差异。一般而言，评价一个算法的好坏是看算法是否正确、运行效率的高低和占用系统资源的多少等。计算机算法可以分为两大类：

(1) 数值计算算法，主要是解决一般数学解析方法难以处理的一些数学问题，如解方程的根、求定积分、解微分方程等。

(2) 非数值计算算法，如对非数值信息的排序、查找等。

1. 用牛顿迭代法解方程

牛顿迭代法是求解一元超越方程根的常用算法。已知一个初始点 x_0，则据牛顿迭代公式：

$$x_{n+1} = x_n - \frac{f(x_n)}{f'(x_n)}, \qquad n = 0,1,2,3,\cdots$$

【例 4.25】　根据输入的 x0，用牛顿迭代法求方程 $2x^3 - 4x^2 + 3x - 6 = 0$ 的准确解 x。

计算步骤：

(1) 计算 $f(x_0) = 2x^3 - 4x^2 + 3x - 6$ 和 $f'(x_0) = 6x^2 - 8x + 3$。

(2) 根据迭代公式计算出 x_1。

(3) 当 $|x_{n+1} - x_n| \leqslant \varepsilon$ 时，x_{n+1} 为所求的方程根，本题 $\varepsilon = 0.0005$；否则继续计算 x_2、x_3、$\cdots$、x_n。

界面包含一个按钮 Button1、两个文本框(TextBoxl、TextBox2)和两个标签。控件属性如表 4-6 所示。

表 4-6　例 4.25 所用的控件及控件属性

控　件	Name	Text
Form	Form1	用牛顿迭代法解方程
Label	Label1	输入 x0 的值：
	Label2	方程的根为：
TextBox	TextBox1	
	TextBox2	
Button	Button1	计算

在文本框 TextBox1 中输入 x0，通过单击"计算"按钮(Button1)，计算出方程的根显示在文本框 TextBox2 中。

程序代码如下：

```
Public Class Form1
    Private Sub Button1_Click(ByVal sender As System.Object, ByVal e As System.EventArgs)
Handles Button1.Click
        Dim x, x0, f, f1 As Single
        x0 = Val(TextBox1.Text)
        f = ((2 * x0 – 4) * x0 + 3) * x0 - 6
        f1 = (6 * x0 – 8) * x0 + 3
        x = x0 – f / f1
        Do
            x0 = x
            f = ((2 * x0 – 4) * x0 + 3) * x0 – 6
            f1 = (6 * x0 – 8) * x0 + 3
            x = x0 – f / f1
        Loop While Math.Abs(x – x0) >= 0.00005
        TextBox2.Text = x
    End Sub
End Class
```

程序运行结果如图 4-21 所示，计算出方程的根为 2。

图 4-21　例 4.25 程序运行结果

程序分析：本例采用 Do 循环，循环条件为判断 Abs(x–x0)>=0.00005，若条件为 True，则继续循环。

2. 猜数游戏

【例 4.26】　设计一个"猜数游戏"程序，窗体界面如图 4-22 所示。单击"开始"按钮，计算机随机产生一个 1～100 以内的随机整数；单击"猜猜看"按钮，用户输入所猜的数后，计算机给出相应的提示，即数大了、数小了或猜对了用了几次；单击"不玩了"按钮，结束程序的执行。

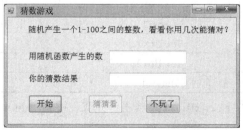

图 4-22　窗体加载后的运行界面

设计步骤：

(1) 添加控件并设置控件属性。

新建一个 Windows 窗体应用程序，在窗体中添加控件并设置控件属性，如表 4-7 所示。

表 4-7　例 4.26 所用的控件及控件属性

控件	Name	Text
Form	Form1	猜数游戏
Label	Label1	用随机函数产生的数
	Label2	你的猜数结果
	Label3	
TextBox	TextBox1	
	TextBox2	
Button	Button1	开始
	Button2	猜猜看
	Button3	不玩了

控件的属性可以在窗体"设计器"视图下设置，也可以在代码中设置。标签控件 Label3 的 Text 属性的设置即放在窗体的加载事件代码(Form1_Load)中。

(2) 编写事件处理代码。

双击窗体 Form1 以创建它的 Load 事件处理程序，并添加如下代码：

```
Private Sub Form1_Load(ByVal sender As System.Object, ByVal e As System.EventArgs) Handles MyBase.Load
        Label3.Text="随机产生一个1-100之间的整数，看看你用几次能猜对？"
        Button2.Enabled=False
    End Sub
```

在 Form1_Load 中设置了 Label3.Text 的属性值，并把"猜猜看"(Button2)按钮的 Enabled 属性设置为 False。

"开始"按钮的 Click 事件处理程序如下：

```
Private Sub Button1_Click(ByVal sender As System.Object, ByVal e As System.EventArgs) Handles Button1.Click

        Randomize()
        js = Int(100 * Rnd() + 1)
        n = 0
        TextBox1.Text = ""
        TextBox2.Text = ""
        Button1.Enabled = False
        Button2.Enabled = True
    End Sub
```

Button1_Click 事件过程把产生的随机数放在 js 变量中。清除文本框 TextBox1 和 TextBox2 中的内容，设置命令按钮 Button1 和 Button2 的 Enabled 属性(主要是为了用户操作方便)。

"猜猜看" 按钮的 Click 事件处理程序如下：

```
Private Sub Button2_Click(ByVal sender As System.Object, ByVal e As System.EventArgs) Handles
Button2.Click
        Dim cs As Short
        Button1.Enabled = False
        Button2.Enabled = False
        Do
            n = n + 1
            cs = Val(InputBox("请输入你猜的数", "猜数游戏", 400, 300))
            If js = cs Then
                TextBox1.Text = js
                TextBox2.Text = "猜对了!" & "用了" & n & "次"
                Button1.Enabled = True
                Button2.Enabled = False
                Exit Do
            ElseIf cs < js Then
                TextBox2.Text = "数小了"
            Else
                TextBox2.Text = "数大了"
            End If
            If n > 5 Then
                TextBox2.Text = "你猜数能力太差，快别猜了"
                Button1.Enabled = True
                Button2.Enabled = False
                Exit Do
            End If
        Loop
    End Sub
```

在 Button2_Click 事件过程中，变量 cs 用来存放用户输入的数字，变量 n 用来存放用户猜数的次数。判断 js 和 cs 的比较结果：如果 cs>js，在文本框 TextBox2 中显示"数大了"；如果 cs<js，在文本框 TextBox2 中显示"数小了"；如果 cs = js，在文本框 TextBox1 中显示计算机随机产生的数，在文本框 TextBox2 中显示"猜对了!"，并统计次数。如果超过 5 次没猜对，就不再猜这个数了。"不玩了"按钮创建 Click 事件处理程序如下：

```
Private Sub Button3_Click(ByVal sender As System.Object, ByVal e As System.EventArgs) Handles
Button3.Click
        End
    End Sub
```

End 语句的作用是关闭窗体，结束程序的执行。

最后，还有一句非常关键的语句：

　　Dim js%, n%

n 存放用户猜数的次数，js 存放计算机随机产生的数。这条语句的位置很重要，需放在窗体模块的通用声明段。n 和 js 都是模块级的变量，这两个变量在窗体模块的所有过程中都可用。

(3) 运行程序。

按 F5 键运行该项目。单击"开始"按钮，然后单击"猜猜看"按钮，在 InputBox 对话框中输入你猜的数，程序给出判断结果。

3. 水仙花数

【例 4.27】 设计一个程序，求有趣的三位数，这个三位数的各位数字的立方和等于该数字本身，这个数叫水仙花数。例如，$153 = 1^3 + 5^3 + 3^3$，153 是水仙花数。

窗体界面如图 4-23 所示。

操作步骤：

(1) 添加控件并设置控件属性。

新建一个 Windows 窗体应用程序，在窗体中添加一个文本框控件和一个按钮控件，控件的名称(Name)分别为 TextBox1 和 Button1。

窗体和命令按钮的 Text 属性设置为"水仙花数"。将文本框的 Multiline 属性设置为 True，ScrollBars 属性设置为 Vertical。

(2) 编写事件处理代码。

图 4-23　例 4.27 窗体界面

"水仙花数"按钮的 Click 事件处理程序如下：

```
Public Class Form1
    Private Sub Button1_Click(ByVal sender As System.Object, ByVal e As System.EventArgs) Handles Button1.Click
        Dim i, j, k, m, n As Short
        TextBox1.Text = "水仙花数是"
        For i = 1 To 9
            For j = 0 To 9
                For k = 0 To 9
                    m = i * 100 + j * 10 + k
                    n = i ^ 3 + j ^ 3 + k ^ 3
                    If m = n Then
                        TextBox1.Text = TextBox1.Text & vbCrLf & m
                    End If
                Next
            Next
```

```
        Next
    End Sub
End Class
```

(3) 运行程序。

按 F5 键运行该项目。单击"水仙花数"按钮，运行结果如下：

153

370

371

407

程序分析：

本例提供了一种获取自然数中每位数字的方法。在实际程序设计中，常常需要获取一个自然数中的个位、十位、百位、千位等单个数字，这可以采用两种方法：

(1) 由单个数字组合成一个自然数。

如本例采用的方法：变量 i 存放百位数，变量 j 存放十位数，变量 k 存放个位数，然后由它们合成三位自然数并存放到变量 m 中。

例如，i=2，j=5，k=8，那么自然数 m=i*100+j*10+k=258。

(2) 由一个自然数拆成单个数字。

本例还可以采用另外一种方法，利用单重循环来实现，代码如下：

```
Private Sub Button1_Click(ByVal sender As System.Object, ByVal e As System.EventArgs) Handles Button1.Click
        Dim i, j, k, m, n As Short
        TextBox1.Text = "水仙花数"
        For m = 100 To 999
            k = Int(m / 100)
            j = Int((m – k * 100) / 10)
            i = m – k * 100 – j * 10
            If m = i ^ 3 + j ^ 3 + k ^ 3 Then
                TextBox1.Text = TextBox1.Text & vbCrLf & m
            End If
        Next
    End Sub
```

利用循环产生自然数，然后再获取各位数字。在代码中，获取的个位数字存放在变量 i 中，获取的十位数字存放在变量 j 中，获取的百位数字存放在变量 k 中。

习 题 4

4.1　编写程序，计算并输出 4 个数的和及平均值。

4.2　编写程序，要求用户输入下列信息：姓名、年龄、通信地址、邮政编码、电话，然后将输入的数据用适当的格式在窗口中显示出来。

4.3　设 $a=5$，$b=2.5$，$c=7.8$，编程序计算：

$$y = \frac{\pi ab}{a+bc}$$

4.4　输入以秒为单位表示的时间，编写程序，将其换算成以日、时、分、秒表示。

4.5　自由落体位移公式如下：

$$s = \frac{1}{2}gt^2 + v_0 t$$

其中，v_0 为初始速度，g 为重力加速度，t 为经历的时间，编写程序，求位移量 s。

设 $v_0=4.8$ m/s，$t=0.5$ s，$g=9.81$ m/s^2，在程序中把 g 定义为符号常量，输入 v_0 和 t 两个变量的值。

4.6　在窗体上画一个标签和按钮，然后编写如下事件过程：

Private Sub Button1 Click (ByVal sender As Object，ByVal e As System.EventArgs) Handles Button1.Click

　　　a = InputBox ("Enter the First integer")

　　　b = InputBox ("Enter the Second Integer")

　　　label1.text=b+a

　　End Sub

程序运行后，单击按钮，先后在两个输入对话框中分别输入 456 和 123，则输出结果是什么？要求出输入两数之和，应该怎样修改程序。

4.7　假定有以下程序段：

　　For i=1 To 4

　　　　For j=5 To 1 Step−1

　　　　　s= i*j

　　　　Next j

　　Next i

则语句 s=i*j 的执行次数是多少？

4.8　写出以下程序段的输出结果：

　　x=1

　　y=4

　　Do Until y>4

　　　x=x*y

　　　y=y+1

　　Loop

　　Label1.Text= x

4.9　设 a=6，则执行 x=IIf(a>5,−1,0)后，x 的值是多少？

4.10　在窗体上画一个命令按钮，然后编写如下事件过程：

Private Sub Button1 Click (ByVal sender As Object，ByVal e As System.EventArgs) Handles Buttonl.Click

```
x=0
Do Until x=-1
    a=InputBox("请输入 a 的值")
    a=Val(a)
    b=InputBox("请输入 b 的值")
    b=Val(b)
    x=InputBox("请输入 x 的值")
    x=Val(x)
    a=a+b+x
Loop
Label1.Text= a
End Sub
```

运行后，单击命令按钮，依次在输入对话框中输入 5、4、3、2、1、-1，则输出的结果如何？

4.11　我国现有人口 13 亿，设年增长率为百分之一，编程计算多少年后增加到 30 亿。

4.12　我国 2013 年制定的个人所得税，规定如下：

个人所得税起征点为 3500 元/月，不超过 1500 元的收 3%，超过 1500 元至 4500 元的部分收 10%，超过 4500 元至 9000 元的部分收 20%，超过 9000 元至 35 000 元的部分收 25%，超过 35 000 元至 55 000 元的部分收 30%，超过 55 000 元至 80 000 元的部分 35%，超过 80 000 元的部分收 45%。

编写程序，输入个人收入，计算应上交的税费。

4.13　假定有以下每周学习安排：

星期一、三：学习计算机课

星期二、四：学习外语

星期五：进修法律

星期六：进修文学

星期日：休息

试编写一个程序，对上述工作日程进行检索。程序运行后，要求输入一周里的某一天，程序将输出这一天的工作安排。

在输入时用 0～6 分别代表星期日到星期六，如果输入 0～6 之外的数，则程序结束运行。

4.14　求 $a + aa + aaa + aaaa + \cdots + aa\cdots a(n\ 个)$，其中 a 为 1～9 之间的整数。

(1) 当 $a = 1$，$n = 3$ 时，求 1 + 11 + 111 之和；

(2) 当 $a = 5$，$n = 6$ 时，求 5 + 55 + 555 + 5555 + 55555 + 555555 之和。

4.15　找出 2～10000 之内的所有完全数。所谓完全数，即其各因子之和正好等于该数本身的数。如 $6 = 1 + 2 + 3$，$28 = 1 + 2 + 4 + 7 + 14$，所以 6、28 都是完全数。

第5章 枚举、数组和结构

在第 3 章介绍了存储单一信息的数据类型，如整型、实型、日期型等，而实际应用中，有些数据是由若干种相关数据构成的，这些数据无法用简单的数据类型来存储。VB.NET 提供了可以存储复杂数据的几种复合数据类型，其中包括枚举、数组和结构。

5.1 枚 举

枚举(enum)是值类型的一种特殊形式，当一个变量只有几种可能的值时，可以定义为枚举类型。所谓"枚举"，是指将变量的值逐一列举出来，变量的值只限于列举出来的值的范围。枚举类型提供了一种使用成组的相关常数以及将常数与名称相关联的方便途径。例如，可以把一周七天相关联的一组整数常数声明为一个枚举类型，然后在代码中使用这七天的名称而不是它们的整数值。

5.1.1 枚举类型的定义

枚举类型通过 Enum 语句来定义，语法如下：

```
[Public | Private] Enum 类型名称
    成员名[=常数表达式]
    成员名[=常数表达式]
    …
End Enum
```

说明：

(1) Public 表示所定义的 Enum 类型在整个项目中都是可见的，在默认情况下，Enum 类型被定义为 Public。

(2) Private 表示所定义的 Enum 类型只在所定义的模块中是可见的。

(3) 类型名称表示所定义的 Enum 类型的名称。

(4) 成员名用来指定所定义的枚举类型的一个组成元素的名称，必须是合法的 VB.NET 标识符。

(5) 常数表达式为元素的值，可以是 Byte、Integer、Long、Short 等类型，也可以是其他枚举类型。若未指定，则默认是 Integer 类型数。

Enum 语句只能在模块、名称空间、文件级出现。也就是说可以在源文件中或者在模块、结构内部声明枚举，但不能在过程内部声明。在定义了枚举类型后，就可以用它来声明变量类型、过程参数和函数返回值。在声明枚举的模块、类或结构内的任何位置都可以访问它们。例如，在 Enum 语句中定义了一个枚举类型 CourseCodes，其中使用赋值语句为一组课程命名常数：

```
Public Enum CourseCodes
        Computer = 1
        English=2
        Math=3
End Enum
```

在 Enum 语句定义中，常数表达式可以省略，在默认情况下，枚举中的第一个常数被初始化为 0，其后的常数将按步长 1 递增。例如，在下面的 Enum 语句定义中，没有用赋值语句为枚举的成员赋常数值，因此，Sunday 被初始化为 0，Monday 被初始化为 1，Saturday 被初始化为 6。

```
Public Enum Days
        Sunday
        Monday
        Tuesday
        Wednesday
        Thursday
        Friday
        Saturday
End Enum
```

可以自定义每个枚举成员相关联的常量值，但是要求必须在该枚举的类型范围内。下面的示例将产生编译错误，原因是常量值 –1、–2 和 –3 不在 Uinteger 的范围内。

```
Enum Colors As Uinteger
        Red = –1
        Green = –2
        Blue = –3
End Enum
```

多个枚举成员可以共享一个关联值。下面的示例中，两个枚举成员(Blue 和 Max)具有相同的关联值 11。

```
Enum Colors As Uinteger
        Red                    ' 成员常量值=0
        Green = 10             ' 成员常量值=10
        Blue                   ' 成员常量值=11
        Max=Blue               ' 成员常量值=11
End Enum
```

 注意：如果将一个浮点数赋值给枚举中的常数，VB.NET 会将该数取整为最接近的整数。

5.1.2　枚举的使用

声明枚举类型后，就可以定义该枚举类型的变量，然后使用该变量存储枚举常数的值。引用枚举类型变量的成员的语法如下：

　　枚举类型变量名.成员名称

例如，利用前面例子中定义的枚举类型 CourseCodes 来定义一个该枚举类型的变量，然后访问它的 Math 常量：

```
Dim MyCourse As CourseCodes
MyCourse = CourseCodes.Math               ' MyCourse 值为 3
```

【例 5.1】　枚举类型应用示例。

程序代码如下：

```
Public Class Form1
    Public Enum Days
        Sunday
        Monday
        Tuesday
        Wednesday
        Thursday
        Friday
        Saturday
    End Enum

    Private Sub Button1_Click(ByVal sender As System.Object, ByVal e As System.EventArgs) Handles Button1.Click
        Dim MyDay As Days
        MyDay = Days.Monday
        If MyDay < Days.Saturday Then
            MsgBox("今天是星期一，不是周末", , "")
        End If

    End Sub
End Class
```

程序运行启动，当单击 Button1 按钮后界面如图 5-1 所示。

程序分析：

此程序定义了枚举类型 Days 的一个变量 MyDay，并把元素 Monday 赋给了该变量。由于 Monday 的值为 1，而 Saturday 的值为 6，If 语句中的条件为 True，因而，VB.NET 显示一个消息框。

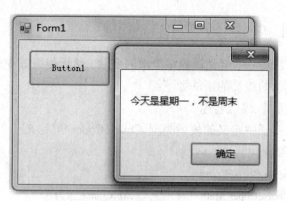

图 5-1　枚举示例

5.2　数　　组

数组(Array)是一种数据结构，它包含相同类型的一组数据。

数组是同类型变量的一个有序集合。数组中的元素称为数组元素，数组元素具有相同名字和数据类型，通过下标(索引)来识别它们。

只有一个下标的数组称一维数组，有两个下标的数组称为二维数组，有三个以上下标的数组称多维数组。在 VB.NET 中，数组最多可以有 32 维。每一维度的长度是其对应的最大下标值加 1。数组的大小是数组的所有维度的长度乘积，它表示数组中当前包含的元素的总数。例如，声明一个三维数组：

    Dim prices(3,4,5) As Long

则数组 prices 的总大小为

$$(3 + 1) \times (4 + 1) \times (5 + 1) = 120$$

5.2.1　数组声明

在使用数组前必须声明数组。可以声明一维数组、二维数组，也可以声明多维数组。

语法：

    数组名(第一维下标上界[,第二维下标上界, ...]) [As 数据类型]

数组具有以下属性：

(1) 数组使用类型声明，通过数组下标(或称索引)来访问数组中的数据元素。

(2) 数组元素可以为任何数据类型，包括数组类型。

(3) 每个维度的下标(索引)从 0 开始，这意味着下标范围为 0 到该维度声明的上限 n。此时维度长度为 $n+1$。在 VB.NET 中，数组下标下限始终是零。

(4) 数组的大小与其元素的数据类型无关。数组的大小表示数组中的元素总数，而不是元素所占用的存储字节数。

VB.NET 通过 .NET 框架中的 SystemArray 类来支持数组。因此，可以利用该类的属性与方法来操作数组。

关于数组，要注意以下事项：

(1) "数组名"可以是任何合法的 VB.NET 变量名。

(2) 数组元素下标的个数表示数组的维数，当只有一个时表示一维数组，最多可声明 32 维数组。

(3) 数组元素下标上界只能是常数，不能是变量或表达式，其最大值可为 $2^{64} - 1$。

(4) 数组元素下标下界为 0，不能改变。

(5) 数组的数据类型可以是基本的数据类型，也可以是 Object 类型。如果省略"As 数据类型"，则默认为 Object 类型。

例如：

    Dim A(14) As Integer   ' 15 个元素，从 A(0)到 A(14)
    Dim B(5,3) As Decimal   ' 24 个元素，从 B(0, 0)到 B(5, 3)
    Dim C(2+7) As String   ' 出错

本例中，在定义一个 String 类型一维数组 C 时，用表达式"2 + 7"来声明它的下标上界，这是非法的，编译时将出错。

1. LBound 函数

对于已经定义的数组，可以用 LBound 函数来获得数组任一维可用的最小下标，从而确定数组任一维的可用下界。

语法：

    LBound(数组名[, 维])

说明：

维是指定返回数组的哪一维。1(默认)表示第一维，2 表示第二维，依此类推。

例如，

    Dim A(9,14) As Integer,L As Integer
    L = LBound (A,1)   ' 获得数组第一维的下界，返回 0

2. UBound 函数

对于已经定义的数组，可以用 UBound 函数来获得数组任一维可用的最大下标，从而确定数组任一维的上界。

语法：

    UBound(数组名[, 维])

说明：

维是指定返回数组的哪一维。1(默认)表示第一维，2 表示第二维，依此类推。

例如，

    Dim A(9,14) As Integer,U As Integer
    U = UBound (A,2)   ' 获得数组第二维的上界，返回 14

通过组合使用 LBound 和 UBound 函数，可以确定一个数组的大小。

5.2.2 数组的初始化

在使用数组时，通常要求数组有初始值。VB.NET 允许在声明的时候指定各数组元素的初始值，称为初始化。

1. 一维数组的初始化

一维数组初始化的语法如下：

Dim 数组名()[As 数据类型]={值 1，值 2，值 3，……，值 *n*}

注意：VB.NET 不允许对指定了上界的数组进行初始化，数组名后的括号必须为空，系统将根据初始值的个数确定数组的上界。

例如，

Dim A() As Integer= {1,2,3,4,5}

本例定义了一个 Integer 数组，数组有 5 个初值，因此数组的上界为 4。数组元素的初始值依次为

A(0)=1，A(1)=2，A(2)=3，A(3)=4，A(4)=5

又例如，

Dim A() As String= {"数学","英语","计算机","物理","化学"}

本例定义了一个 String 数组，数组有 5 个初值，数组元素的初始值依次为

A(0)= "数学"，A(1)= "英语"，A(2)= "计算机"，A(3)= "物理"，A(4)= "化学"

2. 二维数组的初始化

二维数组初始化的语法如下：

Dim 数组名(,)[As 数据类型]={{第 1 行值},{第 2 行值},{第 3 行值},……,{第 *n* 行值}}

注意：数组名后的括号内必须有一个英文逗号"，"，系统将据此判定数组是 2 维的；内层大括号"{ }"的对数确定了二维数组的行数，大括号内的值的个数确定二维数组的列数。

例如：

Dim A(,) As Integer= {{1,2,3,4},{5,6,7,8},{9,10,11,12}}

本例定义了一个 Integer 二维数组，该二维数组为 3 行 4 列的矩阵：

A(0,0)=1，A(0,1)=2，A(0,2)=3，A(0,3)=4

A(1,0)=5，A(1,1)=6，A(1,2)=7，A(1,3)=8

A(2,0)=9，A(2,1)=10，A(2,2)=11，A(2,3)=12

5.2.3 动态数组

数组到底应该有多大才合适，有时可能不得而知，所以应该能够提供在运行时可改变数组大小能力的语法。VB 中的动态数组就可以实现在运行时改变数组的大小。在 Visual Basic 中，动态数组最灵活、最方便，有助于有效管理内存。例如，可短时间使用一个大数组，然后，在不使用这个数组时，将内存空间释放给系统。如果不用动态数组，就要声明一个固定大小的数组，它的大小尽可能达到最大，然后再抹去那些不必要的元素，如果过度使用这种方法，会导致内存空间的很大浪费。

定义动态数组的步骤如下：

(1) 用 Dim 语句声明数组。给数组赋予一个空维数表，这样就将数组声明为动态数组。

(2) 在过程中用 ReDim 语句分配实际的数组元素个数，形式如下：

　　ReDim 数组名(数组下标上界, …)

其中，下标的上、下界可以是常量，也可以是有确定值的变量或表达式。

　　ReDim 语句只能出现在过程中，与 Dim 语句不同，ReDim 语句是一个可执行语句，它可以改变每一维数组元素的数目和上、下界，但不能改变动态数组的维数和数组的数据类型。

　　每次执行 ReDim 语句时，当前存储在数组中的值都会全部丢失。在为新数据准备数组，或者要缩减数组大小以节省内存时，这样做是非常有用的。但有时我们希望改变数组大小又不丢失数组中的数据，使用具有 Preserve 关键字的 ReDim 语句就可做到这点。在用 Preserve 关键字时，只能改变多维数组中最后一维的上界；如果改变了其他维数的大小或最后一维的下界，那么运行时就会出错。

　　【例 5.2】　正确使用 Dim、ReDim 和 Preserve 语句。

程序代码如下：

```
Public Class Form1
    Private Sub Form1_Load(ByVal sender As System.Object, ByVal e As System.EventArgs)
Handles MyBase.Load
        Dim Arr(,) As Integer                    '声明动态数组 Arr(,)
        Dim i As Integer, j As Integer
        Label1.text = ""
        ReDim Arr(2, 3)                          '指明数组的大小
        For i = 0 To 2                           '为每一个数组元素赋值并显示
            For j = 0 To 3
                Arr(i, j) = 2 * j + 8 * i
                Label1.Text &= "Arr(" & i & "," & j & ")= " & Arr(i, j) & "    "
            Next j
            Label1.text &= vbCrLf
        Next i
        Label1.text &= vbCrLf
        ReDim Preserve Arr(2, 4)  '重新指明数组的大小，并保留原来的值，只能改变第二维大小
        For i = 0 To 2                                       '为新增加的数组元素赋值
            Arr(i, 4) = Arr(i, 0) + Arr(i, 1) + Arr(i, 2) + Arr(i, 3)
        Next i
        For i = 0 To 2                                       '重新显示数组的元素
            For j = 0 To 4
                Label1.Text &= "Arr(" & i & "," & j & ")= " & Arr(i, j) & "    "
            Next j
            Label1.text &= vbCrLf
        Next i
    End Sub
End Class
```

程序运行结果如图 5-2 所示。

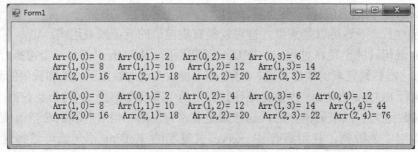

图 5-2　动态数组示例

5.2.4　数组的使用

在声明一个数组后，就可以使用数组。使用数组就是对数组元素进行各种操作，如赋值、表达式运算，还有对数组元素进行统计、查找、排序等。当数组元素的下标和循环语句结合使用后，能解决程序设计中大量的实际问题。

注意：使用数组时，在同一过程中数组与简单变量不能同名；引用数组元素时，数组名、数组类型和维数必须与数组声明时一致，而且数组元素的下标值应在数组声明时所指定的范围内。

1. 给数组元素赋值

给数组元素赋值可以采用下面两种方式：

(1) 利用循环结构。可以使用循环语句为数组元素赋值。

```
Dim A(10) As Integer,I As Integer
    For i=0 to 10
        A(i)=i
    Next
```

(2) 数组直接对数组赋值。就像变量给变量赋值一样，也可以将一个数组的内容赋值给另一个数组。

【例 5.3】　一个数组直接对另一个数组赋值。

程序代码如下：

```
Private Sub Form1_Load(ByVal sender As System.Object, ByVal e As System.EventArgs) Handles
MyBase.Load
    Dim arrA(5) As Integer, arrB() As Integer
    Dim i%
    Label1.Text = ""
    For i = 1 To 5
        arrA(i) = i
    Next i
    ReDim arrB(UBound(arrA))
    arrB = arrA
```

```
        For i = LBound(arrA) To UBound(arrA)
            Label1.Text &= arrB(i) & "    "
        Next i
    End Sub
```

在本例中，数组赋值语句 arrB = arrA 相当于：

```
    For i = LBound(arrA) To UBound(arrA)
        arrB(i) = arrA(i)
    Next i
```

2. 数组中元素的统计

【例 5.4】 求数组中所有元素的和，以及数组中最大元素及其下标。

程序代码如下：

```
    Private Sub Button1_Click(ByVal sender As System.Object, ByVal e As System.EventArgs) Handles
Button1.Click
        Dim Arr(10) As Integer
        Dim i%, max%, imax%, sum%    'max 中放最大值，imax 中放最大值的下标，sum 中放求和值
        Label1.Text = ""
        For i = 1 To 10                         '随机产生 10 个 1~100 的自然数
            Arr(i) = Int(Rnd() * 100) + 1
            Label1.Text &= Arr(i) & "     "
        Next i
        Label1.Text &= vbCrLf
        imax = 1 : max = Arr(1)
        sum = Arr(1)
        For i = 2 To 10
            sum = sum + Arr(i)
            If Arr(i) > max Then
                max = Arr(i) : imax = i
            End If
        Next i
        Label2.Text = "最大值下标=" & imax & "    " & "最大值=" & max & "    " & "和=" & sum
    End Sub
```

3. 在数组中查找元素

查找是指在数组中，根据指定的值，找出与其值相同的元素。查找算法有很多，最简单的方法有顺序查找和二分法查找。

顺序查找是将待查找值与数组中的元素逐一比较，若相同，则查找成功；若找不到，则查找失败。采用顺序查找的程序很简单，请读者自己写出相应的程序代码。

顺序查找的效率很低，当数组较大时，用二分法查找可提高效率。但使用二分法查找的前提是数组必须有序，关于如何将数组排序将在后面介绍。

二分法查找的思想是：待查找值同数组的中间项元素比较，若相同则查找成功，结束；否则，判别待查找值落在数组的哪半部分，然后在剩下的这半部分里重复上述查找，直到找到或数组中没有待查找值。

【例5.5】 二分法查找。

程序代码如下：

```
Private Sub Button1_Click(ByVal sender As System.Object, ByVal e As System.EventArgs) Handles Button1.Click
    Dim Arr() As Integer = {1, 2, 4, 6, 8, 9, 11, 18, 29, 30}     ' 数组下标从 0 开始
    Dim key%, mid%, p%, q%
    key = Val(TextBox1.Text)
    p = 0 : q = 9
    Do
        mid = (p + q) / 2
        If key = Arr(mid) Then
            Exit Do
        Else
            If key > Arr(mid) Then
                p = mid + 1
            Else
                q = mid − 1
            End If
        End If
    Loop While p <= q
    If p > q Then
        Label1.Text = "未找到数" & key
    Else
        Label1.Text = key & "是数组中第" & mid & "个数"
    End If
End Sub
```

4. 交换数组中元素的位置

【例5.6】 设有一个 4 × 4 的方阵，求其转置矩阵。

程序代码如下：

```
Private Sub Button1_Click(ByVal sender As System.Object, ByVal e As System.EventArgs) Handles Button1.Click
    Dim Metrix(4, 4) As Integer
    Dim i As Integer, t As Integer
    Label1.Text = ""
    For i = 1 To 4                              ' 用二维数组存放矩阵
```

```
    For j = 1 To 4
        Metrix(i, j) = j + 4 * (i − 1)
        Label1.Text &= Str(Metrix(i, j)).PadRight(4)
    Next j
    Label1.Text &= vbCrLf
Next i
Label1.Text &= vbCrLf
For i = 1 To 4                                    '矩阵转置
    For j = 1 To i
        t = Metrix(i, j)
        Metrix(i, j) = Metrix(j, i)
        Metrix(j, i) = t
    Next j
Next i
For i = 1 To 4
    For j = 1 To 4
        Label1.Text &= Str(Metrix(i, j)).PadRight(4)
    Next j
    Label1.Text &= vbCrLf
Next i
Label1.Text &= vbCrLf
End Sub
```

程序运行结果如图 5-3 所示。

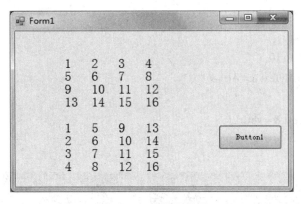

图 5-3　矩阵转置结果

5. 数组元素排序

排序是将一组数按递增或递减的次序排列。排序的算法有很多，下面采用冒泡法对 10 个数由小到大排序。

算法思想是：设有 10 个待排序数存放在数组 A 中，分别表示为 A(1)～A(10)。

第 1 趟：先将 A(1)与 A(2)比较，若 A(1) > A(2)，则将 A(1)、A(2)中的值互换，使得

A(1)存放较小者。再将 A(2)与 A(3)、A(3)与 A(4)、……、A(9)与 A(10)比较，并且依次做出同样的处理。最后，10 个数中的最大者放入 A(10)中。

第 2 趟：将 A(1)与 A(2)、……、A(8)与 A(9)比较，并且依次做出同样的处理，使得 10 个数中的次大者放入 A(9)中。

如此进行第 3 趟、第 4 趟…… 直到第 9 趟。

至此，将得到 A(1)～A(10)中存放的有序数，算法结束。

【例 5.7】 冒泡法排序。

程序代码如下：

```
Private Sub Button1_Click(ByVal sender As System.Object, ByVal e As System.EventArgs) Handles Button1.Click
    Dim A(10) As Integer
    Dim i As Integer, j As Integer, t As Integer
    Label1.Text = ""
    For i = 1 To 10                          '随机产生 10 个 1～100 的自然数
        A(i) = Int(Rnd() * 100) + 1
        Label1.Text &= A(i) & "  "
    Next i
    Label1.Text &= vbCrLf & vbCrLf
    For i = 1 To 9                           '冒泡法排序
        For j = 1 To 10 – i
            If A(j) > A(j + 1) Then
                t = A(j) : A(j) = A(j + 1) : A(j + 1) = t
            End If
        Next j
    Next i
    For i = 1 To 10
        Label1.Text &= A(i) & "   "
    Next i
    Label1.Text &= vbCrLf
End Sub
```

5.3　结　构

在实际应用中，有些数据是相互联系的，但它们却是不同类型的数据，为了把它们组合成一个有机的整体，就需要让单个变量持有这几个数据，以便在程序中引用这些数据。例如，一个学生的基本信息包括学号、姓名、电话号码、出生日期、成绩等数据，这些数据类型、长度各不同，但它们都是学生的基本信息，因此希望能够构造出一种数据类型，把上述不同类型数据作为一个整体来进行处理。VB.NET 中，结构就是这样一种数据类型。

结构是一种较为复杂但非常灵活的复合数据类型，一个结构类型可以由若干个称为成员的数据成分组成，每个成员的数据类型可以互不相同，不同的结构可以包含不同的成员。

5.3.1 定义结构

结构类型的定义是用 Structure 语句开始，用 End Structure 语句结束，其定义的语法如下：

[Dim I Public I Friend I Private] Structure 结构名
　　　变量声明
　　　[过程声明]
　　End Structure

说明：

(1) Public 声明的结构具有公共访问权限，对其访问没有限制。

(2) Friend 声明的结构具有友元访问权限，可以从包含其声明的程序中访问结构，也可以从同一程序集中的其他任何地方访问该结构。此选项为默认值。

(3) Private 声明的结构具有私有访问权限，只能在同一模块中访问该结构。

(4) "结构名" 必须是有效的 **VB.NET** 标识符。

(5) "过程声明" 作为结构的方法成员的 0 个或多个 Function、Property 或 Sub 过程的声明。这些声明与在结构外的声明一样，遵循相同的规则。

(6) "变量声明" 是用 Dim、Private 或 Public 语句声明至少一个作为结构的数据成员的变量或事件，声明的方法与普通变量或事件的声明方法相同。此外，也可以在结构中定义常数或属性，但必须至少声明一个变量或事件。

在定义结构时，还应注意以下事项：

(1) Structure 语句只能在模块、名称空间或文件级出现。也就是说，可以在源文件或模块、接口或类内部声明结构，但不能在过程内部声明。可以在一个结构中定义另一个结构，即嵌套结构，但不能通过外部结构访问内部结构的成员，只能通过声明内部结构的数据类型变量来访问内部结构的成员。

(2) 必须显式声明结构中的每一个数据成员并指定它的可访问性。即 "变量声明" 部分中的每一个语句都必须用 Dim、Friend、Private 或 Public，若省略，默认为 Public。若未用 As 子句声明数据类型，则默认为 Object 类型。

(3) 结构中定义的成员可以是变量、常量、属性、过程、事件，但是在结构中至少要定义一个非共享变量或事件，不能只包含常数、属性和过程。

例如，使用 Structure 语句定义学生的一系列信息：

```
Public Structure struStudents
    Public strId As String
    Friend strName As String
    Private strBirthDay As Date
    Private intScore As Integer
    ' 下面定义一个过程成员，它可以访问结构的私有成员
    Friend Sub DoubleScore(ByVal intScore As Integer)
```

```
            intScore = intScore * 2
        End Sub
    End Structure
```

在结构中可以包含其他结构，例如先定义 telephone 结构：

```
    Public Structure telephone
        Public strPhone As String
        Friend strMobilPhone As String
    End Structure
```

然后，再定义 newStudents 结构，其中包含 telephone 结构：

```
    Public Structure newStudents
        Public strId As String
        Friend strName As String
        Private strBirthDay As Date
        Private intScore As Integer
        Dim phone As telephone              '定义结构类型的成员
    End Structure
```

5.3.2 定义结构类型的变量

声明了结构类型后，就可以定义结构类型的变量来存储和处理结构中所描述的具体数据。结构类型的变量(简称结构变量)的定义与普通变量的定义类似，格式如下：

[Dim | Public | Private] 变量名 1，变量名 2，… ，变量名 n As 结构名

说明：

(1) "变量名"必须是有效的 VB.NET 标识符。变量名可以与结构成员名同名，它们分别代表不同数据对象。

(2) "结构名"是已经声明过的结构名称。

例如，定义 struStudents 结构类型的两个变量 Stu1 和 Stu2 的语句如下：

```
    Dim Stu1,Stu2 As struStudents
```

> 注意：结构类型与结构变量是不同的概念，定义了结构类型并不意味着系统要分配存储单元来存放结构中的各成员，它仅仅是指定了这个类型的组织结构。只有用结构类型定义了某个具体变量时，系统才为结构变量分配存储空间。因此不能直接对某一个结构类型进行赋值、存取或运算，只能对结构变量进行赋值、存取或运算。

5.3.3 初始化结构变量

与普通变量一样，在使用结构变量前，结构变量中的成员必须有确定的值。与普通类型变量不同，结构变量的初始化不能直接对结构变量本身进行，只能用赋值语句对结构变量的各个成员分别赋值。例如，定义两个具有 telephone 结构类型的变量 X1 和 X2，并初始化它们：

```
Public Structure telephone
        Public strPhone As String
        Friend strMobilPhone As String
End Structure
Dim X1, X2 As telephone
X1.strPhone ="6210087"
X1.strMobilPhone = "13055558888"
X2.strPhone = "6253023"
X2.strMobilPhone = "13955555555"
```

5.3.4　引用结构变量

在定义了结构变量后，就可以引用这个结构变量。对结构变量的引用主要是对它的成员引用，即对成员进行赋值、运算、输入和输出等操作。

在引用结构变量时，可以采用如下几种方式：

1. 成员引用

结构由不同类型的成员组成，通常参加运算的是结构中的成员。引用成员的语法如下：

　　结构变量名.成员名

说明：

(1) "结构变量名"是声明的结构变量名称，如前面定义的 X1、X2 等。

(2) 圆点符 "." 为成员运算符，它的运算级别最高。

(3) "成员名"为结构中的成员名称。

例如，引用 5.3.3 节举例中的 X1 和 X2 变量如下：

```
Dim X1,X2 As telephone              ' 定义结构变量
X1.strPhone = "12345678"            ' 对 X1 的成员 strPhone 赋值
X1.strMobilPhone = "13012341234"    ' 对 X1 的成员 strMobilPhone 赋值
X2.strPhone = X1.strPhone           ' 将 X1 的成员 strPhone 赋值给 X2 的相应的成员
```

2. 成员变量的运算

结构中的成员变量具有各种类型，根据其类型可以像普通变量一样进行各种运算和输入输出，如算术运算、赋值运算、关系运算、逻辑运算等。例如，下面代码对 5.3.3 节举例中的 X1 变量的 strPhone 成员进行赋值运算和关系运算：

```
Dim X1,X2 As telephone                    ' 定义结构变量
X1.strPhone = "12345678"                  ' 对 X1 的成员 strPhone 进行赋值运算
If X1.strMobilPhone <> X1.strPhone Then   ' 对 X1 的成员进行关系运算
X2.strPhone = X1.strPhone
End If
```

3. 嵌套引用

如果一个结构中的成员本身又是一个结构类型，则在引用时需要使用多个成员运算符，

按照从高到低的原则，一级一级地找到最低一级的成员，最后对最低级的成员进行访问。例如，下面代码定义了一个具有 5.3.1 节举例中的 newStudents 结构的变量 X1，然后访问其嵌套的 strPhone 成员，对该成员进行赋值运算。

```
Dim X1 As newStudents              '定义结构变量
X1.Phone.strPhone = "12345678"     '对 X1 的 Phone 成员的子成员 strPhone 进行赋值运算
X1.strName ="李明"                  '对 X1 的成员 strName 进行赋值运算
```

4. 结构变量整体赋值

VB.NET 允许将一个结构变量作为一个整体赋值给另一个同类型的结构变量，即将一个结构变量的所有成员的值依次赋给另一个结构变量的相应的成员。例如，下面代码中 X1 和 X2 被声明为同类型结构变量，可以将 X1 结构变量整体赋值给 X2 结构变量。

```
Dim X1,X2 As telephone             '定义结构变量
X1.strPhone = "12345678"           '对 X1 的成员 strPhone 进行赋值运算
X1.strMobilPhone ="13312345678"    '对 X1 的成员 strMobilPhone 进行赋值运算
X2 = X1                            '将 X1 整体赋值给 X2
```

对于嵌套结构类型的变量，也可以进行整体赋值。例如，下面代码定义了具有 5.3.1 节举例中的 newStudents 结构的变量 X1 和 X2，并对 X1 的嵌套结构的成员 Phone 进行初始化，然后将其整体赋值给 X2 的成员 Phone。

```
Dim X1,X2 As newStudents               '定义结构变量
X1.phone.strPhone = "12345678"         '对 X1 的 Phone 成员的子成员 strPhone 进行赋值
X1.phone.strMobilPhone ="13312345678"  '对 X1 的 Phone 成员的子成员 strMobilPhone 进行赋值
X2.phone = X1.phone                    '将 X1 的 Phone 结构成员整体赋值给 X2.Phone
```

5.3.5 结构数组

结构变量中可以存放一组数据，例如一个学生的学号、姓名、出生日期等，如果有多个学生的数据需要处理，显然应该使用数组，这种存储具有结构类型数据的数组称为结构数组。与普通数据类型数组不同，结构数组的每个数组元素都是一个结构类型的数据，它们都分别包含各个成员项。

定义结构数组变量的语法格式如下：

Dim 数组变量名(下标上界) As 结构名

说明：

(1) "数组变量名"与普通数组变量命名规则相同，必须是有效的 VB.NET 标识符。

(2) "下标上界"为数值常量。

(3) "结构名"是已经声明过的结构名称。

例如，假如定义了下列结构类型：

```
Public Structure newStudents
    Public strId As String
    Friend strName As String
    Private strBirthDay As Date
```

```
        Private intScore As Integer
        Dim phone As telephone                         '定义结构类型的成员
    End Structure
```

则可以用如下语句定义一个具有 newStudents 结构的结构数组(假设有 100 名学生)：

```
    Dim MyArray(99) As newStudents                     '定义结构数组变量
```

上面定义了一个一维结构数组，数组名为 MyArray，上界为 99，下界为 0。该数组可以存放 100 个数组元素，每个元素都是一个结构变量。

一个结构数组元素相当于一个结构变量，对结构数组元素的引用与结构变量的引用规则相同，另外，结构数组元素之间的关系和引用规则也与普通数组的规定相同。

1. 引用结构数组元素的成员

每一个结构数组的元素都是一个结构变量，若要引用结构数组元素的成员，其语法如下：

```
    结构数组名(下标).成员名
```

例如，引用前面例中的 MyArray 结构数组变量的第 10 个元素的 strName 成员：

```
    Dim x As String
    x = MyArray(9).strName
```

2. 结构数组元素间的赋值运算

可以将一个结构数组元素赋给该数组中的另一个元素，或赋给同一类型的结构变量。例如，将前面例中的 MyArray 结构数组变量的第 10 个元素赋给第 1 个元素：

```
    MyArray(0) = MyArray(9)
```

因为 MyArray(0)和 MyArray(9)都具有同样的结构类型，所以它符合结构的整体赋值规则。

3. 结构成员的输入、输出

可以对结构变量中的成员进行输入、输出，例如对前面例中的 MyArray 结构数组变量的第 10 个元素的 strName 成员进行输出：

```
    Debug.WriteLine(MyArray(9).strName)                '在集成环境的"输出"窗口显示成员值
```

但是不能把结构数组元素作为一个整体直接进行输入、输出，例如对前面例中的 MyArray 结构数组变量的第 10 个元素进行直接输出：

```
    Debug.WriteLine(MyArray(9))                        '出错
```

【例 5.8】　编写程序实现学生基本信息的数据输入和输出操作。

程序代码如下：

```
    Public Structure newStudents
        Public XH As String                '学号
        Public XM As String                '姓名
        Public ZYM As String               '专业名
        Public XB As String                '性别
        Public NL As Integer               '年龄
    End Structure
```

```
    Private Sub Form1_Load(ByVal sender As System.Object, ByVal e As System.EventArgs) Handles
MyBase.Load
    Const MAX_STU = 2
    Dim arrayXS(MAX_STU) As newStudents
    Dim I As Integer
    ' 从键盘依次输入每个学生的基本信息
    For I = 0 To MAX_STU
        arrayXS(I).XH = InputBox("请输入学号")
        arrayXS(I).XM = InputBox("请输入姓名")
        arrayXS(I).ZYM = InputBox("请输入专业名称")
        arrayXS(I).XB = InputBox("请输入性别")
        arrayXS(I).NL = Val(InputBox ("请输入年龄"))
    Next I
    Debug.WriteLine("")
    Debug.WriteLine("学号  姓名  专业  性别  年龄")
    For I = 0 To MAX_STU
        Debug.Write(arrayXS(I).XH & Space(4))
        Debug.Write(arrayXS(I).XM & Space(4))
        Debug.Write(arrayXS(I).XH & Space(4))
        Debug.Write(arrayXS(I).ZYM & Space(4))
        Debug.Write(arrayXS(I).XB & Space(4))
        Debug.Write(arrayXS(I).NL)
    Next I
    End Sub
```

程序通过定义符号常量 MAX_STU 来决定学生人数，同时规定了数组的上界。在循环体内通过 InputBox 输入学生的信息。

5.4 综 合 应 用

数组、结构属于复合数据类型，在计算机程序设计中，使用数组或结构可使程序变得简单。

1. 选择排序

当对数组元素进行排序时，"选择法"比"冒泡法"的效率高。选择排序的算法是：对一个有 N 个元素的数组进行递增排序，从第 2 到第 N 个元素中选出最小值和第 1 个元素进行比较，如果第 1 个元素的值大于该最小值，则交换两个元素的值，否则什么都不做；再从第 3 到第 N 个元素中选出最小值和第 2 个元素进行比较，如果第 2 个元素的值大于该最小值，则交换两个元素的值，否则什么都不做……这样，比较完第 $N-1$ 个元素和第 N 个元素之后，排序完毕。

选择排序(升序)程序代码如下：

```
Private Sub Button1_Click(ByVal sender As System.Object, ByVal e As System.EventArgs) Handles Button1.Click
    Dim n As Integer, k%, temp%
    Dim Num(100) As Integer
    Dim i, j As Integer
    Randomize()
    n = 100
    For i = 1 To n
        Num(i) = Int(100 * Rnd() + 1)
    Next i
    For i = 1 To n - 1
        k = i
        For j = i + 1 To n
            If Num(j) < Num(k) Then k = j
        Next j
        If k <> i Then
            Temp = Num(i)
            Num(i) = Num(k)
            Num(k) = Temp
        End If
    Next i
    For i = 1 To n
        TextBox1.Text = TextBox1.Text & vbCrLf & Num(i)
    Next i
End Sub
```

2. 比较排序

比较排序法的原理是这样的，先拿数组的第一个元素 I(1)与第二个元素 I(2)进行比较，如果 I(1)大于 I(2)，则交换二者的值；如果 I(1)不大于 I(2)就什么也不做。接着再比较第一个元素 I(1)和第三个元素 I(3)的值，如果 I(1)大于 I(3)，则交换二者的数据；否则就什么也不做。这样，用第一个元素 I(1)和所有的元素进行比较之后，第一个元素 I(1)的值就是所有元素中最小的一个。

然后，拿第二个元素 I(2)和它后面所有的元素进行与上面类似的比较，比较完毕之后，I(2)保存的就是所有元素中的次小值。这样一直循环执行，当比较完 I(n-1)与 I(n)的大小之后，整个数组中元素的值就已经按从小到大的顺序进行了排列。

比较排序法(降序)程序代码如下：

```
Private Sub Button1_Click(ByVal sender As System.Object, ByVal e As System.EventArgs) Handles
Button1.Click
    Dim n As Integer, k%, temp%
    Dim Num(100) As Integer
    Dim i, j As Integer
    Randomize()
    n = 100
    For i = 1 To n
        Num(i) = Int(100 * Rnd() + 1)
    Next i
    For i = 1 To n        '对数组 Num 中的数进行排序
        For j = i + 1 To n
            If Num(i) < Num(j) Then
                temp = Num(i)
                Num(i) = Num(j)
                Num(j) = temp
            End If
        Next j
    Next i
    For i = 1 To n
        TextBox1.Text = TextBox1.Text & vbCrLf & Num(i)
    Next i
End Sub
```

3. 学生成绩表

表 5-1 是一张学生成绩表。设计程序，定义一个结构类型，存储表 5-1 的相关数据，即学号、姓名、性别、成绩1、成绩2、成绩3 和总分。

表 5-1　学 生 成 绩 表

学　号	姓　名	性别	成绩1	成绩2	成绩3	总分
201312001	万　里	女	90	87	88	
201312002	王　彤	女	89	69	87	
201312003	张大力	男	78	90	85	
201312004	李　丽	女	85	87	80	
201312005	钱　图	男	93	89	92	

窗体界面如图 5-4 所示。单击"输入数据"命令按钮，用键盘输入每个学生的学号、姓名、性别和 3 门课程的成绩，然后在文本框中输出学生的学号、姓名、性别、3 科成绩和总分。

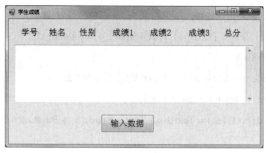

图 5-4　学生成绩表

本例可考虑使用结构数组实现。每个学生的信息定义为一个结构，这样多个学生的数据就可写入到一个结构数组中。

学生信息结构定义如下：

```
Public Structure xscj

    Public xh As String

    Public xm As String

    Public xb As String

    Public score () As Single

End Structure
```

如果有 10 个学生，则可定义一个结构数组：

```
Dim Student(9) As xscj
```

本例的界面设计，需要在窗体中添加 7 个标签控件、1 个文本框控件和 1 个按钮控件。文本框控件的 Multiline 属性设置为 True，ReadOnly 属性设置为 True。

"输入数据"按钮的 Click 事件处理程序如下：

```
Public Class Form1

    Public Structure xscj

        Public xh As String

        Public xm As String

        Public xb As String

        Public score() As Single

    End Structure

    Private Sub Button1_Click(ByVal sender As System.Object, ByVal e As System.EventArgs)
Handles Button1.Click

        Dim student As xscj

        Dim n, sum As Integer

        n = 2

        ReDim student.score(n)

        student.xh = InputBox("请输入学号:")

        TextBox1.Text = TextBox1.Text + student.xh

        student.xm = InputBox("请输入姓名:")

        TextBox1.Text = TextBox1.Text + Space(4) + student.xm
```

```
        student.xb = InputBox("请输入性别:")
        TextBox1.Text = TextBox1.Text + Space(4) + student.xb
        For i = 0 To n
            student.score(i) = InputBox("请输入成绩" & i + 1)
            sum = sum + student.score(i)
            TextBox1.Text = TextBox1.Text + Space(5) + Str(student.score(i))
        Next
        TextBox1.Text = TextBox1.Text + Space(5) + Str(sum) + vbNewLine
    End Sub
End Class
```

代码说明：在窗体模块声明段，用 Public Structure xscj ... End Structure 语句定义了一个结构类型：xscj。该结构类型包含变量 xh(存放学号)、变量 xm(存放姓名)、变量 xb(存放性别)和一维数组 score(存放 3 科成绩)。

因为 score 被定义为动态数组，所以在命令按钮的 Click 事件处理程序中，必须用 Redim 语句重新定义数组，确定下标上界。

习　题　5

5.1　VB.NET 如何定义一维和多维数组？

5.2　VB.NET 如何确定数组的大小？A(m)数组和 A(m, n)数组各有多少个元素？

5.3　VB.NET 中枚举常数的数据有哪些类型？

5.4　编程实现将一个一维数组中的 10 个数逆序存放。采用的方法是：将其前 5 个元素与后 5 个元素对换，即第 1 个元素与第 10 个元素互换，第 2 个元素与第 9 个元素互换……第 5 个元素与第 6 个元素互换。分别输出数组原来各元素的值和对换后各元素的值。

5.5　建立并输出一个 10×10 的矩阵，该矩阵对角线元素为 1，其余元素均为 0。

5.6　设有一个 4×4 的矩阵，各元素的值由键盘输入，编写程序完成如下操作：

(1) 找出其中最大的元素所在的行和列，并输出其值及行号和列号；

(2) 分别计算矩阵两个对角线上的元素之和；

(3) 交换第二行和第四行的位置；

(4) 交换第一列和第三列的位置。

5.7　编写程序，输出如下形式的"杨辉三角形"。

```
1
1    1
1    2    1
1    3    3    1
1    4    6    4    1
1    5    10   10   5    1
......
```

分析上面的形式，可以找出规律：对角线和每行的第一列元素均为 1，其余各项是它的上一行中同列元素与其前面一个元素的和。可以一般地表示为

$$a(i, j) = a(i-1, j-1) + a(i-1, j)$$

编写程序，输出 $n = 10$ 的杨辉三角形(共 11 行)。

5.8　找出二维数组 $m \times n$ 中的"鞍点"。所谓鞍点，是指它在本行中值最大，在本列中值最小。输出鞍点的行、列号，有可能在一个数组中找不到鞍点，如无鞍点则输出"无"。

5.9　把两个按升序(即从小到大)排列的数列 A(1)，A(2)，…，A(m)和 B(1)，B(2)，…，B(n)，合并成一个仍为升序排列的新数列。

5.10　设有如下人员名单：

姓名	性别	年龄	文化程度	籍贯
张志强	男	23	大学本科	河北
李志	男	30	高中毕业	北京
王珺	女	25	研究生	山东

……

编写一个程序，对该名单进行检索。程序运行后，只要输入一个人的姓名，即可在屏幕上显示出这个人的情况。例如，输入"王珺"，则显示：

王珺	女	25	研究生	山东

要求：

(1) 使用动态结构数组，输入的人数可以根据实际情况改变。

(2) 当输入的姓名不存在时，显示该人不在名单中。

(3) 每次检索结束后，询问是否继续检索，"Y"继续，"N"结束程序。

第6章 过 程

在 Visual Basic 中，一个较大的程序一般应分为若干个程序模块，每一个模块用来实现一个特定的功能，这些模块就叫做过程。在设计应用程序时，除了定义相关的变量、常量外，主要的工作就是编写过程。

Visual Basic 有两类过程。一类是系统提供的内部函数过程和事件过程，内部函数已在前面介绍过，事件过程是当发生某个事件时对该事件做出响应的程序段，它是构成 Visnal Basic 应用程序的主体，也已在前面介绍过并多次使用，今后也经常使用。另一类是用户根据需要自己定义的、独立于事件过程之外、可供事件过程多次调用的通用过程。通用过程分为两类，即 Sub 过程(子程序过程)和 Function 过程(函数过程)。Sub 过程可完成一定的操作和功能，不产生返回值；Function 过程除了完成一定功能之外，要产生返回值。

6.1 建立通用过程

通常通用过程不与用户界面中的对象联系。当不同的事件过程或同一事件过程多次要执行同一动作时，为了不必重复编写代码，可用通用过程来实现，由事件过程调用通用过程。

6.1.1 过程的定义

通用过程可以在标准模块和窗体模块中定义，定义 Sub 过程的一般格式如下：

```
[Private | Public][Static] Sub  子过程名[(形式参数列表)]
        语句块
        [Exit Sub]
        语句块
End Sub
```

Function 函数过程的定义：

```
[Private | Public][Static] Function  函数过程名([形式参数列表]) [As 类型]
        语句块
        函数过程名 = 表达式
        [Exit Function]
        语句块
        [Return 表达式]
End Function
```

说明：

(1) Sub 过程以 Sub 开头，以 End Sub 结束，在 Sub 和 End Sub 之间是描述过程操作的语句块，称为过程体或子程序体。而 Function 过程以 Function 开头，以 End Function 结束，在 Function 和 End Function 之间是描述过程操作的语句块，称为过程体或者函数体。一般情况下，在函数体中至少需要有一条"函数过程名 = 表达式"的赋值语句，如"RecArea = s"，用来指定函数返回的值。

(2) Private(局部)、Public(公用)用来表示一个过程的使用范围，Static(静态)用来指定过程中的局部变量在内存中的存储方式。

(3) Exit Sub 或 Exit Function 表示退出子过程。

(4) 参数列表中列出的是形式参数，指明了在调用时传递给过程的参数的类型和个数，每个参数可以是变量或数组，其语法为：

　　[ByVal | ByRef] 变量名[As 数据类型]

用 ByVal 关键字指出参数是按值来传递的，ByRef 表示该参数按地址传递。"数据类型"指传递给该过程的参数的数据类型，可以是 Byte、Boolean、Integer、Long、Single、Double、Date、String 等。

(5) As 类型：只在 Function 过程中使用，用来说明函数返回值的数据类型，如 Integer、Double、String 等，若缺省，则函数返回 Object 类型。

(6) 在函数体中，"函数过程名 = 表达式"用于给函数赋返回值。如果在函数过程中省略该语句，则该函数过程的返回值为数据类型的默认值。例如，数值类型的函数返回值为 0，字符串函数的返回值为空字符串。

(7) 函数除了通过"函数过程名 = 表达式"返回值外，还可以用"Return 表达式"形式返回值，执行 Return 语句后将同时退出函数过程。

注意：过程不能嵌套定义，即不能在一个过程中定义另一个过程。但过程可以嵌套调用。

6.1.2　过程的建立

通用过程不属于任何一个事件过程，可以通过事件过程调用它。创建通用过程的方法如下：

(1) 打开"代码编辑器"窗口，选择"对象列表框"中的"常规"选项。

(2) 在代码编辑区的空白行处输入通用过程代码。

根据上面的格式，可以定义一个简单的 Sub 过程如下：

```
Sub TestSub(ByVal s As String)
    Label1.Text= "测试 Sub 过程定义" & s
End Sub
```

类似地，也可以定义一个简单的 Function 过程，用来根据矩形的边长计算其面积。

```
Function RecArea(ByVal a As Double, Byval b As Double) As Double
    Dim s As Double
    s = a * b
```

```
RecArea = s
End Function
```

6.2 通用过程的调用

调用引起过程的执行，也就是说，要执行一个过程，必须调用该过程。下面介绍如何调用 Sub 过程和 Function 过程。

6.2.1 调用 Sub 过程

Sub 过程的调用有两种方式，一种是把过程的名字放在一个 Call 语句中，一种是把过程名作为一个语句来使用。

1. 用 Call 语句调用 Sub 过程

格式：

Call 子过程名[(实际参数列表)]

Call 语句把程序控制传送到一个 Visual Basic 的 Sub 过程。用 Call 语句调用一个过程时，如果过程本身没有参数，则"实际参数"可以省略；否则应给出相应的实际参数，并把参数放在括号中。"实际参数"是传送给 Sub 过程的变量或常数，可以有一个或多个。例如，调用 6.1 节中定义的过程如下：

Call TestSub("你好")

执行该调用后将得到"测试 Sub 过程定义你好"的输出结果。

2. 直接使用过程名

在调用 Sub 过程时，如果省略了关键字 Call，就成为第二种调用方式了。与第一种方式相比，其特点是：

(1) 去掉关键字 Call；

(2) 去掉"实际参数列表"两端的括号。

例如：

TestSub "你好"

6.2.2 调用 Function 过程

Function 过程的调用比较简单，因为可以像使用 Visual Basic 内部函数一样来调用 Funcion 过程。实际上，由于 Function 过程返回一个值，因此完全可以把它看成是一个函数，它与内部函数(如 Sin、Str 等)没有什么区别，只不过内部函数由语言系统提供，而 Function 过程由用户自己定义。调用形式如下：

变量名 = 函数过程名([实际参数列表])

例如上面的计算矩形面积的 Function 过程可以被调用如下：

c = RecArea(20,30.1)

当 Function 过程 RecArea 执行后，会将结果 602.0 返回，并赋值给变量 c。

6.3　参　数　传　递

调用过程的目的，就是在一定的条件下完成某一工作或计算某一函数值。过程中的代码通常需要某些关于条件的信息才能有效地完成它的工作。为此，在调用一个过程时，必须把实际参数传递给过程，完成形式参数与实际参数的结合，然后用实际参数执行调用的过程。

1. 形参与实参

形式参数(简称形参)是指在定义通用过程时，出现在 Sub 或 Function 语句中的变量名或数组名，是过程接收数据的变量。实际参数(简称实参)是指在调用 Sub 或 Function 过程时，传送给 Sub 或 Function 过程的常量、变量、表达式或数组。

2. 按值传递与按地址传递

在 Visual Basic 中，实现实参与形参的结合有两种方法：按值传递和按地址传递。如果调用语句中的实参是表达式、常量，或者定义过程时选用 ByVal 关键字，就是按值传递。如果调用语句中的实参为变量或数组，且定义过程时选用 ByRef 关键字，则为按地址传递。

按值传递的工作过程是：当调用一个过程时，系统为形参分配单独的临时存储单元，将实参的值复制给形参后，实参与形参即断开了联系。被调用过程中的操作是在形参自己的存储单元中进行，当过程调用结束时，这些形参所占用的存储单元也同时被释放。因此，在过程中对形参的任何操作和实参没有关系，不会影响实参的值。

在定义过程时，如果形式参数前面省略了 ByVal 或 ByRef 关键字的话，则默认为按照值传递，系统会自动在形参前加上关键字 ByVal。

按地址传递的工作过程是：当调用一个过程时，它将实参对应存储单元的地址传递给形参，此时，形参与对应实参指向的是同一存储单元。在被调用过程体中对形参的任何修改操作，改变了该存储单元的内容，也就改变了实参的值。因此在按地址传递的方式中，实参的值会随形参的改变而改变。

【例 6.1】 编写交换两个数的过程，过程 Swap1 使用按值传递，Swap2 过程使用按地址传递。

程序代码如下：

```
Public Sub Swap1(ByVal x%, ByVal y%)
    Dim t%
    t = x : x = y : y = t
End Sub
Public Sub Swap2(ByRef x%, ByRef y%)
    Dim t%
    t = x : x = y : y = t
End Sub
Private Sub Form1_Click(ByVal sender As Object, ByVal e As System.EventArgs) Handles Me.Click
```

```
Dim a As Integer, b As Integer
a = 3 : b = 5
label1.text = "调用过程前: " & "a=" & a & "   b=" & b & vbCrLf
Swap1(a, b)
label1.text &= "按值传递参数后:  " & "a=" & a & "   b=" & b & vbCrLf
a = 3 : b = 5
Swap2(a, b)
label1.text &= "按地址传递参数后:  " & "a=" & a & "   b=" & b & vbCrLf
End Sub
```

程序运行结果如图 6-1 所示, 从中可以看出只有 Swap2 才能成功交换两个数。在调用的过程中, 实参与形参的关系如图 6-2 所示。

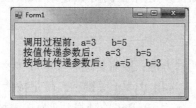

图 6-1　数据交换情况　　　　图 6-2　两种参数传递方式示意图

一般来说, 按地址传递比按值传递更能节省内存和提高效率。因为在定义通用过程时, 按地址传递方式使用的形参只是一个地址, 系统不必为保存它的值而分配额外的空间, 只要简单地记住它是一个地址就可以了。这样, 使用地址传递可以使 Visual Basic 进行更有效的操作。对于整型数来说, 这种效率不明显, 而对于字符串、数组来说, 地址传递和值传递方式区别就比较大了。例如下面的过程:

```
Sub Output(vbRef str As String)
    Label1.text= "参数是: " & str
End Sub
```

在调用时, 传送该过程一个字符串参数, 并把这个字符串参数输出。如果是地址传递, 则每次调用该过程时只传送字符串参数的地址。而如果是值传递方式, 则要为字符串分配存储空间, 并拷贝字符串。当字符串由几百、几千字符组成时, 其效率是很低的。

注意: 形参列表和实参列表中的对应变量名可以相同, 也可以不同。但实参和形参的个数、顺序及数据类型应该相同。因为"形实对应"是按照位置对应, 即第一个实参与第一个形参对应, 第二个实参与第二个形参对应, 依此类推。

在 VB.NET 中, 实参的数据类型也可以和形参的数据类型不一致, 系统会自动将实参类型转换为形参类型, 然后将转换值传递给形参。

下面再看一个值传递和地址传递区别的例子。

【例 6.2】　计算 5! + 4! + 3! + 2! + 1!。

先按地址传递方法给出代码:

```
Private Function M(ByRef n%) As Integer
    M = 1
```

```
        Do While n > 0
            M = M * n
            n = n - 1
        Loop
    End Function


    Private Sub Form1_Click(ByVal sender As Object, ByVal e As System.EventArgs) Handles Me.Click
        Dim sum As Integer, i As Integer
        For i = 5 To 1 Step -1
            sum = sum + M(i)
        Next i
        Debug.WriteLine("Sum = " & sum)
    End Sub
```

运行结果：

```
    Sum=120
```

本例的运行结果是 120，而不是 153，是因为本程序只计算了 5!。在本例中，n 是按地址传递的，在第一次调用 M 函数后 n 的值为 0，由于实参与形参共享地址单元，实参 i 的值也是 0。当执行 For i = 5 To 1 Step -1 时就退出了 For 循环，For 循环就执行了一次，求出了 5! 的值。

解决办法有两种：

① 将地址传递改为值传递：

```
    Private Function M(ByVal n%) As Integer
```

② 将实参 i 改为表达式，因为表达式是按值传递的。把变量改为表达式最简单的方法是用()将变量括起来，调用语句改为：

```
    sum = sum + M((i))
```

3．数组参数的传递

在 Visual Basic 的 6.0 版本后，支持数组作为参数在过程的调用中使用。数组传递是按地址传递，实际传递的是数组首元素的地址。

在传递数组时，实参只写数组名，与之所对应的形参需写上所要传递的数组的名称和一对圆括号。在子程序中不可再用 Dim 语句来定义所要传递的数组。

【例 6.3】 编写排序子过程，将存有随机数的数组作为参数传递给排序子过程 sort。

程序代码如下：

```
    Public Sub sort(ByVal A() As Integer)    '冒泡法排序
        Dim i As Integer, j As Integer, t As Integer
        For i = 1 To 9
            For j = 1 To 10 - i
                If A(j) > A(j + 1) Then t = A(j) : A(j) = A(j + 1) : A(j + 1) = t
            Next j
```

```
        Next i
    End Sub
    Private Sub Form1_Click(ByVal sender As Object, ByVal e As System.EventArgs) Handles Me.Click
        Dim Arr(10) As Integer
        Dim i As Integer
        Label1.text = ""
        For i = 1 To 10                        '随机产生 10 个 1~100 的自然数
            Arr(i) = Int(Rnd * 99) + 1
            Label1.text &= Arr(i) & "   "
        Next i
        Label1.text &= vbCrLf
        Call sort(Arr)                         '调用排序过程
        For i = 1 To 10
            Label1.text &= Arr(i) & "   "
        Next i
        Label1.text &= vbCrLf
    End Sub
```

在上面的例子中，Call sort(Arr)语句把数组 Arr 整个传递给了过程 sort，即在过程执行时对数组的 10 个下标单元进行了处理。但仔细观察会发现，在 sort 过程中的循环次数是固定的，这样它只能适用于有 10 个下标单元的数组。如果数组的下标个数不是 10，sort 过程就不适合了。

为了增强程序的适应性，可以在过程中使用 LBound 和 UBound 函数来确定传送给自己的数组参数的大小。用 LBound 函数可以求出数组的最小下标值，而用 UBound 可以求出数组的最大下标值，这样就能确定传送给过程的数组的上、下界。例如，可以将上面的 sort 子程序修改为：

```
    Public Sub sort2(A() As Integer)          '冒泡法排序
        Dim i As Integer, j As Integer, t As Integer
        Dim head As Integer, tail As Integer          '下标头(下界)和下标尾(上界)
        head = LBound(A)
        tail = UBound(A)
        For i = head To tail - 1
            For j = head To tail - i
                If A(j) > A(j + 1) Then t = A(j): A(j) = A(j + 1): A(j + 1) = t
            Next j
        Next i
    End Sub
```

此时，调用该过程的实际参数，数组的下标元素数目可以是任意数，下标的开始值也可以是任意值。

4. 对象参数的传递

前面已经介绍了用标准数据类型变量或数组作为过程的形式参数，以及如何把这些类型的实际参数传递给过程。除此之外，Visual Basic 还允许使用对象，即窗体或者控件作为通用过程的参数。在一些情况下，这可以简化程序设计，提高效率。

用对象作为参数与用其他数据类型作为参数的过程在格式上是相同的，唯一的区别是对象参数的数据类型是 Control，不能够使用值传递，而只能使用地址传递方式。

下面通过例子来说明对象参数的使用。

【例 6.4】 使用窗体对象参数。

用鼠标右击"解决方案资源管理器"菜单中的"项目名称"，在弹出的快捷菜单上选择"添加"选项中的"Windows 窗体"命令，建立三个窗体，分别是 Form1、Form2 和 Form3。

可以在应用中编写一个通用程序，以窗体作为参数，用来对窗体的大小和位置进行设置。

在程序中各窗体的大小和位置的设置可通过下面的代码来实现：

```
Public Sub SetForm(FormName As Form, x As Double, y As Double, l As Double, w As Double)
    FormName.Left = x
    FormName.Top = y
    FormName.Width = l
    FormName.Height = w
End Sub
```

调用该过程时，第一个参数就是窗体对象的名称。例如，可以在窗体 Form1 的 Load 事件中编写如下代码：

```
Private Sub Form1_Click(ByVal sender As Object, ByVal e As System.EventArgs) Handles Me.Click
    SetForm(Me, 100, 20, 300, 300)
    SetForm(Form2, 100, 200, 500, 300)
    SetForm(Form3, 100, 120, 800, 300)
    Form2.Show()
    Form3.Show()
End Sub
```

类似地，在应用的其他位置也可以根据需要，非常方便地使用 SetForm 过程来对窗体进行设置，提高了程序的编写效率。

【例 6.5】 使用控件对象参数。

程序代码如下：

```
Public Sub frmtrans(ByRef l As Label, ByRef t As String)
    l.Text = t
    l.Visible = True
End Sub


Private Sub Button1_Click(ByVal sender As System.Object, ByVal e As System.EventArgs) Handles Button1.Click
```

```
        Call frmtrans(Label1, Me.Text)
    End Sub
```

程序运行时，单击 Button1 按钮，将窗体的标题传递给标签 Label1。

6.4 变量的作用域

变量在过程中是必不可少的。一个变量随所处的位置不同，可被访问的范围也不同，变量可被访问的范围称为变量的作用域。

常量、变量和数组均可在某个过程或函数中起作用，当过程或函数执行完成以后，它的值也就自然消失。而某些情况下需要多个过程和函数共用某些变量、常量和数组时，就要对它们进行作用域的声明，也就是规定某些共用参量的作用范围，以保证其他程序也可使用。因为常量、变量和数组的作用域基本一致，所以这里以变量为例来介绍。

在 Visual Basic 中，可以在过程或模块中声明变量，根据声明变量的位置，变量分为两类：过程级变量和模块级变量。它们的作用范围分别在过程级和模块级。过程级变量也就是局部变量。

6.4.1 过程级变量

一个变量在划定范围时被看做是过程级(局部)变量，还是模块级变量，这取决于声明该变量时采用的方式。过程级变量是指在过程内用 Dim 或 Static 关键字声明的变量，或不加声明而直接使用的变量，它只能在本过程中使用，其他的过程不可访问。

过程级变量随过程的调用而分配内存单元，并进行变量的初始化，在此过程体内进行数据的存取，一旦该过程体结束，变量的内容自动消失，占用的内存单元释放。不同的过程中可有相同名称的变量，彼此互不相干。

使用过程级(局部)变量，有利于程序的调试。复杂程序往往用到多个过程，在编写过程说明时，其中所用到的变量名如果是局部名，则无论怎样处理都不会影响到过程外部；如果用到非局部变量，一经改变就会影响到外界，考虑不周时容易引起不必要的麻烦。所以，为安全起见，过程体内应尽可能使用局部变量。

6.4.2 模块级变量

模块级变量指在一个模块的任何过程外面，即在"通用"声明段中声明的变量。模块级变量分为私有和公有。

1. 私有的模块级变量

私有的模块级变量是指在模块的"常规"声明段中用 Dim 或 Private 关键字声明的变量，它可被本模块内的任何过程访问，但其他模块的过程却不能访问该变量。窗体变量实际就是一种私有的模块级变量。在模块的通用声明段中使用 Private 或 Dim 作用相同，但使用 Private 会提高代码的可读性。

2. 公有的模块级变量

公有的模块级变量是指在标准模块的任何过程之外，即在"常规"声明段中用 Public 关键字声明的变量，可被应用程序的任何过程或函数访问。因为公有的模块级变量的作用范围是整个应用程序，因此公有的模块级变量属于全局变量。全局变量的值在整个应用程序中始终不会消失和重新初始化，只有当整个应用程序执行结束时，才会将全局变量释放。

把变量定义为全局变量虽然很方便，但这样会增加变量在应用程序中被无意修改的机会，因此，如果有更好的处理变量的方法(如采用过程间传递参数的办法)，则不要声明全局变量。

【例 6.6】　不同作用域变量的定义位置。

程序代码如下：

```
Public a As Integer        ' 全局变量
Private b As Single        ' 私有的模块级变量
Sub p1()
    Dim c As Double        ' 局部变量
    ...
End Sub
```

6.4.3　变量的生存期

从变量的作用空间来说，变量有作用范围；从变量的作用时间来说，变量有生存期。

变量的生存期是指，假设过程内部有一个变量，当程序运行进入该过程时，要为该变量分配一定的内存单元，一旦退出该过程，该变量占有的内存单元是释放还是保留决定了该变量的生命周期。根据变量在程序运行期间的生存期，把变量分为静态变量和动态变量。

静态变量在程序退出过程时不释放内存单元，动态变量释放内存单元。

1. 动态变量

动态变量是指程序运行进入变量所在的过程时，才为该变量分配内存单元；退出该过程后，该变量占用的内存单元自动释放，其值消失。

使用 Dim 关键字在过程中声明的局部变量属于动态变量，在过程执行结束后变量的值不被保留，在每一次重新执行过程时，变量重新声明。

2. 静态变量

用 Static 语句声明的局部变量是静态变量。静态变量是指在程序运行过程中可保留变量的值，即当每次调用过程时，用 Static 说明的变量保持原来的值。声明静态变量的形式如下：

```
Static  变量名  [As  类型]
Static Function  函数名([参数列表]) [As  类型]
Static Sub  过程名[(参数列表)]
```

在函数名、过程名前加 Static 关键字，表示该函数、过程内所有局部变量都为静态变量。

【例 6.7】　分析下面程序运行的结果。

程序代码如下:

```
Public Class Form1
    Public Function sum1(ByVal n As Integer)
        Dim s%
        s = s + n
        sum1 = s
    End Function
    Public Function sum2(ByVal n As Integer)
        Static s%
        s = s + n
        sum2 = s
    End Function
    Private Sub Form1_Click(ByVal sender As Object, ByVal e As System.EventArgs) Handles Me.Click
        Dim sum As Integer, i As Integer
        Label1.Text = ""
        For i = 1 To 5
            sum = sum1(i)
            Label1.Text &= sum & ","
        Next i
        Label1.Text &= vbCrLf
        For i = 1 To 5
            sum = sum2(i)
            Label1.Text &= sum & ","
        Next i
        Label1.Text &= vbCrLf
    End Sub
End Class
```

程序运行结果为:

1,2,3,4,5,

1,3,6,10,15,

6.5 递 归

简单地说,递归就是一个过程调用其本身。例如:

```
Private Function FNC(x As Integer)
    Dim y As Integer,z As Single
    …
```

```
        Z = FNC(y)
        ...

    End Function
```

在上面的例子中，在函数 FNC 的过程中调用 FNC 函数本身，从而构成递归调用。

递归是一种十分有用的程序设计技术，很多数学模型和算法设计本身就是递归的。因此用递归过程描述它们比用非递归方法要简洁。递归调用在完成阶乘运算、级数运算、幂指数运算等方面特别适合。

VB.NET 中的 Sub 过程可以是递归调用的。在执行递归操作时，VB.NET 把递归过程中使用的参数和局部变量等信息都保存在堆栈中，如果递归过程无限调用的话，将会导致堆栈溢出。

从上例中看到，在函数 FNC 中调用函数 FNC 本身，似乎是无终止的自身调用，显然程序不应该有有无终止的调用，而只应该出现有限次数的递归调用。因此应该用条件语句(If语句)来控制终止的条件，这个条件称为边界条件或结束条件，只有在某一条件成立时才继续执行递归调用，否则不再继续。若一个递归过程无边界条件，则是一个无穷的递归过程。

根据以上分析，在编写递归程序时应考虑两个方面：递归的形式和递归的结束条件。如果没有递归的形式就不可能通过不断地递归来接近目标；如果没有递归的结束条件，递归就不会结束。

【例 6.8】 用递归的方法计算 $n!$，即 $5! = 4! \cdot 5$，$4! = 3! \cdot 4$，…

根据阶乘得出表达式 $n! = 1 \cdot 2 \cdot 3 \cdots (n-1) \cdot n$，但这不是递归的形式，因此需要对它进行如下改造：

$$n! = n \cdot (n-1)!$$
$$(n-1)! = (n-1) \cdot (n-2)!$$
$$\cdots$$

当 $n = 1$ 时，$n! = 1$。于是得出如下的递归公式：

$$n! = \begin{cases} 1 & (n = 0, 1) \\ n \cdot (n-1)! & (n > 1) \end{cases}$$

递归的结束条件为 $n = 1$ 时，$n! = 1$。

程序代码如下(Muln 函数过程就是递归求解函数)：

```
Public Class Form1
    Private Function Muln(ByVal n As Integer) As Integer
        If n = 0 Or n = 1 Then
            '结束条件 n=0 或 n=1
            Muln = 1
        Else
            Muln = Muln(n – 1) * n
        End If
    End Function
```

Private Sub Form1_Click(ByVal sender As Object, ByVal e As System.EventArgs) Handles Me.Click

```
Dim m As Integer, I As Integer
I = InputBox("请输入一个正整数")
m = Muln(I)
Debug.WriteLine("M=" & m)
End Sub
End Class
```

递归求解的过程分成两个阶段：第一阶段是"回推"，第二阶段是"递推"。

在回推阶段每一步都是未知的，即求 Muln(5)必须先得出 Muln(4)*5 的值，而求 Muln(4) 的值又必须先得出 Muln(3)*4 的值，直到推到 Muln(1)为止。前面的都是执行 Muln 函数的 Else 语句，当 n = 1 时才满足 If 条件。

递推阶段根据 Muln(1)的值得出，Muln(2) = Muln(1)*2，直到得出 Muln(5)为止。因此，递推执行"Muln = 1"将函数值返回到调用函数，计算出 Muln(2)再返回，直到 Muln(5)。

当输入 n = 5 时，计算输出的结果为 120，两个阶段过程如图 6-3 所示。

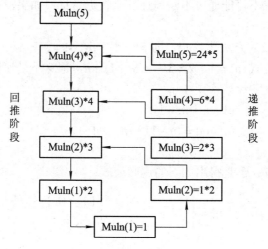

图 6-3　阶乘递归求解过程

【例 6.9】　用递归的方法求斐波那契(Fibonacci)数列第 n 个数的值。斐波那契数列各元素如下：

　　1，1，2，3，5，8，13，21，……

递推公式如下：

$$F_1 = 1$$
$$F_2 = 1$$
$$F_n = F_{n-1} + F_{n-2}$$

已知 $F_n = F_{n-1} + F_{n-2}$，可以推出：

$$F(n-1) = F(n-2) + F(n-3)$$
$$F(n-2) = F(n-3) + F(n-4)$$
$$……$$

得出下面的递归关系和终止条件：

$$f(n)=\begin{cases}1 & (n=1, n=2)\\ f(n-1)+f(n-2) & (n>2)\end{cases}$$

递归的终止条件为 $n=1$ 或 $n=2$ 时，$F=1$。

程序代码如下：

```
Public Class Form1
    Private Function Fib(ByVal g As Integer)
        ' 计算斐波那契(Fibonacci)数列
        If g = 1 Or g = 2 Then
            Fib = 1
        Else
            Fib = Fib(g – 1) + Fib(g – 2)
        End If
    End Function

    Private Sub Form1_Click(ByVal sender As Object, ByVal e As System.EventArgs) Handles Me.Click
        Dim k As Long
        Dim n As Integer
        n = InputBox("请输入计算的数列的个数")
        k = Fib(n)
        Debug.WriteLine("Fibonacci 数列第" & n & "个数是" & k)
    End Sub

End Class
```

运行结果：当输入 6 时，输出"Fibonacci 数列第 6 个数是 8"。

 注意：递归可能会导致堆栈上溢。

6.6 综 合 应 用

【例 6.10】 输入一个十进制正整数，将其转换成二进制、八进制或十六进制数。

数制转换的算法如下：

将十进制数除以进制(2、8 或 16)，得出余数和商，将商循环地除以进制，直到商为 0。将每次相除产生的余数逆序排列，就是转换的结果。例如，将 45 转换成二进制数，结果为 101101。

界面设计：

窗体中有两个文本框、两个按钮、一个组合框和三个标签。用组合框 cmbSelect 输入"转换进制",用文本框 TxtInput 输入要转换的十进制正整数。窗体中的对象属性设置如表 6-1 所示。

表 6-1　例 6.10 所使用的控件属性及说明

控　件	属　性	属　性　值	说　　明
Form1	Name	frmTrans	转换程序窗体
	Text	数字转换	
Button1	Name	CmdStart	开始转换按钮
	Text	开始转换	
Button2	Name	CmdClose	结束转换按钮
	Text	结束转换	
TextBox1	Name	TxtInput	输入十进制数
	Text	空	
TextBox2	Name	TxtResult	输出转换值
	Text	空	
ComboBox	Name	cmbSelect	选择预转换的进制
	Items	2\8\16	
Label1	Text	请输入十进制正整数	提示输入十进制数
Label2	Text	转换进制	提示转换进制
Label3	Text	转换结果	提示转换的结果

程序代码如下:

```
Public Class Form1
        Dim number As Integer, n As Integer
        Private Sub Form1_Load(ByVal sender As System.Object, ByVal e As System.EventArgs) Handles MyBase.Load
                n = 2
        End Sub

        Private Sub cmbSelect_SelectedValueChanged(ByVal sender As Object, ByVal e As System.EventArgs) Handles cmbSelect.SelectedValueChanged
                n = CInt(cmbSelect.SelectedItem)
        End Sub

        Private Sub TxtInput_LostFocus(ByVal sender As Object, ByVal e As System.EventArgs) Handles TxtInput.LostFocus
                Dim Response As Integer
```

```
            If IsNumeric(TxtInput.Text) = True Then
                number = Val(TxtInput.Text)
            Else
                Response = MsgBox("输入数据错误")
                TxtInput.Focus()
            End If
        End Sub


    Private Sub Trans(ByRef Arry() As String, ByVal s() As String)          ' 数制转换
        Dim r As Integer, k As Integer
        k = 0
        number = Val(TxtInput.Text)
        Do Until number = 0
            r = number Mod n
            k = k + 1
            ReDim Preserve Arry(k)
            Arry(k) = s(r)
            number = Int(number / n)
        Loop
    End Sub


    Private Sub CmdStart_Click(ByVal sender As System.Object, ByVal e As System.EventArgs)
Handles CmdStart.Click
        Dim i As Integer
        Dim myChar(15) As String, Ch As String
        Dim Bin() As String
        Ch = ""
        For i = 0 To 9
            myChar(i) = Str(i)                          ' 将字符 0～9 赋值给数组 myChar
        Next i
        For i = 0 To 5
            myChar(10 + i) = Chr(Asc("A") + i)          ' 将字符 A～F 赋值给数组 myChar
        Next i
        Call Trans(Bin, myChar)
        For i = UBound(Bin) To 1 Step −1
            Ch = Ch & Bin(i)
        Next i
        TxtResult.Text = Ch
    End Sub
```

```
Private Sub CmdClose_Click(ByVal sender As System.Object, ByVal e As System.EventArgs)
Handles CmdClose.Click
        Me.Close()
    End Sub
End Class
```

运行的界面如图 6-4 所示。

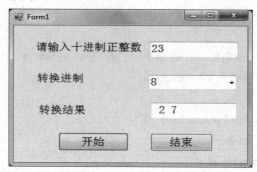

图 6-4　例 6.10 程序运行结果

程序分析：

① 数组 myChar 有 16 个元素，分别存放 0～9 和 A～F 字符，通过 Chr 函数得出字符。Asc 函数得出字符的 ASCII 码值。Trans 的形参是数组按地址传递，因此在被调函数中改变数组 Arry 的值，在主调过程 cmdStart_Click 中 Bin 数组值同时改变。

② 函数 Trans 用于数制转换，模块级变量 Number 为要转换的十进制数，n 为数制。将余数放置在数组 Arry 中，使用动态数组 Arry，在循环中重新定义数组的大小，并使用 Preserve 保留重新定义数组大小后原来的数据。

【例 6.11】　输入某一天的年、月和日，计算出这一天是该年的第几天。

窗体界面设计：

窗体中有两个文本框、两个命令按钮、一个组合框、一个列表框和六个标签。采用组合框选择月份，列表框选择日期，文本框输入年份。

程序代码如下：

```
Public Class Form1
    Dim MyYear As Integer, MyMonth As Integer, MyDay As Integer
    Dim DayTab(12) As Integer
    ' 该数组用于存放每月天数

    Private Sub Form1_Load(ByVal sender As System.Object, ByVal e As System.EventArgs)
Handles MyBase.Load
        Dim i As Integer
        DayTab(0) = 31 : DayTab(1) = 28 : DayTab(2) = 31 : DayTab(3) = 30
        DayTab(4) = 31 : DayTab(5) = 30 : DayTab(6) = 31 : DayTab(7) = 31
        DayTab(8) = 30 : DayTab(9) = 31 : DayTab(10) = 30 : DayTab(11) = 31
        MyMonth = 1
```

```
        MyDay = 1
        For i = 1 To 31
            ListBox1.Items.Add(i)                    '往列表框中添加 1～31 日期选项
        Next i
        For i = 1 To 12
            ComboBox1.Items.Add(i)                   '往组合框中添加 1～12 月份
        Next i
    End Sub

    Private Sub TextBox1_LostFocus(ByVal sender As Object, ByVal e As System.EventArgs)
Handles TextBox1.LostFocus
        If Val(TextBox1.Text) > 0 And IsNumeric(TextBox1.Text) Then
            MyYear = Val(TextBox1.Text)
        Else
            MsgBox("年份出错!", , "输入年份")
            TextBox1.Focus()
        End If

    End Sub


    Private Sub ComboBox1_SelectedIndexChanged(ByVal sender As System.Object, ByVal e As
System.EventArgs) Handles ComboBox1.SelectedIndexChanged
        MyMonth = Val(ComboBox1.SelectedItem)
    End Sub

    Private Sub ListBox1_Click(ByVal sender As Object, ByVal e As System.EventArgs) Handles
ListBox1.Click
        MyDay = Val(ListBox1.SelectedItem)
    End Sub

    Private Function SumDay(ByVal month As Integer, ByVal day As Integer)
        '计算总天数，将每月的天数累加
        Dim i As Integer
        For i = 0 To month – 2
            day = day + DayTab(i)
        Next i
        SumDay = day
    End Function
    Private Function Leap(ByVal year As Integer)
        '判断年份是否是闰年
        Dim L As Integer
```

```
        L = (year Mod 4 = 0) And (year Mod 100 <> 0) Or (year Mod 400 = 0)
        ' 如果是闰年为 True，由于 L 是整型，进行类型转换后，函数返回值为 -1
        Leap = L
    End Function

    Private Sub Button1_Click(ByVal sender As System.Object, ByVal e As System.EventArgs)
Handles Button1.Click
        Dim Days As Integer
        Days = SumDay(MyMonth, MyDay)
        If (Leap(MyYear) And MyMonth >= 3) Then
            Days = Days + 1
        End If
        TextBox2.Text = Days
    End Sub

    Private Sub Button2_Click(ByVal sender As System.Object, ByVal e As System.EventArgs)
Handles Button2.Click
        Me.Close()
    End Sub

End Class
```

程序运行结果界面如图 6-5 所示。

图 6-5　例 6.11 程序运行结果

本题最简单的方法是使用第 3 章的日期类型中的方法，请读者想一想如何实现。

习　题　6

6.1　Function 函数过程和 Sub 子过程的区别是什么？

6.2　什么是实参？什么是形参？什么是按值传递？什么是按地址传递？

6.3　为了使某变量在程序的所有的窗体中都能使用，应在何处声明该变量？

6.4　在同一窗体、不同过程中声明的相同变量名，两者是否表示同一个变量？有没有联系？

6.5 假定有如下的过程：

```
Sub S(x As Single, y As Single)
    t=x
    x=t/y
    y=t Mod y
End Sub
```

在窗体上画一个命令按钮，然后编写如下事件过程：

```
Private Sub Command1_Click()
    Dim a As Single
    Dim b As Single
    a=4
    b=5
    S a,b
    Label1.Text= a  &  " , " & b
End Sub
```

写出程序运行后单击命令按钮时的输出结果。

6.6 假定有以下两个过程：

```
Sub S1(ByVal x As Integer, ByVal y As Integer)
    Dim t As Integer
    t=x
    x=y
    y=t
End Sub
Sub S2(ByRef x As Integer, ByRef y As Integer)
    Dim t As Integer
    t=x
    x=y
    y=t
End Sub
```

在主调过程中调用哪个过程可以实现交换两个变量的值的操作？

6.7 编写程序，求 $S = A! + B! + C!$，阶乘的计算分别用 Sub 过程和 Function 过程两种方法来实现。

6.8 编写一个过程，以整型数作为形参。当该参数为奇数时输出 False，而当该参数为偶数时输出 True。

6.9 编写求解下面一元二次方程的过程：

$$ax^2 + bx + c = 0$$

要求：a、b、c 及 x1、x2 都以参数传送的方式与主程序交换数据，输入 a、b、c 和输出 x1、x2 的操作放在主程序中。

6.10 写两个过程，分别求两个正整数的最大公约数和最小公倍数。

第7章 文 件 系 统

文件是计算机系统记录、保存和交流信息的主要方式。实际上，计算机系统中几乎所有的永久性数据都是以文件形式组织和保存的。本章主要介绍 **VB.NET** 建立、打开和保存文件的基本方法，以及如何实现对文件、目录的管理和维护。

7.1 文件的概念

7.1.1 文件

计算机数据可分成两类：内部(内存)数据和外部(外存)数据。内部数据以常量、变量、结构和对象(控件、窗体等)的形式使用，外部数据则以文件的形式保存。计算机内存中的数据是暂时性的，关机后全部消失。要永久性保存数据，必须使用文件。

文件是存储在外部介质上数据的集合，按名存取。从物理上说，文件是一系列相关外存区域(如磁盘扇区)中存储的数据；从逻辑上说，文件是一系列相关的记录(信息单元)的集合。文件的使用和管理要依赖操作系统的支持。

通常，计算机程序将内部数据保存到文件中的过程称为写(输出)文件；将文件数据恢复成内部数据的过程称为读(输入)文件。

7.1.2 VB.NET 文件分类

文件有多种分类方法，根据文件的内容可分为程序文件和数据文件；根据文件存储信息的形式可分为字符编码文件(如 ASCII 码文件)和二进制文件；根据访问模式可分为顺序文件、随机文件和二进制文件。

1. 顺序文件

顺序文件(Sequential File)中记录的写入、存放和读出顺序都是一致的。在顺序文件中，构成文件的记录不定长，记录与记录之间应有明确的记录分隔符(如逗号，换行符等)。每一个记录包含一个或者多个数据项，由分隔符分隔。例如，下列文本序列：

　　　　1,"张三";2,"李四";3,"王五";…;100,"lack"

就可构成一个顺序文件，记录间用"；"分隔，数据项间用"，"分隔。

由于顺序文件的记录不定长，无法直接定位某个记录的开始和结束。因此，要读写顺序文件记录，必需从头到尾地进行，即如果某个记录尚未读取，则不能读取它后面的记录。

顺序文件以字符编码的形式存放数据，可用文本编辑软件(如记事本)建立、显示和编辑。

2. 随机文件

随机文件中的记录有固定的大小,记录与记录间无须明确的分隔符。下列记录序列:

　　　　0001 张三;0002 李四;0003 王五;...;0100 Jack

可以构成一个随机文件,每条记录长度为 12 个字节(数字编号占 4 个字节,名字占 8 个字节)。

由于随机文件的记录定长,可直接定位记录的开始和结束,如第 n 条记录从文件开始位置 + $(n-1) * 12$ 字节处开始。因此,随机文件也称为直接访问文件,可以直接访问某个记录而不必读取它前面的记录。

随机文件采用二进制形式存储数据,一般不能用文本编辑软件查看和编辑。

3. 二进制文件

任何一个文件都能够以二进制模式访问。二进制文件在访问方式上与随机文件类似,可以看成是记录长度为 1 个字节的随机文件。

7.1.3　VB.NET 的文件访问

VB.NET 有三种访问文件系统的途径:第一种是使用系统函数进行文件访问(VB 的传统方式);第二种是通过.NET 中的 System.IO 模型访问;第三种是通过文件系统对象模型(FSO)访问。本章主要介绍第一种方法。

存取文件一般包括三个步骤:打开文件、读取文件和关闭文件。

(1) 打开文件操作将在内存中建立一个文件缓冲区,并与特定文件关联。文件系统提供多个文件缓冲区,用数字进行编号。文件在某个缓冲区打开,就与这个缓冲区建立了关联,在关闭文件之前,可通过这个缓冲区对文件进行各种操作。

(2) 打开文件后就可对文件进行读写。为了提高效率,系统会使用缓冲区缓存读写的数据。

(3) 文件存取完成后,应关闭文件。关闭文件操作会将文件缓冲区的尚未写入文件的数据写入文件中,释放文件缓冲区与文件的关联。另外,当一个 VB.NET 程序结束时,系统将自动关闭所有该程序打开的文件。

7.2　顺 序 文 件

顺序文件中记录的逻辑顺序和物理顺序相同,以文本形式保存数据必须按顺序进行读写。VB.NET 提供了一系列函数用于进行文件操作。

7.2.1　基本操作

文件的基本操作包括打开、读写和关闭。要读写文件,必须先打开文件,指定一个系统缓冲区用于缓存读写数据。读写完成后要关闭文件,使系统能将缓冲区内未保存数据写入文件,避免文件损坏。

1. 打开文件

VB.NET 使用 FileOpen 函数打开文件,常用于打开顺序文件的调用格式为:

FileOpen(文件号，文件名，打开模式)

说明：

(1) "文件号"：指定打开文件时所用文件缓冲区的编号，在 1～255 之间取值。VB.NET 应用程序用文件号而非文件名操作已打开的文件。

(2) "文件名"：指定要打开文件的路径和名称，可以是字符串类型的常量、变量或表达式。

(3) "打开模式"：打开文件时所选取的模式取决于对文件的使用意图(例如，是要从文件中读信息，还是要保存信息)，模式的取值为 OpenMode 枚举类型，如表 7-1 所示。

表 7-1　文件打开模式

序号	模　　式	说　　　　明
1	OpenMode.Output	新建文件用于输出数据信息；若有同名文件已存在，则清空原文件的内容
2	OpenMode.Append	打开已有文件，用来添加新数据(追加)；若文件不存在，出错
3	OpenMode.Input	打开已有文件，用来读取数据；若文件不存在，出错
4	OpenMode.Random	新建或读写随机文件
5	OpenMode.Binary	新建或读写二进制文件

例如，下列语句以 Output 模式打开文件 "c:\test_file. Txt"，意味着打开的目的是为了要输出信息。

FileOpen (1, "c:\test_file.txt"，OpenMode.Output)

文件打开后，可使用 1 号缓冲区对文件进行读写。

2. 读写文件

打开文件后就可以对其进行读操作或写操作。用于顺序文件读写的相关函数(或过程)如表 7-2 所示。

表 7-2　顺序文件读写函数或过程

操作	函数或过程	语　法	说　　　　明
写文件	Print	Print(文件号,[输出列表])	以制表对齐方式输出列表中的数据项，每个数据项占 14 个字符位置,数据项间用空格分隔
	PrintLine	PrintLine(文件号,[输出列表])	
	Write	Write(文件号,[输出列表])	以紧凑格式输出列表中的数据项，数据项间用逗号分隔，给字符串数据项加上双引号
	WriteLine	WriteLine(文件号,[输出列表])	
读文件	Input	Input(文件号,变量)	从指定文件中读取一个数据到变量中
	LineInput	变量= LineInput(文件号)	从指定文件中读取一行数据，赋值给字符串变量
	InputString	变量= InputString(文件号,字符数)	从指定文件中读取指定数量字符，赋值给字符串变量
其他	EOF	EOF(文件号)	到达文件末尾时，返回 True，否则为 False
	LOF	LOF(文件号)	以字节数形式返回文件大小

为方便举例，首先介绍写文件。

1) 写操作

顺序文件的写操作有两种输出数据的格式：标准格式和紧凑格式。标准格式以长度为14 个字符大小为单位的输出域对齐输出数据，输出域边界限制了数据项的起始位置(第 $n*14$ 列，$n = 0, 1, 2, \cdots$)，从而区分输出数据项。紧凑格式则用分隔符(逗号)来分隔数据项。

Print 和 PrintLine 都以标准格式向顺序文件输出数据项，区别仅在于后者在输出最后一个数据项后，再输出一个回车换行符。Print 和 PrintLine 参数中的输出列表由 0 个或多个由逗号分隔的数据项组成，数据项可以是数值表达式、字符串表达式、定位函数 TAB(n)和空格函数 Spc(n)等。例如，输出语句：

Print (1,TAB(10), TAB(9),TAB (−2),"ThirdLine",TAB(),"SecondZone")

写入文件的内容和格式如图 7-1 所示。

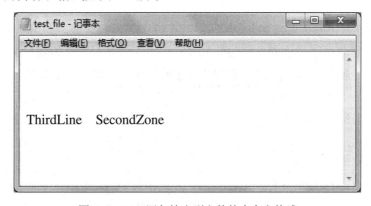

图 7-1　Print 语句输出到文件的内容和格式

Write 与 WriteLine 都以紧凑格式向顺序文件输出内容，区别仅在于后者在输出最后一个数据项后，再输出一个回车换行符。Write 与 WriteLine 参数中的输出列表由 0 个或多个由逗号分隔的数据项组成。例如，输出语句：

Write (1,TAB(10),TAB(9), TAB(−2), 123, TAB()，"NextColumn", True)

写入文件的内容和格式如图 7-2 所示。

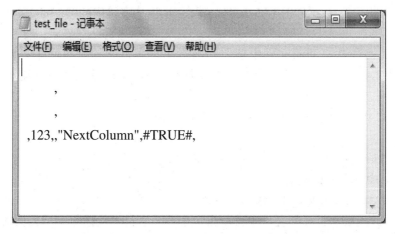

图 7-2　Write 语句输出到文件中的内容及格式

为了方便用 Input 语句读取数据，Write 与 WriteLine 语句在将数据项写入文件时，会进行如表 7-3 所示的一些形式转换。

表 7-3 使用 Write 时数据项的形式转换

序号	输 出 类 型	写入文件的(字符)形式
1	数值，如：123	数值本身，不含前后空格；如：123
2	字符串，如：NextColumn	加双引号的字符串；如："NextColumn"
3	System.DBNull.Value	#NULL#
4	True 或 False	#TRUE#或#FALSE#
5	日期和时间，如："May-20，2013"	统一格式的#yyyy-mm-dd hh:mm:ss#；如：#2013-05-20#
6	错误数据	#ERROR errornumber#

2) 读操作

Input 函数通常用来读取用 Write 所写的某个特定类型的数据，即用逗号和回车换行符分隔良好的(字符)数据。当读到非数值数据时，读出变量获得的值如表 7-4 所示。

表 7-4 Input 读出非数值数据时所进行的数据格式转换

序号	文件中的数据形式	读到变量中的值
1	加双引号的字符串，如："NextColumn"	去掉首尾双引号的字符串，如：NextColumn
2	#NULL#	System.DBNull
3	#TRUE# 或 #FALSE#	布尔值 True 或 False
4	#yyyy-mm-dd hh: mm: ss#	对应的 Date 类型值
5	#ERROR errornumber#，如 #ERROR 448#	整数 errornumber，如：488
6	逗号分隔符或空行	Nothing

当值变量定义成一种具体类型(非 Object)时，文件上的(字符)数据形式必须与值变量类型匹配，否则将出现错误。例如：

Dim t As Integer

Input(1,t)

读文件中的(字符)数据#2013-05-20#时，就会出现"从字符串#2013-05-20#到类型 Integer 的转换无效"错误。

LineInput 函数从打开的文件中读取当前行字符串，去掉行末回车换行符。通常用 LineInput 函数读取用 Print 语句写入文件的数据。例如，设 Line 为字符串变量，□为空格，1 号缓冲区文件的当前行内容为：

□□12A□□□"□John□"Male□□19□□<回车><换行>

则执行语句：

Line = LineInput(1)

后，变量 Line 中获得的读取值为：

□□12A□□□"□John□"Male□□19□□

InputString 函数从打开的文件中读取指定个数的字符，包括单字节的西文字符、控制字符或双字节的中文字符，作为一个返回字符串。

无论用什么方法读取文件，都可能遇到文件结束的情况，继续读下去会导致程序出错。为避免这种情况，在程序中可用函数 EOF 判断文件是否到了结尾，一般形式为：

If Not EOF(文件号) Then

　　读取文件……

End If

3. 关闭文件

使用完文件后，应及时将其关闭，避免有用信息丢失。文件关闭函数的格式为：

FileClose(文件号[，文件号列表])

其中，"文件号"是要关闭文件所在缓冲区的编号。FileClose 函数可以关闭一个已打开文件，也可以一次性关闭多个已打开文件。例如，语句：

FileClose(1, 2)

将关闭在 1 号和 2 号缓冲区打开的两个文件。

7.2.2　顺序文件的使用

下面通过一些文件访问实例来介绍顺序文件的使用方法。

【例 7.1】　设计一个能将用户输入信息保存到顺序文件的程序。

分析：要创建文件，应使用 FileOpen 函数以 OpenMode.Output 模式打开文件；要添加数据，应使用 FileOpen 函数以 OpenMode.Append 模式打开文件。写入数据项可以使用 PrintLine 或 WriteLine 函数。窗体界面设计使用 3 个 LabelBox、3 个 TextBox、3 个 GroupBox、3 个 Button、4 个 RadioButton、1 个 StatusStrip(状态工具栏)，对 StatusStrip 添加 ToolStripStatusLabel1。

程序代码如下：

```
Public Class Form1
    Dim i As Integer
    Private Sub Button1_Click(ByVal sender As System.Object, ByVal e As System.EventArgs)
Handles Button1.Click
        If RadioButton1.Checked = True Then
            FileOpen(1, "d:\test_file.txt", OpenMode.Output)
        Else
            FileOpen(1, "d:\test_file.txt", OpenMode.Append)
        End If
        Button1.Enabled = False
        Button2.Enabled = True
        ToolStripStatusLabel1.Text = "在 1#缓存区打开文件 d:\test_file.txt"
        i = 0
    End Sub

    Private Sub Button2_Click(ByVal sender As System.Object, ByVal e As System.EventArgs)
Handles Button2.Click
```

```
            i = i + 1
            If RadioButton4.Checked = True Then
                WriteLine(1, i, TextBox1.Text, TextBox2.Text, Val(TextBox3.Text))
            Else
                PrintLine(1, i, TextBox1.Text, TextBox2.Text, Val(TextBox3.Text))
            End If
            Button3.Enabled = True
            ToolStripStatusLabel1.Text = "第" & i & "条记录写入文件 d:\test_file.txt"
    End Sub


    Private Sub Button3_Click(ByVal sender As System.Object, ByVal e As System.EventArgs)
Handles Button3.Click
            FileClose(1)
            Button3.Enabled = False
            Button2.Enabled = False
            Button1.Enabled = True
            i = 0
            ToolStripStatusLabel1.Text = "文件 d:\test_file.txt 已关闭"
    End Sub


    Private Sub Form1_Load(ByVal sender As System.Object, ByVal e As System.EventArgs)
Handles MyBase.Load
            RadioButton1.Checked = True
            RadioButton3.Checked = True
            Button2.Enabled = False
            Button3.Enabled = False
            ToolStripStatusLabel1.Text = "就绪"
    End Sub
End Class
```

程序运行界面如图 7-3 所示。

图 7-3 顺序文件(写)程序运行界面

运行本例的程序可以创建"d:\ test_file.txt"文件，由于该文件为文本文件，可用记事本打开查看其内容。

注意：如果使用 Output 模式打开文件，文件会被重写，原来的内容会消失。而使用 Append 方式打开文件，新写入的内容会附加到原来内容的后面。

【例 7.2】 设计一个能够读取例 7.1 中保存的文件信息的程序。

分析：本例为读取数据项，使用 OpenMode.Input 模式打开文件，使用 Input 函数读取数据项。窗体上控件命名与例 7.1 类似。在从文件中读取数据项前，应用 EOF 函数判断文件是否到了末尾，还应按写文件时的数据项顺序读取。

程序代码如下：

```
Public Class Form1
    Dim i As Integer
    Private Sub Button1_Click(ByVal sender As System.Object, ByVal e As System.EventArgs) Handles Button1.Click
        FileOpen(1, "d:\test_file.txt", OpenMode.Input)
        Button1.Enabled = False
        Button2.Enabled = True
        ToolStripStatusLabel1.Text = "在 1#缓存区打开文件 d:\test_file.txt"
        i = 0
    End Sub


    Private Sub Button2_Click(ByVal sender As System.Object, ByVal e As System.EventArgs) Handles Button2.Click
        Dim i As Integer, name As String, sex As String, age As Integer
        If Not EOF(1) = True Then
            Input(1, i)
            Input(1, name)
            Input(1, sex)
            Input(1, age)
            TextBox1.Text = name
            TextBox2.Text = sex
            TextBox3.Text = age
            ToolStripStatusLabel1.Text = "从文件 d:\test_file.txt 中读取第" & i & "条记录"
        Else
            ToolStripStatusLabel1.Text = "文件 d:\test_file.txt 已经读到了结尾"
            TextBox1.Text = ""
            TextBox2.Text = ""
            TextBox3.Text = ""
            Button2.Enabled = False
```

```
        End If
        Button3.Enabled = True

    End Sub

    Private Sub Button3_Click(ByVal sender As System.Object, ByVal e As System.EventArgs)
Handles Button3.Click
        FileClose(1)
        Button3.Enabled = False
        Button2.Enabled = False
        Button1.Enabled = True
        ToolStripStatusLabel1.Text = "文件 d:\test_file.txt 已关闭"
    End Sub

    Private Sub Form1_Load(ByVal sender As System.Object, ByVal e As System.EventArgs)
Handles MyBase.Load
        Button2.Enabled = False
        Button3.Enabled = False
        ToolStripStatusLabel1.Text = "就绪"
    End Sub
End Class
```

程序运行界面如图 7-4 所示。

图 7-4　顺序文件(读)程序运行界面

 注意：本例中用到了例 7.1 所创建的数据文件，若这个文件不存在，打开文件时会出错。

7.3　随　机　文　件

　　与顺序文件相比，随机文件的记录大小是固定的，容易计算出每条记录在文件中的位置。因此，随机文件可以直接读取任何一条记录，而不必像顺序文件一样必须先将该记录前面的记录读出。

7.3.1　基本操作

与顺序文件基本操作类似，随机文件的基本操作也包括打开、读写和关闭。要保证文件记录大小固定，首先需要定义记录的结构。

1. 记录结构

随机文件的记录一般用类或 Structrue 结构定义。例如，要使用与例 7.1 程序中类似的文件记录，可用如下方法定义记录结构，声明记录变量。

```
Structure PersonalRecord          '定义一个存储个人信息的结构 PersonalRecord
    < VBFixedstring (12) > Dim name As String
    < VBFixedstring (6 ) > Dim sex As String
    Dim age As integer
End Structure
Dim person As PersonalRecord      '用 PersonalRecord 声明一个变量 person，存储个人信息
```

在上述结构中，属性说明符"VBFixedstring"用于定义固定长度的字符串(字符串变量长度是可变的)。第一个属性说明<VBFixedstring(12)>指明字符串 name 的长度是 12 字节；第二个属性说明<VBFixedstring(6)>指明字符串变量 sex 的长度是 6 字节。age 为整型变量(4 字节)，不需要长度说明。因此，一个 PersonalRecord 类型的记录大小应为 22 字节(12 + 6 + 4)。

2. 打开文件

常用于打开随机文件的 FileOpen 函数调用格式为：

FileOpen(文件号，文件名，OpenMode.Random，，，记录长度)

其中，"文件号"和"文件名"与顺序文件相应内容相同，打开模式为 Random。由于记录一般由结构定义，记录长度就是相应结构的大小。

例如，下列语句以 Random 模式打开文件"d:\test_file.dat"，记录长度为 Len(person)。

FileOpen(1,"d:\test_file.dat",OpenMode.Random,,,Len(person))

3. 读写文件

用于随机文件读写的相关函数(或过程)如表 7-5 所示，分别用 FileGet 和 FilePut 对文件进行读写。

表 7-5　随机文件读写函数或过程

操　作	函数或过程	语　法	说　明
写文件	FilePut	FilePut(文件号,变量名[,记录号])	写入一个记录到文件中
读文件	FileGet	FileGet(文件号,变量名[,记录号])	读出一个记录到变量中
其他	Seek	Seek(文件号[,位置])	返回和移动文件指针
	LOC	LOC(文件号)	返回当前读/写位置(记录号)
	LOF	LOF(文件号)	以字节数形式返回文件大小

为方便举例，仍然先介绍写文件。

例如，要将 Basic 语言设计者 Kemeny 的信息写到文件"d:\test_file. Dat"中，可使用语句：

person.name ="John G.Kemeny" ： person.sex ="male" ： person.age =33

语句 FilePut(1,person,1)可将 person 变量的内容写入文件的第 1 条记录中。

如果不指明记录号，则 FilePut 语句将数据写入当前记录。例如，

    FilePut (1,person)   ' 将 person 变量的内容写入文件的当前记录

注意：操作文件时，总有一个称为文件指针的内部变量。指向当前记录，每读写一条记录，指针移向这条记录后面的记录。文件刚打开时，指针指向第 1 条记录。当文件记录号为 −1 时，如果写记录，则将在文件末尾添加新记录；如果读记录，则将读取当前记录。文件指针位置可以用 Seek 函数返回，也可以用 Seek 语句重新设置到新位置。文件指针的位置单位是字节，而不是记录。

要读取文件的信息，可直接用 FileGet 语句读取指定记录，读取完成后，文件指针指向下一条记录。例如：

    FileGet(1,person,1)   ' 将第 1 条记录读到 person 变量中
    MsgBox("BASIC 的发明人是" & person.name)   ' 将显示读出的部分信息

4. 关闭文件

随机文件也用 FileClose 关闭。例如，要关闭前面打开的文件"d:\test_file.dat"，可用如下语句：

    FileClose(1)

7.3.2 随机文件的使用

下面通过一些文件访问实例来介绍随机文件的使用方法。

【例 7.3】 设计使用随机文件保存和读取用户输入信息的程序。程序运行界面如图 7-5 所示。

图 7-5 随机文件读取程序界面

分析：随机文件一般使用结构定义记录类型。要保存图 7-5 所示的用户信息，可定义如下结构：

    Structure PersonRecord
        <VBFixedString(12)> Dim name As String
        <VBFixedString(6) > Dim sex As String
        Dim age As Integer

　　　　　　End Structure

然后用 PersonRecord 声明变量 person，用于保存记录信息。

　　　　　Dim person As PersonRecord

窗体上控件命名方法与例 7.1 类似。在程序中使用了一个变量(isFileOpened)保存文件打开状态。如果文件没有打开，则使用 Return 语句返回，避免继续操作文件出错。例如，

　　　　　　If isFileOpened Then Return

程序代码如下：

```
Public Class Form1
    Structure PersonRecord            '定义记录结构
        <VBFixedString(12)> Dim name As String
        <VBFixedString(6)> Dim sex As String
        Dim age As Integer
    End Structure
    Dim person As PersonRecord        '声明保存记录的变量
    Dim isFileOpened As Boolean       ' 文件打开标志


    Private Sub Button1_Click(ByVal sender As System.Object, ByVal e As System.EventArgs) Handles Button1.Click
        If isFileOpened Then Return
        FileOpen(1, "d:\test_file.txt", OpenMode.Random, , , Len(person))
        ToolStripStatusLabel1.Text = "在 1#缓存区打开文件 d:\test_file.txt，记录数为：" & LOF(1) / Len(person)
        isFileOpened = True
    End Sub


    Private Sub Button3_Click(ByVal sender As System.Object, ByVal e As System.EventArgs) Handles Button3.Click
        Dim recordNo As Long
        If Not isFileOpened Then Return
        recordNo = Val(TextBox4.Text)
        If recordNo > 0 And recordNo <= LOF(1) / Len(person) Or (recordNo = -1 And Not EOF(1)) Then
            FileGet(1, person, recordNo)
            TextBox4.Text = recordNo
            TextBox1.Text = person.name
            TextBox2.Text = person.sex
            TextBox3.Text = person.age
            ToolStripStatusLabel1.Text = "读取记录" & recordNo
        End If
```

```
            End Sub


        Private Sub Button2_Click(ByVal sender As System.Object, ByVal e As System.EventArgs)
Handles Button2.Click
            Dim recordNo As Long
            If Not isFileOpened Then Return
            recordNo = Val(TextBox4.Text)
            person.name = TextBox1.Text
            person.sex = TextBox2.Text
            person.age = Val(TextBox3.Text)
            If recordNo <> -1 Then
                FilePut(1, person)
                ToolStripStatusLabel1.Text = "增加一条记录"
            End If
            If recordNo > 0 And recordNo <= LOF(1) / Len(person) Then
                FilePut(1, person, recordNo)
                ToolStripStatusLabel1.Text = "写入记录" & recordNo
            End If
        End Sub


        Private Sub Form1_Load(ByVal sender As System.Object, ByVal e As System.EventArgs)
Handles MyBase.Load
            TextBox4.Text = -1
            isFileOpened = False
            ToolStripStatusLabel1.Text = "就绪"
        End Sub


        Private Sub Button4_Click(ByVal sender As System.Object, ByVal e As System.EventArgs)
Handles Button4.Click
            If Not isFileOpened Then Return
            FileClose(1)        '关闭文件
            isFileOpened = False
            TextBox1.Text = ""
            TextBox2.Text = ""
            TextBox3.Text = ""
            ToolStripStatusLabel1.Text = "就绪"
        End Sub
    End Class
```

7.4　VB.NET 文件管理

VB.NET 使用基础类库中的 Directory 类和 File 类管理目录和文件。这两个类位于 System.IO 命名空间，提供了大量用于管理目录和文件的方法。这些方法是静态的，这意味着用户可以直接调用这些方法，而不用实例化相应的类。

7.4.1　目录管理

目录也称文件夹，是文件系统中组织文件名列表的机制。在 Windows 文件系统中，目录呈现树形结构，目录中还有子目录。位于树根端的目录称为根目录，一般用 "\" 表示。一个文件的完整文件名由盘符、路径和文件名组成，例如，IE 浏览器文件的完整文件名为：

c:\Program Files\Internet Explorer\IEXPLORE.EXE

其中，"c:" 为盘符；"\Program Files \Internet Explorer\" 为路径；"IEXPLORE" 为文件名；EXE 为文件扩展名。

路径有绝对路径和相对路径之分。绝对路径是从根目录开始，到文件所在目录为止，由 "\" 符号分隔所经历的目录名而形成的字符串。在应用程序运行时，总有一个目录被默认为当前工作目录(一般为应用程序启动时所在的目录)。相对路径是从当前目录开始的路径，使用相对路径可简化对文件的引用。例如，如果当前目录为 "C:\Program Files"，则可使用下面相对路径来引用 IE 浏览器文件：

Internet Explorer\IEXPLORE.EXE

System.IO.Directory 类的主要方法如表 7-6 所示。

表 7-6　System.IO.Directory 类的主要方法

序号	方 法 名	调 用 格 式	说　明
1	CreateDirectory	CreateDirectory(目录名)	创建指定目录
2	Delete	Delete(目录名[，指示])	删除指定的目录
3	Exists	Exists(目录名)	确定给定路径是否存在指定目录
4	GetCurrentDirectory	GetCurrentDirectory ()	获取应用程序的当前工作目录
5	GetDirectories	GetDirectories(目录名)	获取指定目录中子目录的名称列表
6	GetFiles	GetFiles(目录名)	返回指定目录中文件的名称列表
7	GetLogicalDrives	GetLogicalDrives ()	检索计算机上逻辑驱动器的名称
8	Move	Move(目标目录，原目录)	将文件或目录及其内容移到新位置
9	SetCurrentDirectory	SetCurrentDirectory(目录名)	将应用程序的当前工作目录设置为指定的目录

1. CreateDirectory 方法

创建一个新的目录或者子目录。该方法接受一个参数，即要创建的目录。该方法返回一个 DirectoryInfo 类的实例。

注意： 如果目录已经存在，会返回代表指定目录的类实例，不会创建目录，也不会产生异常。

例如，下面语句：

```
' 创建目录 d:\test_dir
System.IO.Directory.CreateDirectory("d:\test_dir")
' 创建子目录 d:\test_dir \test_sub_dir
System.IO.Directory.CreateDirectory("d:\test_dir\test_sub_dir")
```

在 d 盘根目录下新建一个目录 test_test_dir，将该目录设置为当前目录，并在该目录下新建目录"d:\test_dir\test_sub_dir"。DirectoryInfo 类包含有关目录的详细信息，如目录名、创建时间和最近修改时间等。

2. Delete、Exists 和 Move 方法

Delete 方法接受一个或者两个参数。第一个参数包含要删除的目录；第二个参数需要一个附加的 Boolean 类型的指示参数。该参数为 True 时将会从目录中删除所有的子目录和文件。

注意： 当前工作目录及其子目录不能被删除。另外，如果一个目录或其中的文件正被其他程序使用，则该目录也不能被删除。

Exists 方法接受一个参数，即包含目录名的字符串，返回指示目录是否存在的 Boolean 值。如果目录存在，返回 True；否则返回 False。

Move 方法接受两个参数，用于把已有的目录移动到另一个目录。源目录为第一个参数；目标目录为第二个参数。该方法也可以用来重命名目录，可以使用相对路径和绝对路径。

例如，下列语句演示了 Delete、Exists 和 Move 方法的使用方式。

```
' 目录 C:\Test_Dir\Test_Sub_Dir 是否存在?
If System.IO.Directory.Exists("C:\Test_Dir\Test_Sub_Dir") Then
    ' 删除子目录 C:\Test_Dir\Test_Sub_Dir
    System.IO.Directory.Delete("C:\Test_Dir\Test_Sub_Dir")
    ' 创建目录 C:\Test_Dir\Test_Sub_Dir
    System.IO.Directory.CreateDirectory ("C:\Test_Dir\Test_Sub_Dir")
    ' 移动子目录 C:\Test_Sub_Dir 到 C:\Test_Dir\Test_Sub_Dir
    System.IO.Directory.Move ("C:\Test_Sub_Dir", "C:\Test_Dir\Test_Sub_Dir")
End If
```

3. GetCurrentDirectory 和 SetCurrentDirectory 方法

当前工作目录初始为启动应用程序的目录。SetCurrentDirectory 方法修改当前工作目录，因此也会修改 GetCurrentDirectory 方法的返回值。

```
System.IO.Directory.SetCurrentDirectory("C:\Test_Dir ")    ' 设置当前目录为 C:\Test_Dir
MsgBox(System.IO.Directory.GetCurrentDirectory())          ' 显示当前目录
```

4. GetLogicalDrives、GetDirectories 和 GetFiles 方法

GetLogicalDrives 返回一个包含系统上安装的逻辑驱动器的字符串数组。其他两个方法的使用方法类似，但要指定目录名。

下面程序语句显示盘符、子目录和目录中的文件。

```
Dim names() As String                                    ' ' 定义字符串数组
Dim i As Integer
    names = System.IO.Directory.GetLogicalDrives ()      '获得盘符列表
    For i = 0 To names.Length −1
    MsgBox(names(i))                                     '显示盘符
    Next i
    Names= System.IO.Directory.GetFiles ("C:\Test_Sub_Dir")   '获得文件列表
    For i=0 To names.Length −1
    MsgBox(names(i))                                     '显示文件名
Next i
```

7.4.2 文件管理

File 类的操作方式与 Directory 类相似，提供用于创建、复制、删除、移动文件的静态方法。表 7-7 列出了 File 类的常用方法。

表 7-7 System.IO.File 类的常用方法

序号	方 法 名	调 用 格 式	说 明
1	Copy	Copy(源文件，目标文件)	将现有文件复制到新文件
2	Delete	Delete(文件名)	删除指定的文件
3	Exists	Exists(文件名)	确定指定的文件是否存在
4	Move	Move(源文件，目标文件)	将指定文件移到新位置
5	GetAttributes	GetAttributes(文件名)	获取指定文件的属性
6	SetAttributes	SetAttributes(文件名，属性)	设置指定文件的属性

1. Copy、Move、Exists 和 Delete 方法

Copy 方法把源文件复制到目标文件，可以使用绝对路径和相对路径。如果目标文件已经存在，或者目标文件名是一个已经存在的目录名将会产生异常。

Move 方法把源文件移动到目标文件，可以使用该方法重命名文件。重命名文件的方法是使用不同的文件名，而源文件和目标文件的目录相同。Move 方法允许把文件从一个逻辑驱动器移动到另一个逻辑驱动器。

Delete 方法删除指定文件；Exists 判断指定文件是否存在。

下面给出 Copy、Move、Exists 和 Delete 方法的使用实例。

```
If System.IO.File.Exists("C:\.test_file .txt") Then          ' 文件是否存在
    ' 移动文件
    System.IO.File.Move ("C:\test_file.txt","C:\test_Dir\test_Sub_Dir\test_file.txt")
```

```
' 复制文件
System.IO.File.Copy ("C:\test_Dir\test_Sub_Dir\test_file.txt","C:\test_file.txt")
' 删除文件
System.IO.File.Delete("C:\test_Dir\Test_Sub_Dir\test_file.txt")
End If
```

2. GetAttributes 和 SetAttributes 方法

GetAttributes 和 SetAttributes 方法用于获取和设置文件的属性。这两个方法都使用 FileAttributes 枚举类型文件属性，枚举值中的每个位标志定义了一个文件属性。下面列出了一些文件属性及其作用。

- Archive：标志文件的备份和删除状态。
- Compressed：标志文件的压缩状态。
- Directory：标志是否为一个目录。
- Hidden：标志文件不能被初级用户查看。隐藏文件通常由系统使用。
- ReadOnly：标志文件的只读属性。
- System：标志是否为系统文件。

文件属性是位标志。也就是说，由整数值的每一位指示一个属性是否启用。由于整数有 32 位，其值可以保存 32 个属性。要想确定某个属性是否被支持，可以调用 File 类的 GetAttributes 方法读取属性，然后执行 And 运算，判断是否设置了某位，例如：

```
Dim fa As System.IO.FileAttributes              ' 定义 FileAttributes 类型变量
fa = System.IO.File.GetAttributes("C:\test_file.txt")    ' 获取文件属性
' 加隐藏属性并设置文件属性
System.IO.File.SetAttributes("C:\test_file.txt", fa Or IO.FileAttributes.Hidden)
fa = System.IO.File.GetAttributes("C:\test_file.txt")    ' 再次读取文件属性
If fa And System.IO.FileAttributes.Hidden Then           ' 文件是否有隐藏属性
    MsgBox("文件 C:\test_file.txt 为隐藏文件")
Else
    MsgBox("文件 C:\test_file.txt 不是隐藏文件")
End If
System.IO.File.SetAttributes("C:\test_file.txt", fa Or IO.FileAttributes.Hidden)' 恢复原文件属性值
```

7.5 综 合 实 例

本节将利用本章所学的 VB.NET 文件系统基本知识，通过简单编程实现一个综合实例。在解决问题的过程中，一方面可以帮助学生深化对文件系统的认识，另一方面也可以锻炼学生综合运用所学知识、解决实际问题的能力。

7.5.1 问题及分析

本节将设计一个类似 Windows 记事本的程序，称为"简易记事本"。程序的基本功能

是显示、编辑和保存文本文件。

简易记事本只有"文件"和"编辑"两个菜单。"文件"菜单包括新建、打开、保存和退出四个功能;"编辑"菜单则有剪切、复制和粘贴三个功能。

7.5.2 解决方案

1. 界面设计

简易记事本所需要的控件包括窗体、文本框、打开文件对话框、保存文件对话框和菜单,其设计界面如图 7-6 所示。其中,文本框为多行文本,其 Multiline 属性应设置为 True;打开文件对话框和保存文件对话框主要用于文本文件,其 Filter 属性可设置为:

OpenFileDialog1.Filter ="文本文件(*.txt) | *.txt"   ' 筛选文本文件

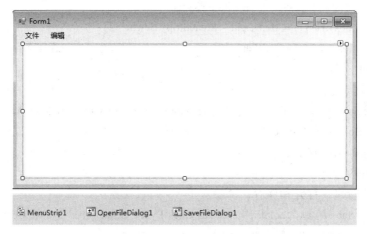

图 7-6 简易记事本程序的设计界面

在"文件"菜单中添加子菜单项:"新建"、"打开"、"保存"、"退出";在"编辑"菜单中添加子菜单项:"剪切"、"复制"、"粘贴"。

2. 功能实现

一般来说,文本文件适合用顺序文件保存,因此本例中以顺序文件方式来存取文本文件。在本例中,可以把文本框中的文本看成是保存在 Lines 属性中的一行行字符串,使用PrintLine 函数以标准格式将文本框中数据写入文件,并使用InputLine 函数将其一行行读出,直到遇到文件结尾。

> 注意:在以文本形式写入或读出数据项时,系统会对其中一些字符进行转换。由于读出字符串时系统会去掉字符串后的换行符,因此在显示字符串时要另外添加 vbCrLf。

简易记事本窗体上文本框的大小应该随窗体大小变化而变化。这个功能可通过在窗体大小变化时(产生 SizeChanged 事件),使用窗体工作区高度和宽度设置文本框来实现。

TextBox1.Height = Me.Height − MenuStrip1.Height * 2 ' 文本框高 = 窗体高 − (菜单高 + 标题高)

TextBox1.Width =Me.Width−4   ' 文本框宽 = 窗体宽 − 4

另外,在程序内应设置一个全局变量(modified As Boolean)记录文本框的状态,如果文本框中的内容被修改，则在退出时提醒用户保存文件。要了解用户是否修改了文本框的内容，可以在文本框的 TextChanged 事件中设置 modified 为 True。

7.5.3　实现代码

程序的主要代码如下：

(1) 定义变量。

```
Dim modified As Boolean = False                          '文本修改标志
```

(2) 处理窗体大小变化与文本变化。

```
Private Sub Form1_SizeChanged(ByVal sender As Object, ByVal e As System.EventArgs) Handles
Me.SizeChanged
        '文本框高 = 窗体高 − (菜单高 + 标题高)
        TextBox1.Height = Me.Height − MenuStrip1.Height * 2
        TextBox1.Width = Me.Width − 4                    '文本框宽 = 窗体宽 − 4
    End Sub


    Private Sub TextBox1_TextChanged(ByVal sender As System.Object, ByVal e As System.EventArgs)
Handles TextBox1.TextChanged
        modified = True
    End Sub
```

(3) 文件的新建、打开和保存。

```
    Private Sub 新建 ToolStripMenuItem_Click(ByVal sender As System.Object, ByVal e As
System.EventArgs) Handles 新建 ToolStripMenuItem.Click
        TextBox1.Clear()
    End Sub
    Private Sub 打开 ToolStripMenuItem_Click(ByVal sender As System.Object, ByVal e As
System.EventArgs) Handles 打开 ToolStripMenuItem.Click
        OpenFileDialog1.Filter = "文本文件(*.txt) | *.txt"     '筛选文本文件
        OpenFileDialog1.FileName = ""
    '用户选择了文件名
        If OpenFileDialog1.ShowDialog() = Windows.Forms.DialogResult.OK Then
            FileOpen(1, OpenFileDialog1.FileName, OpenMode.Input)
            Dim str As String = ""
            Do While Not EOF(1)                          '循环读取文件
                str = str & LineInput(1) & vbCrLf        '每读出一行后，加上换行符
            Loop
            TextBox1.Text = str                          '显示文本
            FileClose(1)                                 '关闭文件
            modified = False
        End If
```

End Sub

Private Sub 保存 ToolStripMenuItem_Click(ByVal sender As System.Object, ByVal e As System.EventArgs) Handles 保存 ToolStripMenuItem.Click

    Dim i As Integer

    Dim str As String

    SaveFileDialog1.Filter = "文本文件(*.txt) | *.txt"　　　' 筛选文本文件

    SaveFileDialog1.FileName = ""

' 用户选择了文件名

    If SaveFileDialog1.ShowDialog() = Windows.Forms.DialogResult.OK Then

        FileOpen(1, SaveFileDialog1.FileName, OpenMode.Output)

        For i = 0 To TextBox1.Lines.Length − 1　　　' 循环写入文件

          str = TextBox1.Lines(i)　　　' 每读出一行，写入文件

          PrintLine(1, str)

        Next

        modified = False

        FileClose(1)　　　' 关闭文件

        modified = False

    End If

End Sub

Private Sub 退出 ToolStripMenuItem_Click(ByVal sender As System.Object, ByVal e As System.EventArgs) Handles 退出 ToolStripMenuItem.Click

    If modified Then

        If MsgBox("文件已被修改，您要保存文件吗？", MsgBoxStyle.YesNo, "提示") = MsgBoxResult.YES Then

          Call 保存 ToolStripMenuItem_Click(sender, e)

        End If

    End If

    FileClose(1)

    End

End Sub

(4) 文件编辑操作。

Private Sub 剪切 ToolStripMenuItem_Click(ByVal sender As System.Object, ByVal e As System.EventArgs) Handles 剪切 ToolStripMenuItem.Click

    TextBox1.Cut()

End Sub

Private Sub 复制 ToolStripMenuItem_Click(ByVal sender As System.Object, ByVal e As System.EventArgs) Handles 复制 ToolStripMenuItem.Click

    TextBox1.Copy()

```
        End Sub
        Private Sub 粘贴 ToolStripMenuItem_Click(ByVal sender As System.Object, ByVal e As
System.EventArgs) Handles 粘贴 ToolStripMenuItem.Click
            TextBox1.Paste()
        End Sub
```

习 题 7

7.1 文件按存取方式可分为( )。
    (A) 顺序文件和随机文件   (B) ASCII 文件和二进制文件
    (C) 程序文件和数据文件   (D) 磁盘文件和内存文件

7.2 下面关于随机文件的描述正确的是( )。
    (A) 文件中每条记录的长度是随机变化的
    (B) 一个文件中记录号不必唯一
    (C) Input 函数返回 −1 时表示随机文件结束事件
    (D) FilePut 是随机文件的写语句

7.3 顺序文件之所以称为顺序文件是因为( )。
    (A) 文件中的记录号从小到大排序
    (B) 文件中的记录按记录长度从小到大排序
    (C) 文件中的记录按关键数据项的值从大到小排序
    (D) 记录是按写入的先后顺序存放的，读出也是按原先写入的先后顺序读出的

7.4 要建立一个随机文件，其中每条记录由多个不同类型数据项构成，则记录类型应定义为( )。
    (A) 字符串类型   (B) 数组类型
    (C) 自定义结构类型   (D) Object 类型

7.5 顺序文件和随机文件的本质区别是什么? 用随机文件不能存储文本文件吗?

7.6 求 100～200 之间的所有质数。质数的个数显示在窗体上，质数从小到大依次写入顺序文件 c:\data .txt 中。

7.7 已知有 10 名运动员 100 米短跑的成绩，按编号顺序存放在 C 盘根目录下的数据文件(score.txt)中。1～10 号运动员的成绩依次为 12.12、11.53、11.45、12.22、12.12、13.10、10.98、13.78、11.45、11.89。请从数据文件中读出数据并使用选择法排出名次，结果输出到文件 sort.txt 中。

7.8 在 A 盘的根目录中有一文件 test1.txt，文件中只有一个正整数。编写程序读出该数，并且计算出该数的阶乘，最后将结果写入文件 testout1.txt 中。

7.9 在文件 c:\sourcetext.txt 中有十多行英文文本，编程统计其中所有单词的个数，把结果显示到窗体上。假设英文单词间仅以空格或回车分隔。

第8章　Windows 窗体应用程序

相对于字符界面的控制台应用程序，基于 Windows 窗体的桌面应用程序可提供丰富的用户交互界面，从而实现各种复杂功能的应用程序。

8.1　常用的 Windows 窗体控件

大多数窗体都是通过将控件添加到窗体表面来定义用户界面(UI)的方式进行设计的。"控件"是窗体上的一个组件，用于显示信息或接受用户输入。

当设计和修改 Windows 窗体应用程序的用户界面时，需要添加、对齐和定位控件。控件是包含在窗体对象内的对象，每种类型的控件都具有其自己的属性集、方法和事件，以使该控件适合于特定用途。

8.1.1　标签、文本框和命令按钮

1. Label 控件

Label(标签)控件主要用于显示(输出)文本信息(参见第 2 章)。

2. LinkLabel 控件

LinkLabel(超链接标签)控件可显示超链接标签。除了具有 Label 控件的所有属性、方法和事件以外，LinkLabel 控件还有针对超链接和链接颜色的属性。LinkLabel 控件的主要属性和事件如表 8-1 所示。

表 8-1　LinkLabel 控件的主要属性和事件

属性、事件		说　　明
属性	Text	获取或设置 LinkLabel 中的当前文本
	Image	获取或设置显示在 LinkLabel 上的图像
	LinkColor	获取或设置显示普通链接时使用的颜色
	VisitedLinkColor	获取或设置当显示以前访问过的链接时所使用的颜色
	DisabledLinkColor	获取或设置显示禁用链接时所用的颜色
	LinkBehavior	获取或设置一个表示链接的行为的值
事件	LinkClicked	当单击控件内的链接时发生

3. TextBox 控件

TextBox(文本框)控件用于输入或显示文本信息(参见第 2 章)。

4. RichTextBox 控件

RichTextBox(多格式文本框)控件用于显示、输入和操作带有格式的文本。RichTextBox 控件除了执行 TextBox 控件的所有功能之外，它还可以显示字体、颜色和链接，从文件加载文本和嵌入的图像，撤消和重复编辑操作以及查找指定的字符。RichTextBox 控件的主要属性、方法和事件如表 8-2 所示。

表 8-2　RichTextBox 控件的主要属性、方法和事件

属性、方法和事件		说　　明
属性	Text	获取或设置 RichTextBox 中的当前文本
	ReadOnly	获取或设置是否(True 或 False)文本框为只读。默认为 False
	MaxLength	获取或设置用户可在文本框控件中键入或粘贴的最大字符数
	Multiline	获取或设置一个值，该值指示此控件是否为多行 RichTextBox 控件
	WordWrap	获取或设置多行编辑时是否(True 或 False)自动换行。默认值为 True
	ScrollBars	获取或设置多行编辑 RichTextBox 控件是否带滚动条。取值(ScrollBars 枚举)：None(不显示)、Horizontal(水平滚动条)、Vertical(垂直滚动条)、Both (水平垂直都显示)。默认值为 Both
	SelectedText	获取或设置 RichTextBox 中选定的文本
	SelectionFont	或取或设置当前选定文本或插入点字体
	SelectionColor	获取或设置当前选定文本或插入点的文本颜色
方法	Copy	将文本框中的当前内容复制到"剪贴板"中
	Paste	将"剪贴板"的内容粘贴到控件中
	Cut	将文本框中的当前选定内容移动到"剪贴板"中
	AppendText	向文本框的当前文本追加文本
	Clear	从文本框控件中清除所有文本
	LoadFile	将文件的内容加载到 RichTextBox 控件中
	SaveFile	将 RichTextBox 的内容保存到文件
事件	TextChanged	在 Text 属性值更改时发生

5. MaskedTextBox 控件

MaskedTextBox(掩码文本框)控件是一个增强型的文本框控件。通过设置 Mask 属性，无须在应用程序中编写任何自定义验证逻辑，即可实现指定允许的用户输入满足条件(掩码)的字符。

MaskedTextBox 控件的主要属性、方法和事件如表 8-3 所示。

表 8-3　MaskedTextBox 控件的主要属性、方法和事件

属性、方法和事件		说　明
属性	Text	获取或设置当前显示给用户的文本
	SelectedText	获取或设置 MaskedTextBox 控件中当前选择的内容
	Mask	获取或设置运行时使用的输入掩码。例如设置移动电话格式： Me.MaskedTextbox1.Mask="000-0000-0000"
	ReadOnly	获取或设置文本框是否(True 或 False)为只读。默认为 False
	MaxLength	获取或设置用户可在文本框控件中键入或粘贴的最大字符数
方法	AppendText	向文本框的当前文本追加文本
	Clear	从文本框控件中清除所有文本
事件	TextChanged	在 Text 属性值更改时发生

6. Button 控件

Button(按钮)控件用于执行用户的单击操作(参见第 2 章)。

【例 8.1】　Label、TextBox、RichTextBox、Button 应用示例。

要求：创建 Windows 窗体应用程序 TextBoxTest，在源文本框中选择全部或部分内容，然后单击窗体中的"复制"按钮，将源文本框所选的内容复制到目标文本框中，同时更改源文本框中所选文本的字体样式和颜色。

解决方案：本例使用表 8-4 所示的 Windows 窗体控件完成指定的开发任务。

表 8-4　例 8.1 所使用的控件属性及说明

控　件	属　性	属　性　值	说　明
Label1	Text	请在上面的源文本框选择内容，单击"复制"按钮，将选中的内容复制到下面的文本框中	说明标签
RichTextBox1	ReadOnly	True	源文本框
TextBox1	ScrollBars	Vertical	目标文本框
	Multiline	True	
Button1	Text	复制	复制命令按钮

操作步骤如下：

(1) 创建 Windows 应用程序。

启动 Visual Basic，创建名为 TextBoxTest 的 Windows 窗体应用程序。

(2) 窗体设计。

从"工具箱"中分别将 1 个 Label 标签控件、1 个 RichTextBox 文本框控件、1 个 TextBox 文本框控件、1 个 Button 按钮控件拖动到窗体上。参照表 8-4 和运行结果图 8-1，分别在属性窗口中设置各控件的属性，并在 Windows 窗体设计器中适当调整这 4 个控件的大小和位置。

(3) 创建处理控件事件的方法。

① 生成并处理 Form1_Load 事件。双击窗体空白处,系统将自动生成"Form1_Load"事件处理程序,在其中加入语句,以初始化源文本框和目标文本框中的显示内容。

```
    Private Sub Form1_Load(ByVal sender As System.Object, ByVal e As System.EventArgs) Handles
MyBase.Load
        RichTextBox1.Text = "TextBox 控件用于输入文本信息"
        RichTextBox1.Text &= "此控件具有标准 Windows 文本框控件所没有的附加功能,包括"
        RichTextBox1.Text &= "多行编辑和密码字符屏蔽。"
        TextBox1.Text = ""
    End Sub
```

② 生成并处理 Button1_Click 事件。双击窗体中的"复制"按钮控件,系统将自动生成"Button1_Click"事件处理程序,在其中加入语句,以将源文本框选中的内容复制到目标文本框中,同时更改源文本框中所选文本的字体样式和颜色。

```
    Private Sub Button1_Click(ByVal sender As System.Object, ByVal e As System.EventArgs) Handles
Button1.Click
        TextBox1.Text += RichTextBox1.SelectedText
        RichTextBox1.SelectionFont = New Font("Tahoma", 12, FontStyle.Bold)
        RichTextBox1.SelectionColor = System.Drawing.Color.Red
    End Sub
```

(4) 运行并测试应用程序。

单击工具栏上的"启动调试"按钮,或者按快捷键 F5 运行并测试应用程序。

运行结果如图 8-1 所示。

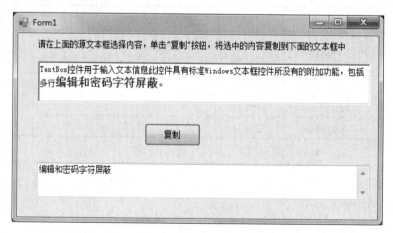

图 8-1　例 8.1 的运行结果

8.1.2　单选按钮、复选框和分组

1. RadioButton 控件

RadioButton(单选按钮)控件用于选择同一组单选按钮中的一个单选按钮(不能同时选定

多个)。使用 Text 属性可以设置其显示的文本。当单击 RadioButton 控件时，其 Checked 属性设置为 True，并且调用 Click 事件处理程序。当 Checked 属性的值更改时，将引发 CheckedChanged 事件。RadioButton 控件的主要属性和事件如表 8-5 所示。

表 8-5　RadioButton 控件的主要属性和事件

属性、事件		说　明
属性	Text	获取或设置 RadioButton 显示的文本
	Checked	获取或设置 RadioButton 是否(True 或 False)处于选中状态
	Appearance	获取或设置一个值，该值用于确定 RadioButton 的外观
事件	Click	在单击控件时发生
	CheckedChanged	当 Checked 属性的值更改时发生

2. CheckBox 控件

CheckBox(复选框)控件用于选择一个或多个选项(可以同时选定多个)。CheckBox 控件的主要属性和事件如表 8-6 所示。

表 8-6　CheckBox 控件的主要属性和事件

属性、事件		说　明
属性	Text	获取或设置 CheckBox 显示的文本
	Checked	获取或设置 CheckBox 是否(True 或 False)处于选中状态
	Appearance	获取或设置一个值，该值用于确定 CheckBox 的外观
事件	Click	在单击控件时发生
	CheckedChanged	当 Checked 属性的值更改时发生

3. GroupBox 控件

GroupBox(分组框)控件用于为其他控件提供可识别的分组。一般把相同类型的选项(RadioButton 控件、CheckBox 控件)分为一组，同一分组中的单选按钮只能选择一个。设计用户界面时，同一分组可以作为整体来处理，通过 Text 属性可以设置 GroupBox 的标题。GroupBox 控件的主要属性如表 8-7 所示。

表 8-7　GroupBox 控件的主要属性

属　性	说　明
Text	获取或设置 GroupBox 的标题
Controls	获取包含在 GroupBox 控件内的控件的集合

【例 8.2】　RadioButton、CheckBox、GroupBox 应用示例：创建 Windows 窗体应用程序 Questionnaire，调查个人信息。用户在填写了姓名、选择了性别和个人爱好后，单击"提交"按钮，页面显示用户所填写或者选择的数据信息，运行结果如图 8-2 所示。

解决方案：本例使用表 8-8 所示的 Windows 窗体控件完成指定的开发任务。

表 8-8　例 8.2 所使用的控件属性及说明

控　件	属　性	属　性　值	说　明
Label1	Text	个人信息调查	标题说明标签
	Font	粗体、五号	
Label2	Text	姓名	姓名标签
Label3	Text	性别	性别标签
Label4	Text	爱好	爱好标签
Label5	Text	空	信息技术标签
TextBox1	Name	TextBoxName	姓名文本框
GroupBox1	Text	空	性别分组框
GroupBox2	Text	空	爱好分组框
RadioButton1、RadioButton2	Text	男、女	性别单选按钮
CheckBox1~CheckBox4	Text	音乐、旅游、阅读、运动	爱好复选框
Button1	Text	提交	提交命令按钮

　　本例的窗体设计需要分别从工具箱中将 5 个 Label 控件、1 个 TextBox 控件、2 个 GroupBox 控件、2 个 RadioButton 控件、4 个 CheckBox 控件、1 个 Button 控件拖动到窗体上。参照表 8-8 设置属性，按照图 8-2 所示布局。

图 8-2　例 8.2 的运行结果

程序代码如下：

```
Private Sub Button1_Click(ByVal sender As System.Object, ByVal e As System.EventArgs) Handles
Button1.Click
    Label5.Text = TextBoxName.Text & "您好: " & vbCrLf
    If (RadioButton1.Checked) Then
        Label5.Text &= "您的性别是: " & RadioButton1.Text & vbCrLf
    ElseIf (RadioButton2.Checked) Then
        Label5.Text &= "您的性别是: " & RadioButton2.Text & vbCrLf
    End If
    Label5.Text &= "您的爱好是: "
    If (CheckBox1.Checked) Then
```

```
            Label5.Text &= CheckBox1.Text & "    "
        End If
        If (CheckBox2.Checked) Then
            Label5.Text &= CheckBox2.Text & "    "
        End If
        If (CheckBox3.Checked) Then
            Label5.Text &= CheckBox3.Text & "    "
        End If
        If (CheckBox4.Checked) Then
            Label5.Text &= CheckBox4.Text & "    "
        End If
        If (Not (CheckBox1.Checked) And Not (CheckBox2.Checked) And Not (CheckBox3.Checked)
And Not (CheckBox4.Checked)) Then
            Label5.Text &= "您居然没有兴趣爱好!"
        End If
    End Sub
```

8.1.3　列表选择控件

1. ComboBox 控件

ComboBox(组合框)控件用于在下拉组合框中显示数据。默认情况下，ComboBox 控件分两个部分显示：顶部是一个允许用户输入的文本框，下部是允许用户选择一个选项的列表框。SelectedIndex 属性返回对应于组合框中选定项的索引整数值(第 1 项为 0，未选中为 −1)。SelectedItem 属性类似于对应于组合框中选定项的字符串。

使用 Add、Insert、Clear 或 Remove 方法，可以向 ComboBox 控件中添加或删除项，也可以在设计时使用 Items 属性向列表添加项。

ComboBox 控件的主要属性、方法和事件如表 8-9 所示。

表 8-9　ComboBox 控件的主要属性、方法和事件

属性、方法和事件		说　　明
属性	Items	获取 ComboBox 的选项
	SelectedIndex	获取或设置 ComboBox 中当前第一个选定项的索引
	SelectedItem	获取或设置 ComboBox 中当前第一个选定项
方法	Add	向 ComboBox 的项列表添加项
	Insert	将项插入列表框的指定索引处
	Remove	从集合中移除指定的对象
	Clear	从集合中移除所有项
事件	Click	在单击控件时发生
	SelectedIndexChanged	在 SelectedIndex 属性更改后发生
	SelectedValueChanged	当 SelectedValue 属性更改时发生

2. ListBox 控件

ListBox(列表框)控件用于显示一个项列表，当 MultiColumn 属性设置为 true 时，列表框以多列形式显示项。如果项总数超出可以显示的项数，则自动添加滚动条。用户可从中选择一项或多项；SelectedIndex 属性返回对应于列表框中第一个选定项的索引整数值(第 1 项为 0，未选中为 −1)；SelectedItem 属性类似于对应于列表框中第一个选定项的字符串。SelectedItems 和 SelectedIndices 分别为选中的项目集合和选中的索引号集合。

使用 Add、Insert、Clear 或 Remove 方法，可以向 ListBox 控件中添加或删除项，也可以在设计时使用 Items 属性向列表添加项。

ListBox 控件的主要属性、方法和事件如表 8-10 所示。

表 8-10　ListBox 控件的主要属性、方法和事件

属性、方法和事件		说　明
属性	Items	获取 ListBox 的选项
	MultiColumn	获取或设置一个值，该值指示 ListBox 是否(True 或 False)支持多列
	SelectionMode	获取或设置在 ListBox 中选择项所用的方法。取值(SelectionMode 枚举值)：None(无法选择项)、One(只能选择一项)、MultiSimple(可以选择多项)、MultiExtended(可以选择多项，并且用户可使用 Shift 键、Ctrl 键和箭头键来进行选择)
	SelectedIndex	获取或设置 ListBox 中当前第一个选定项的索引
	SelectedItem	获取或设置 ListBox 中当前第一个选定项
	SelectedIndices	获取包含 ListBox 中所有当前选定项的索引的集合
	SelectedItems	获取包含 ListBox 中当前选定项的集合
方法	Add	向 ListBox 的项列表添加项
	Insert	将项插入列表框的指定索引处
	Remove	从集合中移除指定的对象
	Clear	从集合中移除所有项
事件	Click	在单击控件时发生
	SelectedIndexChanged	在 SelectedIndex 属性更改后发生
	SelectedValueChanged	当 SelectedValue 属性更改时发生

3. CheckedListBox 控件

CheckedListBox(复选列表框)控件与 ListBox 控件类似，用于显示项的列表，同时还可以在列表中的项的旁边显示选中标记。

CheckedListBox 控件的主要属性和事件如表 8-11 所示。

表 8-11 CheckedListBox 控件的主要属性和事件

属性和事件		说　　明
属性	Items	获取 CheckedListBox 的选项
	MultiColumn	获取或设置一个值，该值指示 CheckedListBox 是否(True 或 False)支持多列
	SelectionMode	获取或设置在 CheckedListBox 中选择项所用的方法。取值 (SelectionMode 枚举值)：None(无法选择项)、One(只能选择一项)、MultiSimple(可以选择多项)、MultiExtended(可以选择多项，并且用户可使用 Shift 键、Ctrl 键和箭头键来进行选择)
	SelectedIndex	获取或设置 CheckedListBox 中当前第一个选定项的索引
	SelectedItem	获取或设置 CheckedListBox 中当前第一个选定项
	SelectedIndices	获取包含 CheckedListBox 中所有当前选定项的索引的集合
	SelectedItems	获取包含 CheckedListBox 中当前选定项的集合
事件	Click	在单击控件时发生
	DoubleClick	在双击控件时发生
	SelectedIndexChanged	在 SelectedIndex 属性更改后发生
	SelectedValueChanged	当 SelectedValue 属性更改时发生

4. 为列表框和组合框添加项目

通过如下方法可在代码中实现为列表添加项目或删除项目。

(1) Items.Add 方法。

该方法用于将项目添加到列表中，其语法为：

　　　Object.Items.Add(Item)

说明：Object 指控件名称，Items 是要添加到控件中的项目。

(2) Items.Insert 方法。

该方法用于将项目插入到列表中，其语法为：

　　　Object.Items.Insert(Item,Index)

说明：Object 指控件名称，Item 是要插入到控件中的项目。Index 是可选参数，用来指定新项目在列表中的位置。如果给出的 Index 值有效，则 Item 将放置在列表框相应的位置。如果省略 Index，当 Sorted 属性值设置为 True 时，Item 将添加到恰当的排序位置；当 Sorted 属性值设置为 False 时，Item 将添加到列表的结尾。

(3) Items.Remove 方法。

该方法用于将项目从列表中删除，其语法为：

　　　Object.Items.Remove(Item)

说明：Object 指控件名称，Item 是要从列表中删除的项目。

(4) Items.RemoveAt 方法。

该方法用于将项目从列表中删除，其语法为：

　　　Object.Items.RemoveAt(Index)

说明：Object 指控件名称，Index 是要从列表中删除的项目的位置。

(5) Items.Clear 方法。

该方法用于将列表中的所有项目删除，其语法为：

    Object.Items.Clear()

说明：Object 指控件名称。

另外，还可以通过控件的"属性"窗口修改 Items 的属性值、添加或删除列表中的项目。

【例 8.3】 ComboBox、ListBox、CheckedListBox 应用示例：创建 Windows 窗体应用程序 Computer，提供电脑配置信息。当用户在选择了 CPU、内存、硬盘、显示器和配件后，单击"确定"按钮，页面显示用户所配置的电脑硬件信息。

解决方案：本例使用表 8-12 所示的 Windows 窗体控件完成指定的开发任务。

表 8-12　例 8.3 所使用的控件属性及说明

控件	属性	属性值	说明
Label1	Text	CPU	CPU 标签
Label2	Text	内存	内存标签
Label3	Text	硬盘	硬盘标签
Label4	Text	显示器	显示器标签
Label5	Text	配件	配件标签
Label6	Text	空	信息显示标签
ComboBox1	编辑项 (Items)	E5200(2.5 GHz)、E5300(2.6 GHz)、E7400(2.8 GHz)	CPU 组合框
	Text	E5200(2.5 GHz)	CPU 默认项
GroupBox1	Text	空	硬盘分组框
GroupBox2	Text	空	显示器分组框
RadioButton1～RadioButton2	Text	500G、800G	硬盘单选按钮
RadioButton3～RadioButton5	Text	17 英寸、19 英寸、21 英寸	显示器单选按钮
ListBox1	编辑项 (Items)	512 M、1 G、2 G、4 G、8 G	内存列表框
CheckedListBox1	编辑项 (Items)	鼠标、摄像头、打印机	配件复选框
Button1	Text	确定	确定命令按钮

本例窗体设计：从工具箱中将 6 个 Label 控件、1 个 ComboBox 控件、2 个 GroupBox 控件、5 个 RadioButton 控件、1 个 ListBox 控件、1 个 CheckedListBox 控件、1 个 Button 控件依次拖动到窗体上。参照表 8-12 设置控件的属性，参照运行结果图 8-3 调整控件的大小和位置。

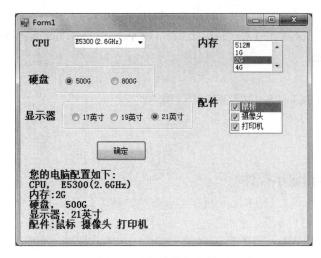

图 8-3 例 8.3 的运行结果

程序代码如下:

```
Private Sub Button1_Click(ByVal sender As System.Object, ByVal e As System.EventArgs) Handles
Button1.Click
        Label6.Text = "您的电脑配置如下: " & vbCrLf
        Label6.Text &= "CPU， " & ComboBox1.Text & vbCrLf
        Label6.Text &= "内存:"
        If (ListBox1.SelectedIndex > –1) Then
            Label6.Text &= ListBox1.SelectedItem.ToString() & vbCrLf
        Else
            Label6.Text &= "您没有选择内存! " & vbCrLf
        End If
        If (RadioButton1.Checked) Then
            Label6.Text &= "硬盘， " & RadioButton1.Text & vbCrLf
        ElseIf (RadioButton2.Checked) Then
            Label6.Text &= "硬盘: " & RadioButton2.Text & vbCrLf
        End If
        If (RadioButton3.Checked) Then
            Label6.Text &= "显示器: " & RadioButton3.Text & vbCrLf
        ElseIf (RadioButton4.Checked) Then
            Label6.Text &= "显示器: " & RadioButton4.Text & vbCrLf
        ElseIf (RadioButton5.Checked) Then
            Label6.Text &= "显示器: " & RadioButton5.Text & vbCrLf
        End If
        Label6.Text &= "配件:"
        If (CheckedListBox1.CheckedItems.Count <> 0) Then
            ' 选中配件 CheckedListBox 复选列表框，显示其内容
```

```
                For i = 0 To CheckedListBox1.CheckedItems.Count − 1
                    Label6.Text &= CheckedListBox1.CheckedItems(i).ToString() & " "
                Next
            Else
                Label6.Text &= "您没有选择任何配件!"
            End If
        End Sub
```

8.1.4 图形存储和显示控件

1. PictureBox 控件

PictureBox(图片框)控件用于显示位图、GIF、JPEG、图元文件或图标格式的图形。通过 Image 属性可指定所显示的图片，也可以通过设置 ImageLocation 属性，然后使用 Load 方法同步加载图像，或使用 LoadAsync 方法进行异步加载图像。默认情况下，PictureBox 控件在显示时没有任何边框，可以使用 BorderStyle 属性提供一个标准或三维的边框。

PictureBox 控件的主要属性、方法和事件如表 8-13 所示。

表 8-13　PictureBox 控件的主要属性、方法和事件

属性、方法和事件		说　明
属性	Image	获取或设置由 PictureBox 显示的图像
	ImageLocation	获取或设置要在 PictureBox 中显示的图像的路径或 URL
	SizeMode	指示如何显示图像。取值枚举类型(PictureBoxSizeMode)：Normal(图像被置于 PictureBox 的左上角，超出部分被剪裁)、StretchImage(图像被拉伸或收缩，以适合 PictureBox 的大小)、AutoSize(调整 PictureBox 的大小为图像的大小)、CenterImage(图像居中，超出部分被剪裁)、Zoom(图像大小按其原有的大小比例被增加或减小)。默认为 Normal
	BorderStyle	设置控件的边框样式。取值(BorderStyle 枚举)：　None(无边框)、FixedSingle (单行边框)、Fixed3D (三维边框)
方法	Load	同步加载并显示图像
	LoadAsync	异步加载并显示图像
事件	Click	在单击控件时发生

2. ImageList 控件

ImageList(图像列表)控件用于存储图像，这些图像随后可由控件显示。可关联具有 ImageList 属性的控件(如 Button、CheckBox、RadioButton、Label、TreeView、ToolBar、TabControl)，或关联具有 SmallImageList 和 LargeImageList 属性的 ListView 控件。

ImageList 控件的主要属性如表 8-14 所示。

表 8-14　ImageList 控件的主要属性

属　　性	说　　明
Images	获取图像列表
ImageSize	获取或设置图像列表中的图像大小

【例 8.4】　PictureBox 和 ImageList 应用示例：创建 Windows 窗体应用程序 Pictures，提供图片浏览功能。

要求：利用 ImageList 控件存储图片集合，利用 PictureBox 控件显示图片。"上一张"按钮上存放上一张图片的缩略图，单击"上一张"按钮，可以在 PictureBox 控件中显示上一张图片的内容。"下一张"按钮上存放下一张图片的缩略图，单击"下一张"按钮，可以在 PictureBox 控件中显示下一张图片的内容。运行结果如图 8-4 所示。

图 8-4　例 8.4 的运行结果

解决方案：本例使用表 8-15 所示的 Windows 窗体控件完成指定的开发任务。

表 8-15　例 8.4 所使用的控件属性及说明

控　件	属　性	属　性　值	说　　明
PictureBox1			显示图像
ImageList1	图像大小	32,32	存储图像
	图像列表	图像文件路径	
Button1	Text	上一张	上一张命令按钮
	TextAlign	MiddleLeft	
	ImageList	ImageList1	
	ImageIndex	0	
Button2	Text	下一张	下一张命令按钮
	TextAlign	MiddleRight	
	ImageList	ImageList1	
	ImageIndex	1	

本例窗体设计：从工具箱中将 1 个 PictureBox 控件、2 个 Button 控件、1 个 ImageList 控件拖动到窗体上。参照表 8-15 和运行结果图 8-4，分别在属性窗口中设置各控件的属性，并在 Windows 窗体设计器适当调整控件的大小和位置。其中，ImageList 图像列表控件的属性设置如下：

(1) 单击 Windows 窗体设计器底部的栏中的 ImageList 控件的智能标记标志符号(▶)，出现"ImageList 任务"对话框，将"图像大小"改为"32, 32"，如图 8-5 所示。

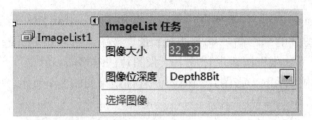

图 8-5　设置 ImageList 属性

(2) 选择"ImageList 任务"对话框中的"选择图像"命令，在随后出现的"图像集合编辑器"对话框中，单击"添加"按钮，选择并打开"C:\VB.NET\images\"文件夹中的图片文件：1.jpg～5.jpg，如图 8-6 所示。

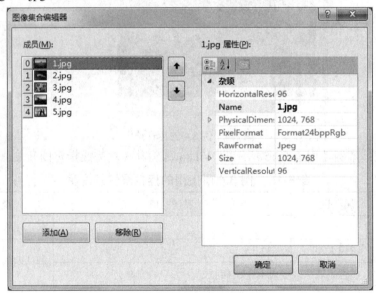

图 8-6　添加 ImageList 图像列表

程序代码如下：

```
Imports System.IO
Public Class Form1
    Dim ImageURLs As String() = Directory.GetFiles("C:\Users\admin\Desktop\vb.net2010 教材")
    Private Sub Button1_Click(ByVal sender As System.Object, ByVal e As System.EventArgs)
Handles Button1.Click
        ' 在 PictureBox 中显示图片
        PictureBox1.ImageLocation = ImageURLs(Button1.ImageIndex)
```

```
            If (Button1.ImageIndex > 0) Then              '不是第一张图片
                Button1.ImageIndex -= 1
                Button2.ImageIndex = Button1.ImageIndex + 1
            End If
        End Sub


        Private Sub Form1_Load(ByVal sender As System.Object, ByVal e As System.EventArgs)
Handles MyBase.Load
            PictureBox1.ImageLocation = ImageURLs(0)
        End Sub


        Private Sub Button2_Click(ByVal sender As System.Object, ByVal e As System.EventArgs)
Handles Button2.Click
            PictureBox1.ImageLocation = ImageURLs(Button2.ImageIndex)
            If (Button1.ImageIndex < ImageList1.Images.Count -1) Then    '不是最后一张图片
                Button2.ImageIndex += 1
                Button1.ImageIndex = Button2.ImageIndex -1
            End If

        End Sub
    End Class
```

8.1.5 Timer 控件

Timer(定时器)控件是用于定期引发事件的组件。通过 Interval 属性可设置定时器的时间间隔长度(以毫秒为单位)。通过 Start 和 Stop 方法，可以打开和关闭定时器。若启用了定时器，则每个时间间隔引发一个 Tick 事件。

Timer 控件的主要属性、方法和事件如表 8-16 所示。

表 8-16 Timer 控件的主要属性、方法和事件

属性、方法和事件		说　明
属性	Interval	获取或设置引发 Tick 事件的定时器时间间隔(以毫秒为单位)
方法	Start	启动计时器
	Stop	停止计时器
	ToString	返回表示 Timer 的字符串
事件	Tick	当指定的定时器间隔已过去而且定时器处于启用状态时发生

【例 8.5】 Timer 控件应用示例：创建 Windows 窗体应用程序 TimerGame，模拟简单电子游戏机。单击"开始"按钮，屏幕上的 3 个数字随机在 1～8 间跳动；单击"停止"按

钮，屏幕上的 3 个数字停止跳动；当出现 3 个 8 时就是大奖。运行结果如图 8-7 所示。

解决方案：本例使用表 8-17 所示的 Windows 窗体控件完成指定的开发任务。

表 8-17 例 8.5 所使用的控件属性及说明

控 件	属 性	属 性 值	说 明
Label1～Label3	Text	8	3 个数字标签
	Font	粗体、1 号	
	BorderStyle	Fixed3D	
Botton1	Text	开始	开始命令按钮
Botton2	Text	停止	停止命令按钮
Timer1			定时器控件

本例的窗体设计：从工具箱中将 3 个 Label 控件、2 个 Button 控件、1 个 Timer 控件拖动到窗体上。参照表 8-17 和运行结果图 8-7，分别在属性窗口中设置控件的属性，并在 Windows 窗体设计器中适当调整控件的大小和位置。

图 8-7 例 8.5 的运行结果

程序代码如下：

```
Public Class Form1
    Dim r As Random
    Private Sub Form1_Load(ByVal sender As System.Object, ByVal e As System.EventArgs)
Handles MyBase.Load
        r = New Random()
    End Sub

    Private Sub Timer1_Tick(ByVal sender As System.Object, ByVal e As System.EventArgs)
Handles Timer1.Tick
        Label1.Text = r.Next(1, 9).ToString()
        Label2.Text = r.Next(1, 9).ToString()
```

```
        Label3.Text = r.Next(1, 9).ToString()

    End Sub

    Private Sub Button1_Click_1(ByVal sender As System.Object, ByVal e As System.EventArgs)
Handles Button1.Click
        Timer1.Start()
    End Sub

    Private Sub Button2_Click_1(ByVal sender As System.Object, ByVal e As System.EventArgs)
Handles Button2.Click
        Timer1.Stop()
    End Sub
End Class
```

8.2　通 用 对 话 框

对话框用于与用户交互和检索信息。.NET Framework 包括一些通用的预定义对话框(如消息框 MessageBox 和打开文件 OpenFileDialog 等)，用户也可以使用 Windows 窗体设计器来构造自定义对话框。

预定义的通用对话框包括以下几种：

(1) OpenFileDialog：通过预先配置的对话框打开文件。

(2) SaveFileDialog：选择要保存的文件和该文件的保存位置。

(3) ColorDialog：从调色板选择颜色以及将自定义颜色添加到该调色板中。

(4) FontDialog：选择系统当前安装的字体。

(5) PageSetupDialog：通过预先配置的对话框设置打印页的详细信息。

(6) PrintDialog：选择打印机，选择要打印的页，并确定其他与打印相关的设置。

(7) PrintPreviewDialog：按文档打印时的样式显示文档。

(8) FolderBrowserDialog：浏览和选择文件夹。

8.2.1　OpenFileDialog 对话框

OpenFileDialog 与 Windows 操作系统的"打开文件"对话框相同，是用于显示一个用户打开文件的预先配置的对话框。

将 OpenFileDialog 组件添加到窗体后，它出现在 Windows 窗体设计器底部的栏中。使用 Filter 属性设置当前文件名筛选字符串，该字符串确定出现在对话框的"文件类型"框中的选项。使用 ShowDialog 方法在运行时显示对话框。

OpenFileDialog 组件的主要属性和方法如表 8-18 所示。

表 8-18　OpenFileDialog 组件的主要属性和方法

属性和方法		说　明
属性	Title	获取或设置文件对话框标题
	Filter	获取或设置当前文件名筛选器字符串，该字符串决定对话框的"另存为文件类型"或"文件类型"框中出现的选择内容。筛选选项包括字符串和筛选模式(例如：Text files(*.txt;*.rtf) | *.txt;*.rtf)，不同筛选项由垂直线条隔开。例如， Text files(*.txt;) | *.txt | All files(*.*) | *.* 则"文件类型"框中出现的选择内容为 Text files(*.txt) All files (*.*)
	FilterIndex	获取或设置文件对话框中当前选定筛选器的索引。默认值为 1
	InitialDirectory	获取或设置文件对话框显示的初始目录
	Multiselect	获取或设置是否(True 或 False)允许选择多个文件。默认值为 False
	FileName	获取或设置一个包含在文件对话框中选定的文件名的字符串
	FileNames	获取对话框中所有选定文件的文件名
	RestoreDirectory	获取或设置对话框在关闭前是否(True 或 False)还原当前目录。默认值为 False

方法	ShowDialog	在运行时显示对话框。如果用户在对话框中单击"确定"按钮，则结果为 DialogResult.OK；否则结果为 DialogResult.Cancel。例如，
		Private Sub Button1_Click(ByVal sender As System.Object，ByVal e As System.EventArge) Handles ButtonOpen.Click
		Dim OpenFileDialog1 As OpenfileDialog = New OpenfileDialog()
		OpenFileDialog1.InitialDirectory = "c:\VB.NET\test"
		OpenFileDialog1.Filter = "txt files (* .txt) | *.txt | All files (*.*) | *.*
		OpenFileDialog1.FilterIndex = 2
		OpenFileDialog1.RestoreDirectory = True
		If(OpenFileDialog1.ShowDialog() = DialogResult.OK) Then
		' Insert code to open the file
		MsgBox("打开文件" + OpenFileDialog1.FileName)
		End If
		End Sub

8.2.2　SaveFileDialog 对话框

SaveFileDialog 与 Windows 操作系统的"保存文件"对话框相同，是用于显示一个用户保存文件的预先配置的对话框。

将 SaveFileDialog 组件添加到窗体后，它出现在 Windows 窗体设计器底部的栏中。使用 Filter 属性设置当前文件名筛选字符串，该字符串确定出现在对话框的"文件类型"框中的选项。使用 ShowDialog 方法在运行时显示对话框。

SaveFileDialog 组件的主要属性和方法如表 8-19 所示。

表 8-19　SaveFileDialog 组件的主要属性和方法

属性和方法		说　明
属性	Title	获取或设置文件对话框标题
	Filter	获取或设置当前文件名筛选器字符串，该字符串决定对话框的"另存为文件类型"或"文件类型"框中出现的选择内容。筛选选项包括字符串和筛选模式（例如，Text files(*.txt;*.rtf) | *.txt;*.rtf)，不同筛选项由垂直线条隔开。例如， 　　Text files(*.txt;) | *.txt | All files(*.*) | *.* 则"文件类型"框中出现的选择内容为： Text files(*.txt) All files (*.*)
	FilterIndex	获取或设置文件对话框中当前选定筛选器的索引。默认值为 1
	InitialDirectory	获取或设置文件对话框显示的初始目录
	FileName	获取或设置一个包含在文件对话框中选定的文件名的字符串

方法	ShowDialog	在运行时显示对话框。如果用户在对话框中单击"确定"按钮，则结果为 DialogResult.OK；否则结果为 DialogResult.Cancel。例如，
		Private Sub Button1_Click(ByVal sender As System.Object，ByVal e As System.EventArge) Handles ButtonOpen.Click
		Dim SaveFileDialog1 As SavefileDialog = New SavefileDialog()
		SaveFileDialog1.InitialDirectory = "c:\VB.NET\test"
		SaveFileDialog1.Filter = "txt files (* .txt) | *.txt | All files (*.*) | *.*"
		SaveFileDialog1.FilterIndex = 1
		SaveFileDialog1.RestoreDirectory = True
		If(SaveFileDialog1.ShowDialog() = DialogResult.OK) Then
		' Insert code to Save the file
		MsgBox("保存文件" + SaveFileDialog1.FileName)
		End If
		End Sub

8.2.3　FontDialog 对话框

FontDialog 与 Windows 操作系统的"字体"对话框相同，使用该对话框可以进行字体的相关设置。

将 FontDialog 组件添加到窗体后，它出现在 Windows 窗体设计器底部的栏中，然后在属性窗口中设置其属性。使用 ShowDialog 方法在运行时显示对话框。

FontDialog 组件的主要属性和方法如表 8-20 所示。

表 8-20　FontDialog 组件的主要属性和方法

属性和方法		说　　明
属性	Font	获取或设置选定的字体。例如， TextBox1.Font = FontDialog1.Font
	Color	获取或设置选定字体的颜色。例如， TextBox1.ForeColor = FontDialog1.Color
	ShowColor	获取或设置对话框是否(True 或 False)显示颜色选择。默认值为 False

方法	ShowDialog	在运行时显示对话框。如果用户在对话框中单击"确定"按钮，则结果为 DialogResult.OK；否则结果为 DialogResult.Cancel。例如：
		
		　　Private Sub Button1_Click(ByVal sender As System.Object，ByVal e As System.EventArge) Handles ButtonOpen.Click
		　　　　Dim Font Dialog1 As Font Dialog = New Font Dialog()
		　　　　FontDialog1.ShowColor=True
		　　　　FontDialog1.Font = TextBox1.Font
		　　　　FontDialog1.Color = TextBox1.ForeColor
		　　　　If (FontDialog1.ShowDialog() <> DialogResult.Cancel) Then
		　　　　　　TextBox1.Font = FontDialog1.Font
		　　　　　　TextBox1.ForeColor = FontDialog1.Color
		　　　　End If
		　　End Sub

8.2.4　通用对话框应用举例

在项目中可以通过下列两种方法使用通用对话框。

(1) 通过编程创建实例，然后设置其属性，并使用 ShowDialog 方法在运行时显示对话框。例如，

```
Private Sub ButtonFont_Click(ByVal sender As System.Object， ByVal e As System.EventArgs)
Handles ButtonFont.Click
    Dim FontDialog1 As FontDialog = New FontDialog()
    FontDialog1.ShowColor = True
    FontDialog1.Font = RichTextBox1.SelectionFont
    FontDialog1.Color =RichTextBox1.SelectionColor
    If (FontDialogl.ShowDialog() <> DialogResult.Cancel) Then
        '对 RichTextBox 中选中的文件内容更新字体
        RichTextBox1.SelectionFont = FontDialog1.Font
        RichTextBox1.SelectionColor = FontDialog1.Color
    End If
    End Sub
```

(2) 从"工具箱"中将相应的通用对话框组件拖动到窗体上，然后在属性窗口中设置各控件的属性。例如，从"工具箱"中将 OpenFileDialog 组件添加到窗体后，它出现在 Windows 窗体设计器底部的栏中。在属性窗口中设置其属性 InitialDirectory 为"c:\VB.NET\test"，Filter 为"RichText files(*.rtf) | *.rtf"；FilterIndex 为 2，RestoreDirectory 为 True。然后在事件处理过程中使用 ShowDialog 方法，以使在运行时显示对话框。

```
Private Sub Button1_Click(ByVal sender As System.Object，ByVal e As System.EventArgs) Handles ButtonOpen.Click
    Dim OpenFileDialog1 As OpenFileDialog = New OpenFileDialog()
    OpenFileDialog1.InitialDirectory = "c:\VB.NET\test"
    OpenFileDialog1.Filter = "RichText files(*.rtf) | *.rtf"
    OpenFileDialog1.FilterIndex = 2
    OpenFileDialog1.RestoreDirectory = True
    If(OpenFileDialog1.ShowDialog() = DialogResult.OK) Then
        'Insert code to open the file
        MsgBox("打开文件:" + OpenFileDialogl.FileName)
    End If
End Sub
```

【例 8.6】 通用对话框应用示例：创建 Windows 窗体应用程序 CommonDialog，实现 OpenFileDialog、SaveFileDialog、FontDialog 等对话框的功能(为简便起见，本程序仅考虑对 .rtf 文件类型的处理，对其他文件类型的处理可以如法炮制)。运行结果如图 8-8 所示。

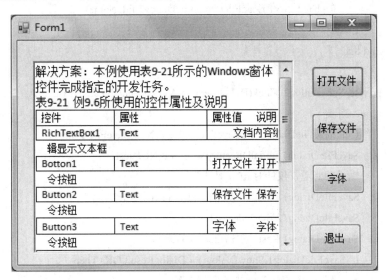

图 8-8　例 8.6 运行结果

解决方案：本例使用表 8-21 所示的 Windows 窗体控件完成指定的开发任务。

本例窗体设计：从工具箱中将 1 个 RichTextBox、4 个 Button 控件和 1 个 OpenFileDialog 组件拖动到窗体上。参照表 8-21 和图 8-8，分别在属性窗口中设置各控件的属性，并在 Windows 窗体设计器中适当调整控件的大小和位置。

表 8-21 例 8.6 所使用的控件属性及说明

控 件	属 性	属 性 值	说 明
RichTextBox1	Text		文档内容编辑显示文本框
Button1	Text	打开文件	打开命令按钮
Button2	Text	保存文件	保存命令按钮
Button3	Text	字体	字体命令按钮
Button4	Text	退出	退出命令按钮
OpenFileDialog1	InitialDirectory	C:\VB.NET\test	OpenFileDialog 对话框
	Filter	RichText files(*.rtf) | *.rtf	
	FilterIndex	2	
	RestoreDirectory	True	

程序代码如下：

```
Public Class Form1


    Private Sub Button1_Click(ByVal sender As System.Object, ByVal e As System.EventArgs)
Handles Button1.Click
        If (OpenFileDialog1.ShowDialog() = DialogResult.OK) Then
            '在 RichTextBox 中打开文件内容
            RichTextBox1.LoadFile(OpenFileDialog1.FileName)
        End If
    End Sub


    Private Sub Button2_Click(ByVal sender As System.Object, ByVal e As System.EventArgs)
Handles Button2.Click
        Dim SaveFileDialog1 As SaveFileDialog = New SaveFileDialog()
        SaveFileDialog1.InitialDirectory = "c:\VB.NET\test"
        '为简便起见，仅针对.rtf 文件类型
        SaveFileDialog1.Filter = "RichText files(*.rtf) | *.rtf"
        SaveFileDialog1.FilterIndex = 1
        SaveFileDialog1.RestoreDirectory = True
        If (SaveFileDialog1.ShowDialog() = DialogResult.OK) Then
            '保存 RichTextBox 中的文件内容
            RichTextBox1.SaveFile(SaveFileDialog1.FileName)
        End If
    End Sub


    Private Sub Button3_Click(ByVal sender As System.Object, ByVal e As System.EventArgs)
```

Handles Button3.Click

```
Dim FontDialog1 As FontDialog = New FontDialog()
FontDialog1.ShowColor = True
FontDialog1.Font = RichTextBox1.SelectionFont
FontDialog1.Color = RichTextBox1.SelectionColor
If (FontDialog1.ShowDialog() <> DialogResult.Cancel) Then
    ' 对 RichTextBox 中选中的文件内容更新字体
    RichTextBox1.SelectionFont = FontDialog1.Font
    RichTextBox1.SelectionColor = FontDialog1.Color
End If
End Sub


Private Sub Button4_Click(ByVal sender As System.Object, ByVal e As System.EventArgs)
```
Handles Button4.Click

```
Close()
End Sub
End Class
```

8.3　菜单和工具栏

Windows 应用程序通常提供菜单，菜单包括各种基本命令按照主题的分组。Windows 应用程序包括以下三种类型的菜单。

(1) 主菜单：提供窗体的菜单系统。通过单击可下拉出子菜单，选择命令可执行相关的操作。Windows 应用程序的主菜单通常包括文件、编辑、视图、帮助等。

(2) 上下文菜单(也称为快捷菜单)：通过鼠标右击某对象而弹出的菜单。一般为与该对象相关的常用菜单命令，如剪切、复制、粘贴等。

(3) 工具栏：提供窗体的工具栏。通过单击工具栏上的图标，可以执行相关的操作。

8.3.1　MenuStrip 控件

MenuStrip 控件取代了 MainMenu 控件，用于实现主菜单。将 MenuStrip 控件添加到窗体后，它出现在 Windows 窗体设计器底部的栏中，同时，在窗体的顶部将出现主菜单设计器。通过菜单设计器，可以方便地创建窗体的菜单系统。

当然，也可用编程方法构建菜单系统，读者可以参考菜单设计器自动生成的代码，本书不做介绍。

8.3.2　ContextMenuStrip 控件

ContextMenuStrip 控件取代了 ContextMenu，用于实现上下文菜单。将 ContextMenuStrip 控件添加到窗体后，它出现在 Windows 窗体设计器底部的栏中。如果选中窗体设计器底部栏中的 ContextMenuStrip 控件，在窗体的上部将出现菜单设计器。通过菜单设计器，可以方便地创建上下文菜单的菜单系统。然后，通过属性窗口把该上下文菜单与某个控件关联起来即可。例如，

RichTextBox1.ContextMenuStrip = Me.ContextMenuStrip1

8.3.3 ToolStrip 控件

ToolStrip 控件取代了 ToolBar，用于实现工具栏。将 ToolStrip 控件添加到窗体后，它出现在 Windows 窗体设计器底部的栏中。如果选中窗体设计器底部栏中的 ToolStrip 控件，在窗体的上部将出现菜单设计器。通过菜单设计器，可以方便地创建工具栏的菜单系统。

8.3.4 菜单和工具栏应用举例

【例 8.7】 MenuStrip、ContextMenuStrip 和 ToolStrip 控件的应用示例：创建 Windows 窗体应用程序 MenuDesign(简单文本编辑器)，实现主菜单、上下文菜单和工具栏的功能。

解决方案：本例使用表 8-22 所示的 Windows 窗体控件完成指定的开发任务。

表 8-22 例 8.7 所使用的窗体和控件属性及说明

控　件	属　性	属性值	说　明
Form1	Text	新建文档	Windows 窗体
MenuStrip1			主菜单控件
ContextMenuStrip1			上下文菜单控件
ToolStrip1			工具栏
RichTextBox1	ContextMenuStrip	ContextMenuStrip1	文档内容编辑显示文本框

(1) 窗体设计。

从工具箱中将 1 个 RichTextBox 控件、1 个 MenuStrip 控件、1 个 ContextMenuStrip 控件和 1 个 ToolStrip 控件拖动到窗体上。参照表 8-22 分别在属性窗口中设置各控件的属性，并在 Windows 窗体设计器适当调整控件的大小和位置。

① 创建主菜单。

选中窗体设计器底部栏中的 MenuStrip 控件，在窗体的顶部将出现主菜单设计器。参照图 8-9 所示的主菜单项的布局，依次键入 ToolStripMenuItem 的文本。

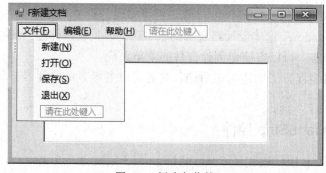

图 8-9 新建主菜单

在要为其加上下划线以作为快捷键的字母前面输入一个 "&"，可以显示菜单命令的快捷键。例如，"新建(&N)" 将显示 "新建(<u>N</u>)" 的菜单项，如图 8-10 所示。

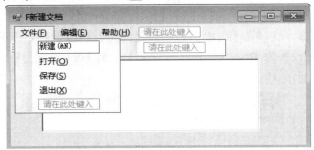

图 8-10　设置菜单命令的快捷键

在菜单命令之间显示分隔线。右击已创建的菜单命令或者右击 "请在此处键入"，执行相应快捷菜单中的 "插入" → "Separator" 命令，如图 8-11 所示，将在当前位置之前插入一条分隔线。

图 8-11　在菜单命令之间插入分隔线

② 创建上下文菜单。

选中窗体设计器底部栏中的 ContextMenuStrip 控件，在窗体的上部将出现上下文菜单设计器。参照图 8-12 所示的上下文菜单项的布局，依次键入 ToolStripMenuItem 的文本。

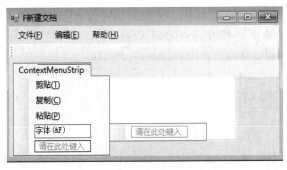

图 8-12　建立上下文菜单

③ 创建工具栏。

选中窗体设计器底部栏中的 ToolStrip 控件，在窗体的上部将出现工具栏设计器。单击右侧的 ▼ 按钮，在随后出现的下拉列表中选择 Button，如图 8-13 所示。新建一个工具栏按钮项，默认显示为。单击选中新建的工具栏按钮项，在其属性窗口中设置其属性：DisplayStyle 设置为 Text；将 Text 设置为 B；将 Font 设置为粗体。此时工具栏显示为 B，如图 8-14 所示。

图 8-13　新建工具栏按钮

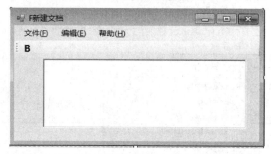

图 8-14　设置粗体字工具栏按钮

(2) 创建处理控件事件的方法。

① 分别双击窗体上 MenuStrip 控件中的"新建"、"打开"、"保存"、"退出"、"剪切"、"复制"、"粘贴"、"字体"、"版本"菜单项，以及 ContextMenuStrip 控件中的"剪切"、"复制"、"粘贴"、"字体"菜单项，系统将自动生成相应的事件处理程序，在其中分别加入相应语句，实现文件操作、编辑操作及版本显示的功能。其中，"剪切"、"复制"、"粘贴"、"字体"的主菜单命令和快捷菜单命令的处理程序相同；"打开"、"保存"、"退出"、"字体"菜单命令的处理程序与例 8.6 相同。

本例实现部分菜单功能的程序代码如下：

```
Private Sub 新建 NToolStripMenuItem1_Click(ByVal sender As System.Object, ByVal e As System.EventArgs) Handles 新建 NToolStripMenuItem1.Click
        RichTextBox1.Clear()
        Me.Text = "新建文档"
    End Sub


    Private Sub 剪切 TToolStripMenuItem_Click(ByVal sender As System.Object, ByVal e As System.EventArgs) Handles 剪切 TToolStripMenuItem.Click
```

```
        RichTextBox1.Cut()
    End Sub


    Private Sub 复制 CToolStripMenuItem_Click(ByVal sender As System.Object, ByVal e As
System.EventArgs) Handles 复制 CToolStripMenuItem.Click
        RichTextBox1.Copy()
    End Sub


    Private Sub 粘贴 VToolStripMenuItem_Click(ByVal sender As System.Object, ByVal e As
System.EventArgs) Handles 粘贴 VToolStripMenuItem.Click
        RichTextBox1.Paste()
    End Sub


    Private Sub 版本 ToolStripMenuItem_Click(ByVal sender As System.Object, ByVal e As
System.EventArgs) Handles 版本 ToolStripMenuItem.Click
        MsgBox("版本 1.0.0. CopyRight...")
    End Sub
```

② 双击窗体上的工具栏中"B"按钮，系统将自动生成相应的事件处理程序，在其中加入相应语句，实现所选文本的加粗功能。

```
    Private Sub ToolStripButton1_Click(ByVal sender As System.Object, ByVal e As System.EventArgs)
Handles ToolStripButton1.Click
        If RichTextBox1.SelectionFont IsNot Nothing Then
            Dim CurrentFont As System.Drawing.Font = RichTextBox1.SelectionFont
            Dim NewFontStyle As System.Drawing.FontStyle
            If RichTextBox1.SelectionFont.Bold = True Then
                NewFontStyle = FontStyle.Regular
            Else
                NewFontStyle = FontStyle.Bold
            End If
            RichTextBox1.SelectionFont = New Font(CurrentFont.FontFamily, CurrentFont.Size, NewFontStyle)
        End If

    End Sub
```

③ 在 Windows 窗体设计器中，选中 Form1 窗体，在其"属性"窗口中，单击"事件"按钮，然后双击事件名称"SizeChanged"，系统将自动创建 Form1_SizeChanged 事件处理程序。在其中添加相应事件处理代码，使得 RichTextBox 文本框的大小随着窗体大小的改变而改变。

```
    Private Sub Form1_SizeChanged(ByVal sender As Object, ByVal e As System.EventArgs) Handles
Me.SizeChanged
```

```
            RichTextBox1.Width = Me.Width – 35
            RichTextBox1.Height = Me.Height – 70
        End Sub
```

8.4 多 窗 体

复杂的应用程序开发往往涉及多个窗体，不同的窗体实现不同的功能。新建一个 Windows 窗体应用程序时，会自动创建一个窗体 Form1。用户可以通过项目的快捷菜单"添加新建项"添加新的窗体；可以通过项目属性设置一个窗体为启动对象，即当启动应用程序时自动加载并显示；程序运行过程中，可以通过各种事件(按钮/菜单命令)处理程序实例化并显示其他窗体。

8.4.1 添加新窗体

在解决方案资源管理器中，鼠标右击项目，执行相应快捷菜单的"添加"→"新建项"命令，打开"添加新项"对话框，选择"Windows 窗体"模板，并在"名称"文本框中输入新窗体的名称，单击"添加"命令按钮，即可创建新的窗体。

8.4.2 设置项目启动窗体

在解决方案资源管理器中，鼠标右击项目，执行相应快捷菜单的"属性"命令，或者选中项目，然后单击解决方案资源管理器上方的"属性"按钮，均可打开项目配置页面，在应用程序启动窗体下拉列表框中，选择主程序入口，即设置启动窗体。启动窗体可以为窗体(例如 Form1、Form2 等)，也可以为 Main 子过程(如果项目中包含有 Main 子过程的模块)。如果启动对象设置为窗体(默认为 Form1)，则应用程序启动时将自动载入并显示该窗体；如果启动对象为 Main 子过程，则需要在 Main 子过程调用其他窗体(请参见 8.4.3 节)。

8.4.3 调用其他窗体

除了项目属性设置的启动窗体将由运行环境自动创建(实例化)并显示外，要调用其他窗体，可以在相应的按钮或菜单命令的事件处理程序中，通过下列类似代码创建(实例化)并显示一个窗体。

例如，要显示 Form2，可以使用下列代码：

```
Dim FormAbout As New AboutDialog()    '定义窗体对象变量，并指向一个创建 AboutDialog 的实例
FormAbout.Show()                       '以"非模式"对话框形式显示 FormAbout
Dim FormSearch As Form = New SearchDialog()    '定义窗体对象变量，并指向一个创建
                                               ' SearchDialog 的实例
If FormSearch.ShowDialog(Me) = System.Windows.Forms.DialogResult.OK    Then
TxtResult.Text = FormSearch.TextBox1.Text
Else
```

TxtResult.Text = "Cancelled"

End If

📢 **注意：**

① Show 方法为显示"非模式"对话框。调用此方法后，程序继续执行，无需等待对话框关闭。

② ShowDialog 方法为显示"模式"对话框。调用此方法时，直到关闭对话框后，才执行此方法后面的代码。可以将 DialogResult 枚举值分配给对话框，随后可以使用此返回值确定如字处理对话框中发生的操作。

8.4.4 多重窗体应用举例

【例 8.8】 多重窗体应用示例：建立 Windows 窗体应用程序，通过 Form1 中的帮助菜单调用 Form2 窗体显示帮助内容。运行结果如图 8-15 所示。

图 8-15 例 8.8 的运行结果

解决方案：本例使用表 8-23 所示的 Windows 窗体控件完成 Form2 的界面设计。Form1 的菜单参考例 8.7。

表 8-23 例 8.8 新增的窗体和控件属性及说明

控 件	属 性	属 性 值	说 明
Form2	Name	AboutDialog	Windows 窗体
Label1	Text	Simple Editor	标签
Label2	Text	版本 1.0.0	标签
Label3	Text	CopyRight nmgdx 2010	标签
Button1	Text	确定	按钮

操作步骤如下：

(1) 打开 Windows 窗体应用程序。按照例 8.7 的方法创建帮助菜单。

(2) 创建和设计新窗体。在解决方案资源管理器中，鼠标右击项目，执行相应快捷菜单的"添加"→"新建项"命令，打开"添加新项"对话框，选择"Windows 窗体"模板，单击"添加"命令按钮，创建新的窗体 Form2。

从工具箱中将 3 个 Label 控件拖动到 Form2 窗体上。参照表 8-23 和运行结果图 8-15，分别在属性窗口中设置各控件的属性，并在 Windows 窗体设计器中适当调整控件的大小和位置。

(3) 创建处理控件事件的方法。

① 修改例 8.7 中"版本 ToolStripMenuItem _Click"事件处理代码，以在新窗体(Form2 窗体)中显示帮助菜单的相关功能。

```
Private Sub 版本 ToolStripMenuItem_Click(ByVal sender As System.Object, ByVal e As System.EventArgs) Handles 版本 ToolStripMenuItem.Click

    Dim FormAbout As New AboutDialog()

    FormAbout.ShowDialog()

End Sub
```

② 生成并处理 Form2 窗体的 Button1_Click 事件。双击 Form2 窗体中的"确定"按钮控件，系统将自动生成"Button1_Click"事件处理程序，在其中加入相应语句，关闭 Form2 窗体。

```
Private Sub Button1_Click(ByVal sender As System.Object, ByVal e As System.EventArgs) Handles Button1.Click

    Me.Close()

End Sub
```

(4) 运行并测试应用程序。

8.5 多文档界面

Windows 窗体应用程序的界面风格包括单文档界面(Single Document Interface, SDI)和多文档界面(Multiple Document Interface, MDI)。单文档界面应用程序一次只能打开一个文件，例如 Windows 系统的记事本就是单文档界面应用程序。多文档界面应用程序可以同时打开多个文档，每个文档显示在各自的子窗体中，例如 Photoshop 是多文档界面应用程序。

多文档界面应用程序一般包含两种类型的窗体：MDI 父窗体和 MDI 子窗体。MDI 父窗体是多文档界面应用程序的基础，一般为应用程序的启动窗体，承载应用程序的主菜单和主工具栏。MDI 父窗体包含 MDI 子窗体，MDI 子窗体用于显示和编辑子文档。

多文档界面应用程序一般包含"窗口"菜单项，用于在窗口或文档之间进行切换。

创建多文档界面应用程序的一般步骤如下：

(1) 创建 Windows 窗体应用程序，向导将创建一个默认窗体 Form1。

(2) 设置默认窗体 Form1 的 IsMdiContainer 属性为 True，即创建 MDI 父窗体。然后设计 MDI 父窗体的主菜单和主工具栏。

(3) 添加新窗体 Form2，设计其界面，并将其作为 MDI 子窗体。也可为此 MDI 子窗体设计相应的子菜单和子工具栏。

(4) 实现各菜单和工具栏按钮的事件处理程序，完成其功能要求。

8.5.1 创建 MDI 父窗体

创建 MDI 父窗体的方法如下：

(1) 创建一个项目：Windows 窗体应用程序。项目向导将创建一个默认窗体 Form1，在 Form1 的属性窗口中设置其 IsMdiContainer 属性为"True"，则窗体 Form1 为 MDI 父窗体，且其背景色自动改变为深灰色，如图 8-16 所示。

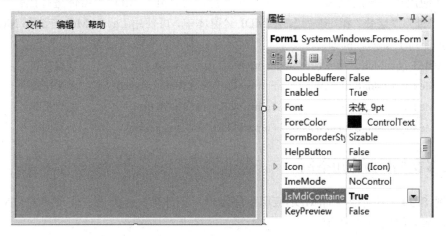

图 8-16 创建 MDI 父窗体

(2) 设计 MDI 父窗体的主菜单和主工具栏(参见 8.4.4 节)。

注意：一般可将 MDI 父窗体的 WindowState 属性设置为 Maximized，因为当父窗体最大化时，操作子窗口更容易。

8.5.2 创建 MDI 子窗体

创建 MDI 子窗体的方法如下：

在解决方案资源管理器中鼠标右击项目，执行相应快捷菜单的"添加"→"新建项"命令，打开"添加新项"对话框，选择"Windows 窗体"模板，并在"名称"文本框中输入新窗体的名称，单击"添加"命令按钮，即可创建作为 MDI 子窗体的窗体。

例如，通过添加新窗体 Form2，设计其界面(例如，文本编辑器可以包含一个 RichTextBox 控件，用于文档的显示和编辑功能)，并将其作为 MDI 子窗体。

也可为 MDI 子窗体设计相应的子菜单和子工具栏。

注意：打开子窗体时，子窗体的菜单和工具栏(其属性 AllowMerge 默认为 True)将与 MDI 父窗体的主菜单和主工具栏合并。

在 MDI 父窗体的主菜单或工具栏命令事件处理程序中，可以创建 MDI 子窗体的实例并显示：

```
Dim FormChild As New Form2
FormChild.MdiParent = Me
FormChild.Show()
```

8.5.3 处理 MDI 子窗体

一个 MDI 应用程序可以有同一个子窗体的多个实例，使用 ActiveMdiChild 属性，可以返回具有焦点的或最近活动的子窗体。例如：

Dim ActiveChild As Form = Me.ActiveMDIChild

MDI 应用程序一般包含"窗口"菜单项，包含对打开的 MDI 子窗体进行操作的菜单命令，如"平铺"、"层叠"和"排列"。在 MDI 父窗体中，可使用 LayoutMdi 方法和 MdiLayout 枚举重新排列子窗体。例如：

Me.LayoutMdi(System.Windows.Forms.MdiLayout.Cascade)　　　　'层叠排列

Me.LayoutMdi(System.Windows.Forms.MdiLayout.TileHorizontal)　'水平平铺

Me.LayoutMdi(System.Windows.Forms.MdiLayout.TileVertical)　　'垂直平铺

Me.LayoutMdi(System.Windows.Forms.MdiLayout.ArrangeIcons)　　'排列图标

8.5.4 多文档界面应用举例

【例 8.9】 多文档界面(MDI)应用程序示例：创建多文档界面，实现多窗口文本编辑器。运行结果如图 8-17 所示。

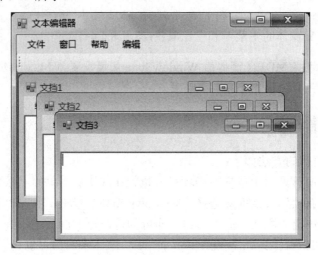

图 8-17　多窗口文本编辑器

解决方案：本例使用表 8-24 和表 8-25 所示的 Windows 窗体控件完成指定的开发任务。

表 8-24　例 8.9 所使用的父窗体和控件属性及说明

控　件	属　性	属　性　值	说　　明
Form1	Name	FormMain	MDI 父窗体 ID
	Text	文本编辑器	MDI 父窗体标题
	IsMdiContainer	True	定义为 MDI 父窗体
	MainMenuStrip	MainMenuStrip1	为父窗体指定主 MenuStrip
MenuStrip1	Name	MainMenuStrip1	MDI 主菜单

表 8-25　例 8.9 所使用的子窗体和控件属性及说明

控　件	属　性	属　性　值	说　　明
Form2	Name	FormNote	MDI 子窗体 ID
	Text	空	MDI 子窗体标题
	MainMenuStrip	SubMenuStrip1	为子窗体指定主 MenuStrip
RichTextBox1	Dock	Fill	文档内容编辑显示文本框填满整个窗口
MenuStrip1	Name	SubMenuStrip1	MDI 子菜单

操作步骤如下：

(1) 启动 Visual Basic，创建 Windows 应用程序。

(2) MDI 父窗体设计。从工具箱中将 1 个 MenuStrip 控件拖动到窗体上(Name 为 MainMenuStrip1)，添加 4 个菜单项，再分别添加和设置菜单项下的子菜单项。父窗体各菜单项属性设置参见表 8-26。父窗体菜单项的布局参见图 8-18。

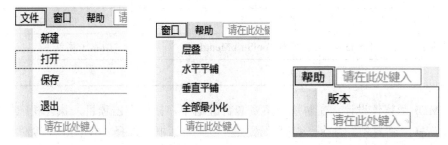

图 8-18　父窗体主菜单项布局

表 8-26　父窗体中各菜单项属性设置

对　象	属　性	属　性　值	说　　明
菜单项 1	Name	文件 ToolStripMenuItem	文件菜单
	Text	文件	
子菜单项 11	Name	新建 ToolStripMenuItem	新建子菜单
	Text	新建	
子菜单项 12	Name	打开 ToolStripMenuItem	打开子菜单
	Text	打开	
子菜单项 13	Name	保存 ToolStripMenuItem	保存子菜单
	Text	保存	
分隔线	Name	ToolStripSeparator1	分隔线
子菜单项 14	Name	退出 ToolStripMenuItem	退出子菜单
	Text	退出	

对　象	属　性	属　性　值	说　明
菜单项 2	Name	窗口 ToolStripMenuItem	窗口菜单
	Text	窗口	
子菜单项 21	Name	层叠 ToolStripMenuItem	层叠子菜单
	Text	层叠	
子菜单项 22	Name	水平平铺 ToolStripMenuItem	水平平铺子菜单
	Text	水平平铺	
子菜单项 23	Name	垂直平铺 ToolStripMenuItem	垂直平铺子菜单
	Text	垂直平铺	
子菜单项 24	Name	全部最小化 ToolStripMenuItem	全部最小化子菜单
	Text	全部最小化	
菜单项 3	Name	帮助 ToolStripMenuItem	帮助菜单
	Text	帮助	
子菜单项 31	Name	版本 ToolStripMenuItem	版本子菜单
	Text	版本	

(3) MDI 子窗体设计。在解决方案资源管理器中，鼠标右击项目，执行相应快捷菜单的"添加"→"新建项"命令，打开"添加新项"对话框，选择"Windows 窗体"模板，单击"添加"命令按钮，即可创建作为 MDI 子窗体的窗体。

从工具箱中将 1 个 RichTextBox、1 个 MenuStrip 控件拖动到窗体上。参照表 8-25，在属性窗口中设置子窗体的属性和控件的属性。

在子窗体的菜单上添加 1 个菜单项，并添加和设置菜单项下的子菜单项。子窗体各菜单项属性设置如表 8-27 所示。子窗体菜单项的布局如图 8-19 所示。

图 8-19　子窗体菜单项布局

表 8-27　子窗体中各菜单项属性设置

对　象	属　性	属　性　值	说　明
菜单项 1	Name	编辑 ToolStripMenuItem	编辑菜单
	Text	编辑	
	MergeAction	Insert	与父窗体菜单合并
	MergeIndex	1	合并时菜单位置 Index
子菜单项 11	Name	剪切 ToolStripMenuItem	剪切子菜单
	Text	剪切	
子菜单项 12	Name	复制 ToolStripMenuItem	复制子菜单
	Text	复制	
子菜单项 13	Name	粘贴 ToolStripMenuItem	粘贴子菜单
	Text	粘贴	
分隔线	Name	ToolStripSeparator1	分隔线
子菜单项 14	Name	字体 ToolStripMenuItem	字体子菜单
	Text	字体	

(4) 创建处理控件事件的方法。

① 在 Form1.vb 源代码顶端添加"Dim n As Integer"，声明窗体级的变量 n，用于在新建窗体时标题栏的文件名自动增加 1。

② 分别双击父窗体上 MenuStrip 控件中的"新建"、"打开"、"保存"、"退出"、"层叠"、"水平平铺"、"垂直平铺"、"全部最小化"、"版本"菜单项，系统将自动生成相应的事件处理程序，在其中分别加入相应的事件处理代码。

"新建"、"打开"、"保存"、"水平平铺"、"垂直平铺"、"全部最小化"、"退出"、"版本"的事件处理代码如下：

```
Dim n As Integer
Private Sub 新建 ToolStripMenuItem_Click(ByVal sender As System.Object, ByVal e As System.EventArgs) Handles 新建 ToolStripMenuItem.Click
    Dim frm1 As New FormNote
    n = n + 1
    frm1.Text = "文挡" & n
    frm1.MdiParent = Me
    frm1.Show()

End Sub


Private Sub 打开 ToolStripMenuItem_Click(ByVal sender As System.Object, ByVal e As System.EventArgs) Handles 打开 ToolStripMenuItem.Click
    Dim frm1 As New FormNote
```

```
            Dim OpenFileDialog1 As OpenFileDialog = New OpenFileDialog()
            OpenFileDialog1.initialDirectory = "c:\VB.NET\test"
            OpenFileDialog1.Filter = "RichText files(*.rtf) | *.rtf"
            If (OpenFileDialog1.ShowDialog() = DialogResult.OK) Then
                frm1.RichTextBox1.LoadFile(OpenFileDialog1.FileName)
                frm1.Text = OpenFileDialog1.FileName          '设置标题
                frm1.MdiParent = Me
                frm1.Show()
                Me.ActivateMdiChild(frm1)
            End If


        End Sub


    Private Sub 保存 ToolStripMenuItem_Click(ByVal sender As System.Object, ByVal e As
System.EventArgs) Handles 保存 ToolStripMenuItem.Click
            Dim frm1 As FormNote = Me.ActiveMdiChild
            Dim SaveFileDialog1 As SaveFileDialog = New SaveFileDialog()
            SaveFileDialog1.InitialDirectory = "c:\VB.NET\test"
            ' 为简便起见，仅针对.rtf 文件类型
            SaveFileDialog1.Filter = "RichText files(*.rtf) | *.rtf"
            SaveFileDialog1.FilterIndex = 1
            SaveFileDialog1.RestoreDirectory = True
            If (SaveFileDialog1.ShowDialog() = DialogResult.OK) Then
                '保存 RichTextBox 中的文件内容
                frm1.RichTextBox1.SaveFile(SaveFileDialog1.FileName)
            End If


        End Sub


    Private Sub 退出 ToolStripMenuItem_Click(ByVal sender As System.Object, ByVal e As
System.EventArgs) Handles 退出 ToolStripMenuItem.Click
            Close()
        End Sub


    Private Sub 层叠 ToolStripMenuItem_Click(ByVal sender As System.Object, ByVal e As
System.EventArgs) Handles 层叠 ToolStripMenuItem.Click
            Me.LayoutMdi(System.Windows.Forms.MdiLayout.Cascade)          '层叠排列
        End Sub
```

Private Sub 水平平铺 ToolStripMenuItem_Click(ByVal sender As System.Object, ByVal e As System.EventArgs) Handles 水平平铺 ToolStripMenuItem.Click
　　　　Me.LayoutMdi(System.Windows.Forms.MdiLayout.TileHorizontal)　'水平平铺
　　End Sub

Private Sub 垂直平铺 ToolStripMenuItem_Click(ByVal sender As System.Object, ByVal e As System.EventArgs) Handles 垂直平铺 ToolStripMenuItem.Click
　　　　Me.LayoutMdi(System.Windows.Forms.MdiLayout.TileVertical)　　'垂直平铺
　　End Sub

Private Sub 全部最小化 ToolStripMenuItem_Click(ByVal sender As System.Object, ByVal e As System.EventArgs) Handles 全部最小化 ToolStripMenuItem.Click
　　　　For Each frm In Me.MdiChildren　　　　　　　'全部子窗口最小化
　　　　　frm.WindowState = FormWindowState.Minimized
　　　　Next
　　　　Me.LayoutMdi(System.Windows.Forms.MdiLayout.ArrangeIcons)　'排列图标
　　End Sub

Private Sub 版本 ToolStripMenuItem_Click(ByVal sender As System.Object, ByVal e As System.EventArgs) Handles 版本 ToolStripMenuItem.Click
　　　　MsgBox("版本 1.0.0. CopyRight...")
　　End Sub

③ 分别双击子窗体上 MenuStrip 控件中的"剪切"、"复制"、"粘贴"和"字体"菜单项，系统将自动生成相应的事件处理程序，在其中分别加入相应的事件处理代码。

Private Sub 剪切 ToolStripMenuItem_Click(ByVal sender As System.Object, ByVal e As System.EventArgs) Handles 剪切 ToolStripMenuItem.Click
　　　　RichTextBox1.Cut()
　　End Sub

Private Sub 复制 ToolStripMenuItem_Click(ByVal sender As System.Object, ByVal e As System.EventArgs) Handles 复制 ToolStripMenuItem.Click
　　　　RichTextBox1.Copy()
　　End Sub

Private Sub 粘贴 ToolStripMenuItem_Click(ByVal sender As System.Object, ByVal e As System.EventArgs) Handles 粘贴 ToolStripMenuItem.Click
　　　　RichTextBox1.Paste()
　　End Sub

Private Sub 字体 ToolStripMenuItem_Click(ByVal sender As System.Object, ByVal e As System.EventArgs) Handles 字体 ToolStripMenuItem.Click

```
        Dim FontDialog1 As FontDialog = New FontDialog()
        FontDialog1.ShowColor = True
        FontDialog1.Font = RichTextBox1.SelectionFont
        FontDialog1.Color = RichTextBox1.SelectionColor
        If (FontDialog1.ShowDialog() <> DialogResult.Cancel) Then
            '对 RichTextBox 中选中的文件内容更新字体
            RichTextBox1.SelectionFont = FontDialog1.Font
            RichTextBox1.SelectionColor = FontDialog1.Color
        End If
    End Sub
```

习　题　8

8.1　文本框如何显示滚动条？

8.2　用标签和文本框都可以显示文本信息，二者有什么区别？

8.3　如果要时钟控件每半分钟发生一个 Timer 事件，则 Interval 属性应设置为多少？

8.4　设计一个电子滚动屏幕，使"热烈欢迎"几个汉字在窗体中自左向右反复移动。

8.5　所有的控件都有 Name 属性，大部分控件有 Text 属性。对于同一个控件来说，这两个属性有什么区别？

8.6　在窗体上建立三个文本框和一个命令按钮。程序运行后，单击命令按钮，在第一个文本框中显示由 Command1_Click 事件过程设定的内容(例如"Microsoft Visual Basic")，同时在第二个、第三个文本框中分别用小写字母和大写字母显示第一个文本框中的内容。

8.7　编写程序，用定时器按秒计时。在窗体上画一个定时器控件和一个标签，程序运行后，在标签内显示经过的秒数并响铃。

8.8　编写程序，用文本框检查口令输入。

8.9　VB.NET 多重窗体程序中，在默认情况下，把哪个窗体指定为启动窗体？

8.10　窗体的 IsMdiContainer 属性的作用是什么？

第 9 章　利用 ADO.NET 访问数据库

　　数据库技术是计算机应用技术中重要的组成部分，许多应用程序都离不开数据库的存取操作。VB.NET 自身不具备对数据库进行操作的功能，它对数据库的处理是通过.NET FrameWork SDK 中面向数据库编程的类库实现的。要了解 VB.NET 的数据库编程，首先要明白 ADO.NET 的工作过程以及相关的对象、方法和属性。本章将以 Microsoft Access 数据库为例，讲解 VB.NET 中数据库的使用。

9.1　ADO.NET 概述

9.1.1　认识 ADO.NET 对象

　　ADO.NET 是由微软 Microsoft ActiveX Data Object(ADO)升级发展而来的，是.NET 平台全新的数据库访问技术，提供了 .NET 数据库应用程序的编程接口。它可以被看做是一个介于数据源和数据使用者之间的转换器，能够让开发人员更加方便地在应用程序中使用和操作数据。在 ADO.NET 中，大量复杂的数据操作的代码被封装起来，所以用户只需编写少量的代码即可完成大量的数据库操作。

　　在 Visual Studio 2010 集成开发环境中，ADO.NET 是 4.0 版本。它比之前的版本提供了更先进的功能，提供了平台互用性和可伸缩的数据访问，增强了对非连接编程模式的支持，并支持 RICH XML。

1. ADO.NET 的名称空间

　　ADO.NET 是围绕 System.Data 基本名称空间设计，其他名称空间都是从 System.Data 派生出来的，当我们讨论 ADO.NET 时，实际讨论的是 System.Data、System.Data.SqlClient 和 System.Data.OleDb 三个名称空间。这三个空间的所有类几乎可以支持所有类型的数据源中的数据处理。在使用中，如果要引用名称空间中的类，必须要导入相应的名称空间。导入名称空间的基本语法如下：

　　　　Imports *namespace*

　　例如，要使用 OleDb 前缀的类，则需导入 System.Data.OleDb 名称空间。具体的语法如下：

　　　　Imports System.Data.OleDb

　　📢 **注意：**该语句不能位于任何类或过程定义中，必须位于模块的声明部分。

2. ADO.NET 数据提供者

在一个典型的 .NET 数据库应用程序中，用户通过一个 .NET 的数据提供者同数据库交互。为了能够进一步使数据访问过程独立于数据处理，数据提供者作为用户和数据服务之间的接口，支持对数据源进行相关查询及更新操作的所有逻辑请求。

ADO.NET 支持两种数据提供者：SQL Server.NET 数据提供者和 OLE DB.NET 数据提供者。这两种数据提供者分别用来识别并处理两种类型的数据源，即 SQL Server 7.0(及更高的版本)和可以通过 OLE DB 进行访问的其他数据源。为此，ADO.NET 中包含两个类库，System.Data.SQL 库和 System.Data.ADO 库，它们分别对应于名称空间 System.Data.sqlClient 和 System.Data.OleDb。System.Data.SQL 库可以直接连接到 SQL Server 的数据，System.Data.ADO 库可以用于其他通过 OLE DB 进行访问的数据源，如 Access 数据。因此，如果要使用 System.Data.SQL 库中的类访问 SQL Server 数据库，则需在程序代码中导入名称空间 System.Data.SqlClient；而如果要使用 System.Data.ADO 库中的类访问 OLE DB 支持的数据库，则需在程序代码中导入名称空间 System.Data.OleDb。

3. ADO.NET 的工作过程

ADO.NET 对数据的操作基本上需要四个步骤：

- 使用 Connection 对象建立与数据源的连接。
- 使用 Command 对象给出对数据操作的命令，如查询或者更新数据等。
- 执行命令对象并显示数据结果。
- 最后关闭数据库连接。

4. ADO.NET 的工作原理

ADO.NET 是.NET 框架中的数据访问模型，提供了两个组件来访问和处理数据：.NET Framework 数据提供程序和数据集(DataSet)，支持从不同数据源访问数据的结构。在 ADO.NET 中数据访问可以分为三层，如图 9-1 所示。

图 9-1　ADO.NET 的数据访问架构

(1) 物理层数据存储：这种结构为一致的数据访问提供了很好的扩展性，而不再局限于特定的数据源，通过 OLE DB 提供的接口访问数据，ADO.NET 可以处理各种 OLE DB 支持的数据源，即图中的"各种数据库/数据源"。

(2) 数据集：在应用程序中处理表和关系的缓存数据的表现形式。

(3) 数据提供程序：用于创建数据在内存中的表现形式。

9.1.2　ADO.NET 的常用对象

ADO.NET 是对象的集合，提供了在 .NET 中开发数据库应用程序所需要的操作的类。在 ADO.NET 结构中，常用的对象包括 Connection 对象、Command 对象、DataReader 对象、DataAdapter 对象和 DataSet 对象等，其中 Connection 对象、Command 对象、DataReader 对象和 DataAdapter 对象被称为数据提供程序，DataSet 对象被称为数据集。数据提供程序负责与物理数据源的连接，包含了各种用于访问存储在各种数据源中数据的对象，使这些数据提供程序可以对数据进行检索和相关操作。数据集代表实际的数据，用来存储从数据源中检索的数据，并保存到客户机的内存中。这两个部分都可以和数据使用程序通信，如 Web 窗体和 Windows 窗体，具体的功能说明如表 9-1。

表 9-1　ADO.NET 的常用对象

对　象	说　明
Connection 对象	用于应用程序与数据源的连接
Command 对象	允许对数据库进行操作，如数据添加、删除、修改等
DataAdapter 对象	数据适配器，用于对 OLEDB 数据源的读写，并可以填充 DataSet 和更新数据源
DataReader 对象	对数据库进行读取，并且时刻与服务器保持连接
DataSet 数据集	保存了在 ADO.NET 应用程序中的内存数据值

开发人员可以用 Command 对象和 DataReader 对象进行查询，检查查询结果，也可以用 Command 对象进行更新、插入、删除操作，进行动态查询和调用存储过程。Command 和 DataReader 类属于联机处理的类，用于联机处理数据。而 DataAdapter 对象用于脱机处理数据，可以使用 DataAdapter 对象的 Fill 方法将数据从数据库取出，放入内存中的 DataSet 数据集。DataAdapter 对象还可以对内存中的 DataSet 数据集进行更新、插入、删除操作，最后调用 Update 方法将对 DataSet 数据集的更新、插入、删除操作的结果保存到数据库中。

9.2　连接和操作数据库

9.2.1　使用 Connection 对象连接数据库

数据库连接通常指的是应用程序和数据库的连接。当与数据库交互时，首先应该创建连接，这将会告诉 ADO.NET 代码，将与哪一个数据库打交道。ADO.NET 通过 Connection 对象连接到数据库。

1. 建立 Access 数据库

Access 是一种桌面级数据库，虽然与 SQL Server 相比，Access 数据库的性能和功能都并不强大，但是 Access 却是最常用的数据库之一。下面根据表 9-2 和表 9-3 所介绍的内容，创建本章实例所需的数据库。

表 9-2　教师信息表(Instructor)

字　段	字段类型	属　性	说　明
InstructorID	整型	主键	职工号
InstruName	文本		姓名
Sex	文本		性别
Birthdate	日期/时间		出生日期
Title	文本		职称

表 9-3　课程信息表(Course)

字　段	字段类型	属　性	说　明
CourseID	整型	主键	课程编号
CourseName	文本		课程名称
Department	文本		开课学院
Credit	整型		学分
InstructorID	整型	外键	职工号(每个教师可讲授多门课程)

创建教师信息和课程信息数据库的步骤如下：

(1) 选择“开始”→“程序”→“Microsoft Office”→“Access 2010”命令，启动 Access 2010 数据库，在“可用模板”下，单击“空白数据库”。

(2) 在右侧“空白数据库”下，输入“schedules.accdb”作为数据库的文件名，并进一步将数据库文件保存到“D:\Data\”目录下，单击“创建”。

(3) 选择“创建”选项卡，选择使用“表设计”创建表，打开数据表的设计视图。

(4) 根据表 9-2 所示的内容，创建数据表“Instructor”，并录入数据，完成后的效果如图 9-2 所示。

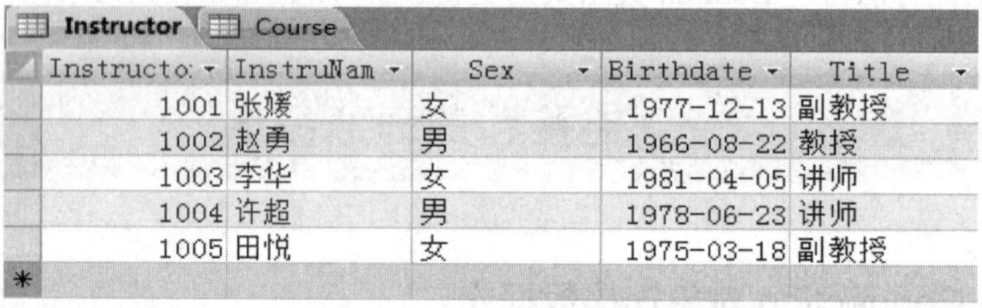

Instructor　Course

Instructo	InstruNam	Sex	Birthdate	Title
1001	张媛	女	1977-12-13	副教授
1002	赵勇	男	1966-08-22	教授
1003	李华	女	1981-04-05	讲师
1004	许超	男	1978-06-23	讲师
1005	田悦	女	1975-03-18	副教授

图 9-2　Access 库的教师信息表

(5) 根据表 9-3 所示的内容，创建数据表“Course”，并录入数据，完成后的效果如图 9-3 所示。

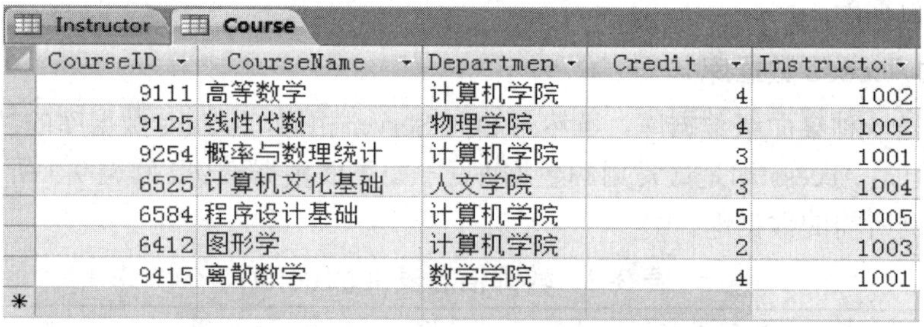

Instructor　Course

CourseID	CourseName	Departmen	Credit	Instructo
9111	高等数学	计算机学院	4	1002
9125	线性代数	物理学院	4	1002
9254	概率与数理统计	计算机学院	3	1001
6525	计算机文化基础	人文学院	3	1004
6584	程序设计基础	计算机学院	5	1005
6412	图形学	计算机学院	2	1003
9415	离散数学	数学学院	4	1001

图 9-3　Access 库的课程信息表

(6) 完成以上操作保存并关闭 Access 数据库。

2. Connection 对象的属性和方法

在 ADO.NET 框架中，Connection 对象为数据存储提供连接，这种方式使得与数据库的操作变得十分简单。用户在使用 Connection 对象连接数据库时，需要做的工作只是实体化 Connection 对象，打开 Connection 对象。在执行完之后，关闭 Connection 对象。Connection

对象的常用属性和方法见表 9-4 和表 9-5。

表 9-4 Connecion 对象的常用属性

名　称	类　型	读写属性	描　　述
ConnectionString	String	读/写	获取或设置用于打开数据库的字符串
DataBase	String	只读	获取当前数据库或连接打开后使用的数据库的名称
DataSource	String	只读	获取数据源的服务器或文件名
State	Enumeration {open,closed}	只读	获取连接的当前状态
ConnectionTimeout	Integer	只读	终止尝试并产生错误前尝试建立连接的等待时间

表 9-5 Connecion 对象的常用方法

名　称	参　数	返回值	描　　述
Open()	无	Void	使用 ConnectionString 所指定的属性设置打开数据库的连接
Close()	无	Void	关闭到数据源的连接
Dispose()	无	Void	关闭连接对象和释放连接占用的资源
Equals()	System.Object	Boolean	确定两个 Object 实例是否相等
ToString()	无	String	返回包含组件名称的 String

3. 连接 Access 数据库

本节将举例说明如何用 Connection 对象连接 Access 2010 数据库。步骤如下：

(1) 设置数据库连接字符串。

在 Access 数据库的连接中，需要使用 .NET 提供的 OleDbConnection 对象来对数据库进行连接。在连接数据库前，需要为连接设置连接串。连接串就相当于告诉应用程序怎样找到数据库去进行连接，需要提供一些信息，如数据库所在位置、数据库名称、用户账号、密码等。Access 数据库的连接字串示例代码如下：

```
Dim strconn As String
strconn=" Provider=Microsoft.ACE.OLEDB.12.0; Data Source='d:\data\schedules.accdb ' "
```

上面的连接字符串使用 OLEDB 提供者访问 Access 数据库，Data Source 参数指定数据库位于的位置。这里需要注意的是，Access 数据库是一种桌面级的数据库，其数据都会存放在一个文件中而不是存放在数据库服务器中，所以连接 Access 数据库时，必须指定数据库文件的物理路径。

注意： 由于不同的 Access 版本间存在一些差异，所以要注意相应的 OLEDB 的版本问题。

(2) 创建指定 ConnectionString 属性的 Connection 对象。

在声明了数据库连接字串后，就可以实例化一个 OleDbConnection 对象进行连接。示例代码如下：

```
Dim objconn As OleDbConnection=New OleDbConnection(strconn)
```

 注意： 需要预先引用名称空间 System.Data.OleDb。

(3) 调用 Connection 对象的 Open()方法打开连接并测试。

一旦用上面的代码初始化了一个连接对象，就可以调用 Open()方法来打开连接。同样，也可以使用 Close()方法来关闭连接。示例代码如下：

```
objconn.Open()                                '打开连接
if(objconn.state= ConnectionState.Open)
    MessageBox.Show("连接成功！")                '提示连接成功
    objconnClose()
else
    MessageBox.Show("连接失败，请检查相关参数！")      '提示连接失败
End if
```

上述代码通过连接对象 objconn 的状态判断连接是否成功。如果 objconn 的返回值为枚举值 open，则说明连接成功，如果 objconn 返回值为 closed，则说明连接失败。

 注意： Connection 对象使用结束后，应该将连接关闭。

9.2.2　Command 对象的使用

Command 对象定义将对数据源执行指定的命令，这些命令可以是 SQL 语句、表名、存储过程或其他数据提供者支持的文本格式。当连接到数据库之后，可以使用 Command 对象对数据库进行操作，如进行数据添加、删除、修改等操作。

一个命令(Command)可以用典型的 SQL 语句来表达，既可以实现数据表中数据的检索和更新，也可以创建并修改数据库的表结构。同时，Command 对象也支持传递参数并返回值。使用参数化查询，可先在数据源上准备一种查询方式，然后用不同的值来重复执行查询，以避免重复发生类似的 SQL 查询语句。使用 Command 对象有几个重要的步骤：① 创建 Command 对象；② 指定对象数据库连接和该对象关联的 SQL 命令；③ 调用对象的 Execute 方法。

1. 创建 Command 对象

创建一个支持 OLEDB 数据源的 Command 对象的语法结构如下：

```
Dim Command 对象 As OleDbCommand=new OleDbCommand(String, OleDbConnection)
```

上述代码使用 OleDbCommand 类的构造函数初始化一个 OleDbCommand 对象，其中的两个参数是可选的，第一个参数表示要初始化 OleDbCommand 对象时使用的查询文本，第二个参数代表了与该对象关联的数据库连接对象。

为了能够操纵数据库中的数据，用户可以建立一个 OleDbCommand 对象，并含有具有合适参数的 SQL 表达式和连接。示例代码如下：

Dim objCmd As New OleDbCommand("Select * from Instructor", objConn)

2. Command 对象的属性

Command 对象的属性包括了数据库在执行某个语句的所有必要的信息，这些信息如表 9-6 所示。

表 9-6　Command 对象的主要属性

属　　性	说　　明
Connection	获取或设置 Command 的数据库连接对象
CommandText	指定数据库的查询信息
CommandType	指定数据查询信息的类型
Parameters	获取或设置 Command 对象的参数集合

下面对表 9-6 中常用的几个 Command 对象的属性进行介绍。

* Connection 属性。

Connection 属性设置或返回 Command 对象的连接信息，该属性可以是一个 Connection 对象或连接字符串。其语法结构如下：

Command 对象.Connection=*Connection 对象*

因而，上述建立 Command 对象的代码也可以写成：

Dim objCmd As OleDbCommand=New OleDbCommand()

objCmd.Connection=objConn

objCmd.CommandText="Select * from Instructor"

* CommandText 属性。

CommandText 属性设置或返回数据源的命令串，该命令串可以是 SQL 语句、表、存储过程或数据提供者支持的任何特殊有效的命令文本。其语法结构如下：

Command 对象.CommandText=SQL 语句或数据表名或查询名或存储过程

* CommandType 属性。

CommandType 属性用于指定 Command 对象中数据查询信息的类型,其语法结构如下：

Command 对象.CommandType=*类型值*

CommandType 属性的可能的取值包括 StoredProcedure(存储过程)、TableDirect(表)和 Text(SQL 命令)。为 Command 对象指定 CommandType 值的示例代码如下：

Dim objCmd As OleDbCommand=New OleDbCommand()

objCmd.CommandType= CommandType.Text

objCmd.CommandText=" Select * from Instructor"

objCmd.CommandType= CommandType.TableDirect

objCmd.CommandText=" Instructor "

注意：在未指定 CommandType 值的情况下，系统会自动进行判定查询信息的类型，默认情况下是 SQL 语句。

3. Command 对象的方法

建立了数据源的连接和设置了 Command 命令之后，Command 对象执行 SQL 命令有三种方法，如表 9-7 所示。

表 9-7 Command 对象的方法

方　　法	说　　　　明
ExecuteReader	将 CommandText 发送到 Connection 并生成一个 DataReader 对象
ExecuteScalar	执行查询，并返回查询所返回的结果集中的第一行第一列，忽略其他行或列
ExecuteNonQuery	针对 Connection 执行 SQL 语句并返回受影响的行数

下面对表 9-7 中 Command 的三个 Execute 方法及其使用分别进行介绍。

● ExecuteReader 方法。

Command 对象的 ExecuteReader 方法将执行与该对象关联的 SQL 命令，并将结果返回到一个 DataReader 类型的实例。通过 DataReader 对象就能够获得数据的行集合(关于 DataReader 的使用将在后面说明)，其语法结构如下：

DataReader 对象=Command 对象.ExecuteReader()

【例 9.1】 检索教师信息表"Instructor"中的职工号为"1001"的教师的信息，并将结果显示。程序中对象及属性设置如表 9-8，运行界面如图 9-4 所示。

表 9-8 例 9.1 的对象及属性表

对　　象	属　　性	赋　　值
窗体	Name	Form1
Label1	Text	教工号
Label2	Text	姓名
Label3	Text	性别
Label4	Text	出生日期
Label5	Text	职称
TextBox1	Name	txtZGH
TextBox2	Name	txtXM
TextBox3	Name	txtXB
TextBox4	Name	txtCSRQ
TextBox5	Name	txtZZ
Button1	Name	cmdSelect
	Text	查看

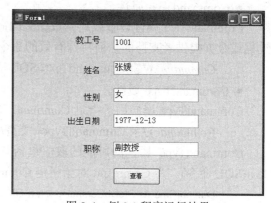

图 9-4 例 9.1 程序运行结果

实现代码如下：

```
Imports System.Data.OleDb
Public Class Form1
```

```
Private Sub cmdSelect_Click(ByVal sender As System.Object, ByVal e As System.EventArgs)
Handles cmdSelect.Click
    Dim strconn As String
    strconn = " Provider=Microsoft.ACE.OLEDB.12.0; Data Source='d:\data\schedules.accdb '"
    Dim objconn As OleDbConnection = New OleDbConnection(strconn)
    Dim objCmd As New OleDbCommand("select * from Instructor where InstructorID =1001",
objconn)
    Dim objreader As OleDbDataReader
    objconn.Open()
    objreader = objCmd.ExecuteReader()
    While objreader.Read()
    txtZGH.Text = objreader("InstructorID").ToString()
    txtXM.Text = objreader("InstruName").ToString()
    txtXB.Text = objreader("Sex").ToString()
    txtCSRQ.Text = objreader("Birthdate")
    txtZZ.Text = objreader("Title").ToString()
    End While
    objreader.Close()
End Sub
End Class
```

- ExecuteScalar 方法。

如果想获得数据的记录行数，可以通过"select count(*)"这样的语句取得一个聚合的行集合。对于这样求单个值的语句，Command 对象还有更有效率的方法：ExecuteScalar。它能够返回对应于第一行第一列的对象，通常使用它来求聚合查询结果。

【例 9.2】 统计课程信息表"Course"中的课程数量，并将结果显示。程序中的对象及属性设置如表 9-9，运行界面如图 9-5 所示。

表 9-9　例 9.2 的对象及属性表

对　　象	属　　性	赋　　值
窗体	Name	Form1
TextBox1	Name	txtCCount
Label1	Name	labCCount
	Text	总课程数
Button1	Name	cmdCount
	Text	统计

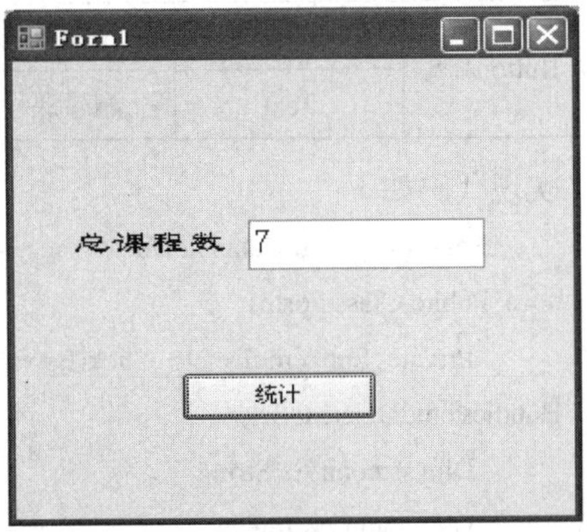

图 9-5　例 9.2 程序运行结果

实现代码如下：

```
Imports System.Data.OleDb
```

```
Public Class Form1
    Private Sub cmdCount_Click(ByVal sender As System.Object, ByVal e As System.EventArgs)
Handles cmdCount.Click
        Dim strconn As String
        strconn = " Provider=Microsoft.ACE.OLEDB.12.0; Data Source='d:\data\schedules.accdb '"
        Dim objconn As OleDbConnection = New OleDbConnection(strconn)
        Dim objCmd As New OleDbCommand("select count(*) from Course ", objconn)
        Dim count As Integer
        objconn.Open()
        count = objCmd.ExecuteScalar()
        txtCCount.Text = count.ToString()
    End Sub
End Class
```

- ExecuteNonQuery 方法。

Command 对象的 ExecuteNonQuery 方法执行 SQL 命令但不会返回结果集，只返回语句影响的记录行数，它适合执行插入、更新、删除之类不返回结果集的命令。如果是 Select 语句，那么返回的结果是 −1，如果发生回滚，这个结果也是 −1。

【例 9.3】 从课程信息表中删除指定课程编号的记录。程序中对象及属性设置如表 9-10，程序运行结果如图 9-6 所示。

表 9-10 例 9.3 的对象及属性表

对 象	属 性	赋 值
窗体	Name	Form1
TextBox1	Name	txtKCBH
Label1	Name	labKCBH
	Text	课程编号
Button1	Name	cmdDelete
	Text	删除课程

图 9-6 例 9.3 程序运行结果

实现代码如下：

```
Imports System.Data.OleDb
Public Class Form1
    Private Sub cmdDelete_Click(ByVal sender As System.Object, ByVal e As System.EventArgs)
Handles cmdDelete.Click
        Dim strconn As String
        Dim count As Integer
        strconn = " Provider=Microsoft.ACE.OLEDB.12.0; Data Source='d:\data\schedules.accdb '"
        Dim objconn As OleDbConnection = New OleDbConnection(strconn)
        Dim strsql As String
```

```
strsql = "delete from Course where CourseID=" & txtKCBH.Text
    Dim objCmd As New OleDbCommand(strsql, objconn)
    objconn.Open()
    count = objCmd.ExecuteNonQuery()
        If count <> 0 Then
                MessageBox.Show("记录删除成功！")
        Else
                MessageBox.Show("没有该课程！")
        End If
    End Sub
End Class
```

　　上面的例子演示了利用 Command 对象如何实现数据库中记录的删除操作，类似地，开发人员也可以在 Command 对象中使用 Insert 和 Update 等 SQL 语句实现数据的插入和修改操作。

4. 参数化查询

　　如果要创建一个使用多次但每次使用不同值的查询，那么应在查询中使用参数，即创建参数查询。参数是查询时所提供的占位符，它将 WHERE 子句中固定值用 "?" 来代替，称作占位符号。这样就避免了在每次查询中重新建立 SQL 查询语句，并且可以减少 SQL 注入漏洞的概率，增强数据库应用程序的安全。参数化查询可以通过 Command 对象进行添加和赋值，增加 Command 对象参数的语法结构如下：

　　Command 对象.Parameters.AddWithValue(参数名，参数对应的值)

　　📢 注意：如果集合中的参数不匹配要执行的查询的要求，则可能会导致错误。另外，参数添加到 Parameters 集合中的顺序必须直接对应于命令文本中参数的问号占位符的位置。

　　【例 9.4】　查询教师信息表 "Instructor" 中指定教师所教授的课程，并显示查询结果。程序中对象及属性设置如表 9-11，程序运行结果如图 9-7 所示。

表 9-11　例 9.4 的对象及属性表

对　　象	属　　性	赋　　值
窗体	Name	Form1
TextBox1	Name	txtName
Label1	Name	labName
	Text	教师姓名
ListBox1	Name	lstCourse
Button1	Name	cmdSelect
	Text	查询教师授课

图 9-7　例 9.4 程序运行结果

实现代码如下:

```
Imports System.Data.OleDb
Public Class Form1
    Private Sub cmdSelect_Click(ByVal sender As System.Object, ByVal e As System.EventArgs) Handles cmdSelect.Click
        Dim strconn As String
        strconn = " Provider=Microsoft.ACE.OLEDB.12.0; Data Source='d:\data\schedules.accdb '"
        Dim objconn As OleDbConnection = New OleDbConnection(strconn)
        Dim strsql As String
        strsql = "select * from Course,Instructor where Instructor.InstructorID=Course.InstructorID and InstruName=?"
        Dim objCmd As New OleDbCommand(strsql, objconn)
        Dim objReader As OleDbDataReader
        objCmd.Parameters.AddWithValue("@InstruName", txtName.Text)
        objconn.Open()
        objReader = objCmd.ExecuteReader()
        While objReader.Read()
            lstCourse.Items.Add(objReader("CourseName"))
        End While
        objReader.Close()
    End Sub
End Class
```

9.2.3　DataReader 对象的使用

DataReader 对象可以看做是一个简单的数据集,其主要用于从数据源中查询数据。DataReader 类被设计为产生只读和只进的数据流,因而只能对数据源进行逐行访问,即每次只能有一行记录保存在服务器的内存中。相比下面一节介绍的 DataSet 而言,DataReader 具有较快的访问能力和较低的服务资源开销。当不需要复杂的数据库处理时,DataReader 能够较快地完成数据显示。

 注意:当 OleDbDataReader 在使用中时,关联的 OleDbConnection 正忙于为 OleDb-DataReader 服务。当处于此状态时,除了关闭 OleDbConnection 外,不能对其执行其他任何操作。

1. 创建 DataReader 对象

使用 DataReader 的时候,不能直接通过构造函数实例化 DataReader 类,通常我们使用执行 Command 类的 ExecuteReader 方法来返回 DataReader 对象(如例 9.1 所示)。其语法结构如下:

Dim *DataReader 对象* As OleDbDataReader =*Command 对象*.ExecuteReader()

2. 使用 DataReader 对象读取数据

DataReader 类最常见的用法就是 SQL 查询或者存储过程返回的记录集。在使用它时，数据库连接必须保持打开状态，而且只能从前往后遍历信息，不能中途停下修改数据。

● 遍历 DataReader 中的记录。

DataReader 对象的 Read 方法可以判断 DataReader 对象中的数据是否还有下一行，并将游标下移到下一行，通过该方法可以遍历读取数据库中行的信息，示例代码如下：

```
Dim objCmd As New OleDbCommand("Select * from Instructor", objConn)
Dim objReader As OleDbDataReader=objCmd.ExecuteReader()
 while(objReader.Reader())
{
  ' 逐行处理记录
}
```

● DataReader 访问字段的值。

从 DataReader 对象获取数据有两种方法：第一种是 Item 属性，此属性返回字段索引或者字段名字对应的字段的值；第二种是 Get 方法，此方法返回由字段索引指定的字段的值。

假如现有一个 objReader 实例对应的 SQL 语句是"select InstruName, Sex from Instructor"，则可以使用下面的示例代码取得字段的值：

```
' 使用 Item 属性
Dim name As String=objReader("Instruname")        ' 使用字段名
Dim sex As String=objReader("sex")                ' 使用字段名
```

或者：

```
Dim name As String=objReader(0)                   ' 使用字段索引
Dim sex As String=objReader(1)                    ' 使用字段索引
' 使用 Get 方法
Dim name As String = objReader.GetString(0)
Dim sex As String = objReader.GetString(1)
```

 注意：索引总是从 0 开始的。

9.3 DataAdapter 对象和数据集 DataSet

本章前面的小节中使用 Command 对象直接从数据库读取数据，对数据库执行 SQL 语句，在此期间一直保持了对数据库的连接。然而，这并不是最好的方式。在 ADO.NET 的构架下，并不以客户端/服务器的两层模式运作(虽然可以这样运作)。通常可以采用多层的方式对数据库操作，或者说 ADO.NET 是面向非连接的。简单地讲，可以将数据库的数据一次性地从数据库中取来，存放在本地。随后的操作都在本地进行，如对数据的修改、插入或删除等。最后，在必要的时候，将修改后的数据全部写回到数据库中。这样做的最大好处就是降低了数据库服务器的资源占用，减轻了数据库服务器的负担，同时也减少了网络负担。使用 DataAdapter 对象和数据集 DataSet 操纵数据库就是使用这种面向非连接的模式检索和更新数据。

9.3.1 认识 DataAdapter 对象

DataAdapter 用于在数据库和 DataSet 之间交换数据。如果说 ADO.NET 数据提供程序的 Connection 对象指定了数据库的位置和类型,那么 DataAdapter 就是 DataSet 和数据库之间的桥梁。

DataAdapter 对象主要完成以下两个功能:一是通过连接发送要处理的命令,然后检索返回的数据并且生成 DataSet 数据集;二是从 DataSet 对象中将已更改的数据写回到数据源。

1. 创建 DataAdapter 对象

DataAdapter 类表示一组数据命令和一个数据库连接。创建 DataAdapter 对象就是通过它的构造函数将其实例化,语法结构如下:

Dim *DataAdapter 对象* As OleDbDataAdapter

DataAdapter 对象=New OleDbDataAdapter(String,OleDbConnection)

其中,String 参数是一条 SelectCommand 命令,用于指定选取哪些数据以及如何选取数据初始化 DataAdapter 对象;OleDbConnection 参数则是与 SelectCommand 命令关联的数据库连接对象。

2. DataAdapter 对象的属性

DataAdapter 对象由一些 Command 对象和一个确定 DataAdapter 和 DataSet 之间通信方式的映射属性的集合组成。若要使一个使用 DataAdapter 对象的 DataSet 能够和一个数据源之间交换数据,则可以使用 DataAdapter 属性来指定需要执行的操作,这个属性可以是一条 SQL 语句或者是存储过程。DataAdapter 的主要属性如表 9-12 所示。

表 9-12 DataAdapter 对象的主要属性

方　　法	说　　明
DeleteCommand	获取或设置一个 SQL 语句或存储过程,用于从数据集删除记录
InsertCommand	获取或设置一个 SQL 语句或存储过程,用于在数据源中插入新记录
SelectCommand	获取或设置一个 SQL 语句或存储过程,用于在数据源中选择记录
UpdateCommand	获取或设置一个 SQL 语句或存储过程,用于更新数据源中的记录

3. DataAdapter 对象的方法

● Fill 方法。

Fill 方法用来向 DataSet 对象中填充由 DataAdapter 对象从数据库中检索的数据,其语法结构如下:

DataAdapter 对象.Fill(DataSet,String)

其中,DataSet 参数用于指定一个有效的 DataSet 对象,将用数据进行填充;String 参数指定了用于表映射的表名称。当 DataSet 中不存在由 String 参数指定的表名称对象时,DataAdapter 对象将为返回的数据创建一个名为 String 参数的 DataTable 表;否则,

DataAdapter 对象将在 DataSet 中添加或刷新行，以匹配使用 DataSet 和 DataTable 名称的数据源中的行。

注意： 在使用 Fill 方法时，要求与 Select 语句关联的数据库连接必须有效，但不需要将其打开。如果调用 Fill 方法之前，数据库的连接已经关闭，则将自动打开以检索数据，然后再将其关闭；如果调用 Fill 之前连接已打开，它将保持打开状态。

- Update 方法。

Update 方法向数据库提交存储在 DataSet(或 DataTable、DataRows)中的更改。该方法会返回一个整数值，其中包含着在数据存储中成功更新的行数，其语法结构如下：

　　　DataAdapter 对象.Update(DataSet,String)

该语句将为 DataSet 数据集中指定的 DataTable 表中的每个已插入、已更新或已删除的行执行相应的 INSERT、UPDATE 或 DELETE 语句。

当程序调用 Update 方法时，DataAdapter 将检查参数 DataSet 每一行的 RowState 属性，根据 RowState 属性来检查 DataSet 里的每行是否改变和改变的类型，并依次执行所需的 SQL 语句，将改变提交到数据库中。

若用程序代码创建 DataAdapter 时只设置了 SelectCommand 属性，没有设置 UpdateCommand、DeleteCommand 和 InsertCommand 这三个命令属性，当直接使用 Update 方法时，程序会出现异常。此时需要创建一个 CommandBuilder 对象来自动生成用于协调对 DataSet 的更改与关联数据库的单表 SQL 命令。创建 CommandBuilder 对象时，构造函数参数只要传入对应的 DataAdapter 对象即可，语法结构如下：

　　　Dim *CommandBuilder 对象* As OleDbCommandBuilder
　　　CommandBuilder 对象=New OleDbCommandBuilder(*DataAdapter 对象*)

如果创建了一个与 DataAdapter 相关联的 CommandBuilder 对象，那么 CommandBuilder 将设法根据在 DataAdapter 对象的 SelectCommand 上建立的查询生成更新逻辑，CommandBuilder 对象会查询数据库以确定基表名、列名和键的信息。如果查询返回的只是包含主键的单个表的数据，那么 CommandBuilder 就会生成更新逻辑。

使用 CommandBuilder 对象的优点是：它需要的代码更少，而且不需要对 SQL 的 UPDATE、INSERT 和 DELETE 查询的语法有深入的了解就可以方便地使用。

9.3.2　认识 DataSet 数据集

1. DataSet 概念和结构

DataSet 是 ADO.NET 的核心，是一个存在于内存中的数据库，专门用来处理从数据保存体中读出的数据。不管底层的数据是什么，DataSet 的行为都是一致的，可以用相同的方式来操作不同数据来源取得的数据。

DataSet 的一个重要的特点是与数据库或 SQL 无关。它只是简单地对数据表进行操作，交换数据或是将数据绑定到用户界面上。在 DataSet 中可以包含任意数量的 DataTable(数据表)，且每个 DataTable 对应一个数据库的数据表(Table)或视图(View)。一般来说，一个对应

DataTable 对象的数据表就是包含了列、行和约束的集合。DataSet 会保留每一笔数据集的原始状态和当前状态，因此可以跟踪发生的变化，数据集中的数据被视为可更新数据。DataSet 的结构如图 9-8 所示。

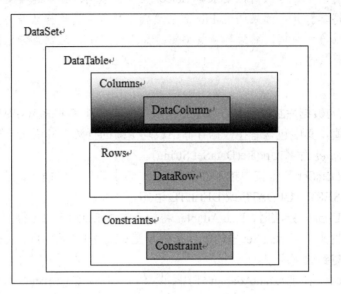

图 9-8　数据集 DataSet 的结构图

DataSet 对象的主要属性和方法见表 9-13 和表 9-14。

表 9-13　DataSet 对象的主要属性

属　性	说　　明
DataSetName	获得或设置当前 DataSet 对象的名称
Tables	获取包含在 DataSet 中的表的集合
Relations	获取用于将表连接起来并允许从父表浏览到子表的关系的集合
IsInitialized	表明是否已经初始化 DataSet 对象的值

表 9-14　DataSet 对象的主要方法

方　法	说　　明
Clear	清除 DataSet 对象中所有表的所有数据
Clone	复制 DataSet 对象的结构到另外一个 DataSet 对象中，复制内容包括所有的结构、关系和约束，但不包含任何数据
Copy	复制 DataSet 对象的数据和结构到另外一个 DataSet 对象中，两个 DataSet 对象完全一样
Dispose	释放 DataSet 对象占用的资源
Reset	将 DataSet 对象初始化
AcceptChanges	接受 DataSet 中所有挂起的更改
RejectChanges	放弃 DataSet 中所有挂起的更改，返回 DataSet 到前一状态

2. DataTable 对象

DataTable 是 DataSet 中常用的对象，它和数据库中的表的概念十分相似。它是一个包含三种集合的容器：DataColumnCollection 定义 DataTable 的结构；DataRowCollection 包含数据本身；ConstraintCollection 与 DataTable 的主键(PrimaryKey)属性一起工作，强制执行数据的完整性规则。

每个 DataTable 都包含一个 Columns 集合和 Rows 集合。访问 Columns 集合可以获取或设置每行记录上字段的格式信息。Rows 集合包含单个 DataRow 对象，代表表中的一行或数据记录。每个 DataRow 都有 Item 属性，用 Columns 集合的列名进行索引，获取该行记录上的各字段。开发人员可以通过编程的方式修改 DataTable 表。下面介绍向 DataTable 表中添加、删除和修改记录的方法。

- 向 DataTable 对象添加新行。

具体步骤如下：

(1) 使用 DataRow 对象的 NewRow()方法在 DataTable 中创建新行，其语法结构如下：

　　　Dim *DateRow 对象* As DataRow=*DataSet 对象*.Tables(名称或索引).NewRow()

(2) 设置新行中各字段对应的值。

(3) 通过对 DataTable 对象的 Rows 属性使用 Add()方法，将新的 DataRow 添加到 DataTable 中，其语法结构如下：

　　　DataSet 对象.Tables(名称或索引).AddRow()

(4) 使用 DataTable 的 AcceptChanges()方法提交更改，其语法结构如下：

　　　DataSet 对象.Tables(名称或索引).AcceptChanges()

- 在 DataTable 对象修改行。

具体步骤如下：

(1) 设置 DataTable 的 PrimaryKey 属性，该属性用于获取或设置充当数据表主键的列的数组，其语法结构如下：

　　　Dim *DataColumn 对象数组* As DataColumn()

　　　DataSet 对象.Tables(名称或索引).PrimaryKey= *DataColumn 对象数组*

(2) 使用 Find()方法定位 DataTable 中想要修改的 DataRow。

　　　Dim *DataRow 对象* As DataRow= *DataSet 对象*.Tables(名称或索引).Rows.Find(主键值)

(3) 更改 DataRow 的列值。

(4) 使用 DataTable 的 AccessChanges()方法。

- 从 DataTable 对象删除行。

具体步骤如下：

(1) 设置 DataTable 对象的 PrimaryKey 属性。

(2) 使用 Find()方法定位所需的 DataRow。

(3) 使用 Delete()方法删除所需的 DataRow，其语法结构如下：

　　　DataRow 对象.delete()

(4) 使用 DataTable 的 AcceptChanges()方法。

9.3.3 应用 DataAdapter 对象和 DataSet 集合操纵数据库

本小节将通过一个实例来说明如何使用 DataAdapter 对象和 DataSet 集合来操纵数据库。

【例 9.5】 使用 DataAdapter 对象和 DataSet 数据集从数据库中读取教师信息表 "Instructor" 的数据，实现教师信息表中记录的增加、删除和修改功能。

完成例 9.5 的设计要求，可以大致分为如下四个步骤：

(1) 首先使用 DataAdapter 填充 DataSet 对象。

(2) 通过 DataRow 对象，对 DataSet 对象进行增、删、改操作。

(3) 利用 CommandBuilder 对象为表更新自动生成 SQL 语句。

(4) 使用 DataSet 的 Update 方法将更新操作提交到数据源。

下面我们开始介绍例 9.5 的界面设计和具体的实现代码。首先，修改例子 9.1，删除界面中原有的命令按钮"查看"及其代码，使其新增加 3 个命令按钮和一个 DataGridView 控件，如图 9-9 所示，用来实现对数据的添加、删除和修改操作。各按钮的属性设置请参看表 9-15。

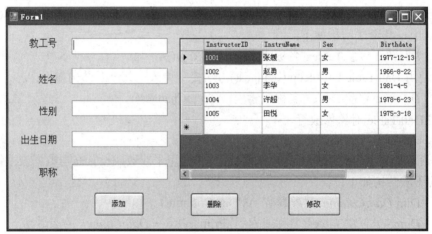

图 9-9 例 9.5 程序运行结果

表 9-15 例 9.5 的对象及属性表

对　象	属　　性	赋　　值
Button1	Name	cmdAdd
	Text	添加
Button2	Name	cmdDelete
	Text	删除
Button3	Name	cmdUpdate
	Text	修改
DataGridView	Name	dgvInstru

下面将介绍如何使用 DataAdapter 对象和 DataSet 数据集来实现例子中的功能的代码。

- 变量及窗体的初始化。

```
Dim strconn As String
Dim objConn As OleDbConnection
Dim objDataAda As OleDbDataAdapter
Dim objDSet As DataSet
Dim objCBuilder As OleDbCommandBuilder
Private Sub Form1_Load(ByVal sender As System.Object, ByVal e As System.EventArgs) Handles
MyBase.Load
    strconn = "Provider=Microsoft.ACE.OLEDB.12.0; Data Source='d:\data\schedules.accdb '"
        objConn = New OleDbConnection(strconn)
        objDataAda = New OleDbDataAdapter("select * from Instructor", objConn)
        objDSet = New DataSet()
        objDataAda.Fill(objDSet, "Instru")
        dgvInstru.DataSource = objDSet.Tables("Instru")
    End Sub
```

上述代码初始化了程序所需的模块级变量，在窗体的 Form_Load 事件中实现了对数据库 "schedules.accdb" 的连接，使用 DataAdapter 对象将教师信息表 "Instructor" 填充到 DataSet 对象中名为 "Instru" 的 DataTable 表中，通过设置 DataGridView 对象的 DataSource 属性显示 "Instru" 表的数据。

- 选取 DataGridView 数据的实现。

```
Private Sub dgvInstru_CellClick(ByVal sender As Object, ByVal e As System.Windows.Forms.
DataGridViewCellEventArgs) Handles dgvInstru.CellClick
            txtZGH.Text = dgvInstru.CurrentRow.Cells(0).Value
            txtXM.Text = dgvInstru.CurrentRow.Cells(1).Value
            txtXB.Text = dgvInstru.CurrentRow.Cells(2).Value
            txtCSRQ.Text = dgvInstru.CurrentRow.Cells(3).Value
            txtZZ.Text = dgvInstru.CurrentRow.Cells(4).Value
    End Sub
```

为了方便后续对教师表的维护，上述代码实现了通过单击 DataGridView 对象的单元格将所选行的信息赋值给左边对应的文本框，这样用户就可以比较灵活地更新数据。当用户希望删除或修改某条教师信息时，可以单击右边数据表中的相应记录，此时，该教师的相关信息便会显示在左边对应的文本框中，随后用户可通过"删除"和"修改"按钮实现记录的更新操作。"dgvInstru.CurrentRow.Cells"是 DataGridView 控件的一个属性，代表当前所选行的所有单元格，可以利用索引引用到具体的某一单元格。

- "添加"按钮的实现。

```
Private Sub cmdAdd_Click(ByVal sender As System.Object, ByVal e As System.EventArgs) Handles
cmdAdd.Click
            Dim objdr As DataRow = objDSet.Tables("Instru").NewRow()
            objdr("InstructorID") = txtZGH.Text
```

```
        objdr("InstruName") = txtXM.Text

        objdr("Sex") = txtXB.Text

        objdr("Birthdate") = txtCSRQ.Text

        objdr("Title") = txtZZ.Text

        objDSet.Tables("Instru").Rows.Add(objdr)

        objCBuilder = New OleDbCommandBuilder(objDataAda)

        objDataAda.Update(objDSet, "Instru")

    End Sub
```

上述代码通过 DataTable 的 NewRow()和 DataTable.Rows 属性的 Add 方法将一个新行及其数据添加到 DataTable 表"Instru"中，进一步利用 CommandBuilder 对象生成对 DataSet数据集更改对应的 SQL 命令，最后使用 Update 方法将更改发回到数据源。

- "删除"按钮的实现。

```
     Private Sub cmdDelete_Click(ByVal sender As System.Object, ByVal e As System.EventArgs)
Handles cmdDelete.Click

        Dim objCol(0) As DataColumn

        objCol(0) = objDSet.Tables("Instru").Columns("InstructorID")

        objDSet.Tables("Instru").PrimaryKey = objCol

        Dim objdr As DataRow = objDSet.Tables("Instru").Rows.Find(txtZGH.Text)

        If   Not (objdr Is Nothing) Then

            objdr.Delete()

            objCBuilder = New OleDbCommandBuilder(objDataAda)

            objDataAda.Update(objDSet, "Instru")

        End If

    End Sub
```

 注意："删除"按钮代码的实现中，在进行数据更新之前，需要在 DataTable 表中设置用于唯一识别表中记录的主键，DataTable.PrimaryKey 属性获取或设置充当数据表主键的列的数组。因为主键可由多列组成，所以 PrimaryKey 属性由 DataColumn 对象的数组组成。DataTable.Rows 属性的 Find 方法可以查找键值返回相应的 DataRow 对象。如果没有找到相匹配的记录，则返回空值。最后通过 DataRow 对象的 Delete 方法将 Find 方法返回的行删除。

- "修改"按钮的实现。

```
     Private Sub cmdUpdate_Click(ByVal sender As System.Object, ByVal e As System.EventArgs)
Handles cmdUpdate.Click

        Dim strZGH As String

        strZGH = txtZGH.Text

        Dim objCol(0) As DataColumn

        objCol(0) = objDSet.Tables("Instru").Columns("InstructorID")

        objDSet.Tables("Instru").PrimaryKey = objCol
```

```
        Dim objdr As DataRow = objDSet.Tables("Instru").Rows.Find(strZGH)
        If Not (objdr Is Nothing) Then
            objdr("InstruName") = txtXM.Text
            objdr("Sex") = txtXB.Text
            objdr("Birthdate") = txtCSRQ.Text
            objdr("Title") = txtZZ.Text
            objCBuilder = New OleDbCommandBuilder(objDataAda)
            objDataAda.Update(objDSet, "Instru")
        End If
    End Sub
```

"修改"按钮代码的实现与上述代码类似。

9.4　数据控件及数据绑定

9.4.1　BindingSource 控件

BindingSource 控件与数据源建立连接，然后将窗体中的控件与 BindingSource 控件建立绑定关系来实现数据绑定，简化数据绑定的过程。它能够自动管理许多绑定问题，既支持向后台数据库发送命令来检索数据，又支持直接通过 BindingSource 控件对数据进行访问、排序、筛选和更新操作。

我们可以从"工具箱"中的"数据"控件中将 BindingSource 控件添加到用户界面上。但是由于 BindingSource 控件没有运行时界面，因而无法在用户界面上看到该控件。表 9-16 和表 9-17 列出了 BindingSource 控件的主要属性和主要方法。

表 9-16　BindingSource 控件的主要属性

属　性	说　明
AllowEdit	指示是否可以编辑 BindingSource 控件中的记录
AllowNew	指示是否可以使用 AddNew 方法向 BindingSource 控件添加记录
AllowRemove	指示是否可从 BindingSource 控件中删除记录
Count	获取 BindingSource 控件中的记录数
CurrencyManager	获取与 BindingSource 控件关联的当前记录管理器
Current	获取 BindingSource 控件中的当前记录
DataMember	获取或设置连接器当前绑定到的数据源中的特定数据列表或数据库表
DataSource	获取或设置连接器绑定到的数据源
Filter	获取或设置用于筛选的表达式
Item	获取或设置指定索引的记录
Sort	获取或设置用于排序的列名来指定排序

表 9-17　BindingSource 控件的主要方法

方　　法	说　　明
Add	将现有项添加到内部列表中
CancelEdit	从列表中移除所有元素
EndEdit	将挂起的更改应用于基础数据源
Find	在数据源中查找指定的项
MoveFirst	移至列表中的第一项
MoveLast	移至列表中的最后一项
MoveNext	移至列表中的下一项
MovePrevious	移至列表中的上一项
RemoveCurrent	从列表中移除当前项

【例 9.6】　使用数据源配置向导建立 BindingSource 控件与数据源的连接。

(1) 在表单中增加一个 BindingSource 控件，命名为"myBindingSource"，在它的属性"Datasource"中选择"添加项目数据源…"，这时会自动弹出"数据源配置向导"对话框，如图 9-10 所示。

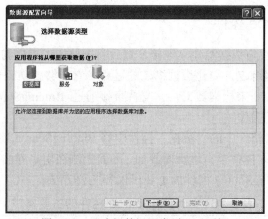

图 9-10　"选择数据源类型"对话框

(2) 选择数据源类型为"数据库"，点击"下一步"，出现如图 9-11 所示对话框。

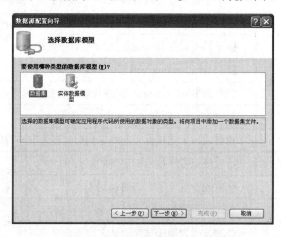

图 9-11　"选择数据库模型"对话框

(3) 选择数据库模型为"数据集",点击"下一步",出现如图 9-12 所示对话框。

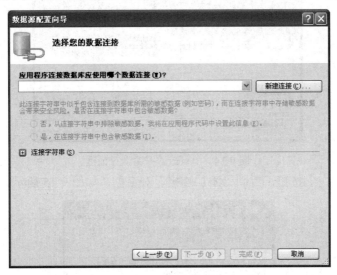

图 9-12　"选择您的数据连接"对话框

(4) 在"选择您的数据连接"对话框中单击"新建连接(C)..."按钮,出现如图 9-13 所示对话框。

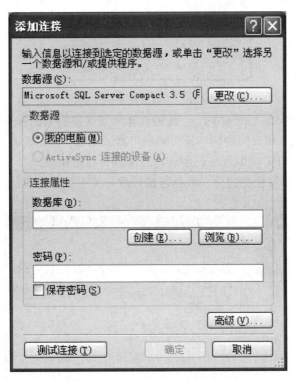

图 9-13　"添加连接"对话框

(5) 单击"更改(C)..."按钮,在图 9-14 所示的"更改数据源"对话框中选择要连接的数据源和提供程序。这里,我们选择图中的"Microsoft Access 数据库文件",表示连接的数据库为 Access。

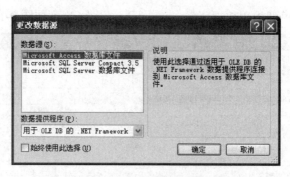

图 9-14 "更改数据源"对话框

（6）单击"确定"按钮，返回"添加连接"对话框，如图 9-15 所示。

图 9-15 "添加连接"对话框

（7）进一步通过单击"浏览(B)…"按钮选择所需连接的数据库文件。如果数据库设置了登录密码，则需录入相应的密码，最后单击"测试连接"按钮，若弹出"测试连接成功"信息框，则表示 VB.NET 应用程序已经成功连接到目标数据库。

（8）单击"确定"按钮完成建立数据连接过程，可看到已经自动生成如图 9-16 的连接字符串。

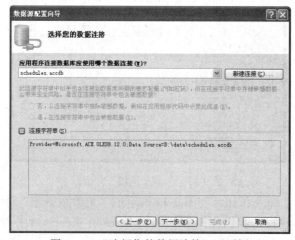

图 9-16 "选择您的数据连接"对话框

(9) 单击"下一步"，出现如图 9-17 所示对话框，此处可以修改连接字符串的名字。

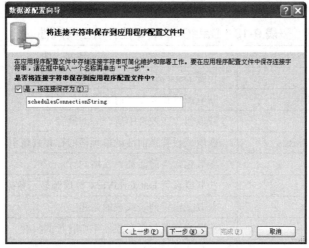

图 9-17　"将连接字符串保存到应用程序配置文件中"对话框

(10) 单击"下一步"，出现如图 9-18 所示对话框，设置 DataSet 的名称，选择数据集中包含的数据库对象，可以包含表和视图两种对象类型。同时，可以进一步选择包含表和视图中的哪些字段。设置结束后，单击"完成"按钮，数据源配置向导过程结束，此时在 Form 设计视窗中自动产生一个 DataSet 数据集。这里我们选择了"Instructor"表，生成了数据集"SchedulesDataSet"。

图 9-18　"选择数据库对象"对话框

9.4.2　DataGridView 控件

在数据库应用程序中，数据查询结果的显示有多种方法。如果开发人员希望把多条记录并列显示，可以采用 DataGridView 控件。DataGridView 控件可以显示和编辑来自多种不同类型的数据源的表格式的数据，它与嵌入在窗体中的电子表格类似，其内容可以通过绑定或编程的方式来实现，具有很高的可配置性和可扩展性，提供了大量的属性、方法和事件。DataGridView 控件由两种基本的对象组成：单元格(Cell)和组(Band)。组包括两种类型：

DataGridViewColumn 集合和 DataGridViewRow 集合。单元格(Cell)是操作 DataGridView 的基本单位。DataGridView 控件的主要属性如表 9-18 所示。

表 9-18　DataGridView 控件的主要属性

属　性	说　明
ReadOnly	设置 DataGridView 所有单元格为只读，不可编辑
CurrentCell	获取或设置取得当前活动的单元格
Columns	获取包含在控件中所有列的集合
CurrentCellAddress	获取或设置当前活动单元格的行和列索引
CurrentRow	获取包含当前活动单元格的行
DataSource	获取或设置 DataGridView 数据源显示数据
DataMember	获取或设置列表或表的名称
Rows	获取或设置包含在控件中所有行的集合
RowCount	获取或设置在 DataGridView 显示行数
ColumnCount	获取或设置 DataGridView 显示的列数

【例 9.7】　将例 9.6 中产生的 DataSet 数据集通过 DataGridView 控件显示。

(1) 在例 9.6 的 Form 窗体中添加 DataGridView 控件和一个命令按钮，属性设置如表 9-19。

表 9-19　例 9.7 的对象及属性表

对　象	属　性	赋　值
DataGridView1	Name	dgvInstru
Button1	Name	cmdSave
	Text	保存

(2) 单击 DataGridView 控件的 ▶ 图标，打开"DataGridView 任务"窗口，在"选择数据源"下拉列表框中选择"myBindingSource"下的"Instructor"表，这时会自动生成"Instructor BindingSource"对象和"InstructorTableAdapter"对象，选择 "启用添加"、"启用编辑"和"启用删除"，这是 DataGridView 控件的默认设置，如图 9-19 所示。如果此三项功能被选中，表示允许用户通过 DataGridView 控件更新绑定到该控件的数据集对象。

图 9-19　DataGridView 任务

(3) 设置完成后，此时窗体 Form1 的设计界面如图 9-20 所示，数据源表 "Instructor" 的表结构显示在 DataGridView 控件中。为了能够为用户更友好地显示该表的列名，这里进一步对显示的列名重新编辑。再次打开图 9-19 所示的 "DataGridView 任务" 窗口，单击 "编辑列..."，打开如图 9-21 所示的 "编辑列" 对话框。

图 9-20 例 9.7 程序的设计界面

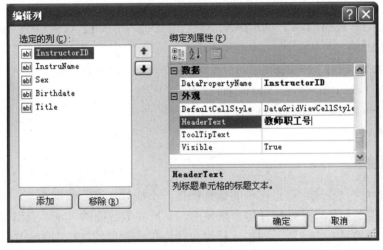

图 9-21 "编辑列" 对话框

(4) 选定 "编辑列" 对话框左侧 "InstructorID" 列，修改右侧 "绑定列属性" 中的 "HeaderText" 属性值为 "教师职工号"，单击 "确定" 按钮。此时 DataGridView 控件中第一列显示的列名被更改为 "教师职工号"。依此方法，分别将 "InstruName"、"Sex"、"Birthdate"、"Title" 的列显示名称改为 "姓名"、"性别"、"出生日期" 和 "职称"。

(5) 在 cmdSave 控件的 Click 事件中，添加如下代码，实现通过 DataGridView 控件对数据源的更新：

        Me.InstructorTableAdapter.Update(Me.SchedulesDataSet.Instructor)

(6) 单击 "启动调试" 按钮，程序运行界面如图 9-22 所示。在 DataGridView 控件中用户可以直接对数据进行操作：

① 要修改某个数据，直接单击该数据，输入新的值即可。

② 要删除某行数据，在该行的左侧单击选中这一行，然后按下 Delete 键。

③ 要插入一个新的行，滚动到 DataGridView 控件的底部空白行，便可插入新行。

最后，单击 "保存" 按钮确认对数据源的更新。

图 9-22   例 9.7 程序运行结果

除了可利用可视化方式实现 DataGridView 控件数据源的选择外，还可以通过手动编程的方式设置 DataGridView 控件的显示内容。此时，需要在代码中设置该控件的 DataSource 和 DataMember 属性。如在例 9.5 的"变量与窗体的初始化"部分，我们可以利用代码中定义并填充的数据集"objDSet"设置 DataGridView 控件的数据源，执行结果与本例相同。

另外，我们也可以使用例 9.6 中生成的数据集"SchedulesDataSet"，通过在 Form_Load 事件中设置如下代码实现本例的功能：

```
Private Sub Form1_Load(ByVal sender As System.Object, ByVal e As System.EventArgs) Handles
MyBase.Load
    Me.InstructorTableAdapter.Fill(Me.SchedulesDataSet.Instructor)
    dgvInstru.DataSource = Me.SchedulesDataSet
    dgvInstru.DataMember = "Instructor"
End Sub
```

9.4.3   数据绑定

数据对象本身只能进行数据库中的数据操作，不能独立进行数据浏览，所以需要把具有数据绑定功能的控件同数据控件结合来使用，共同完成数据的显示、查询等处理工作。

数据绑定指的是一个过程，即在运行时自动为包含数据的结构中的一个或多个窗体控件设置属性的过程。使用数据绑定，你无须显式编写实例化连接和创建数据集的代码，与 Windows 窗体相关联的向导将为你编写必要的 ADO.NET 代码。

VB.NET 类库中并没有提供专用的数据库绑定控件，但它可以依托 .NET FrameWork SDK 中提供的数据绑定技术，将打开的数据表中的某个或者某些字段绑定到 VB 应用程序的 WinForm 组件的某些属性上，从而实现这些组件显示数据表中的记录信息的功能。

Windows 窗体可以被轻松绑定到几乎所有包含数据的结构，如存储在数据表的数据、由文件读取的数据结果以及存储阵列中的数据等。将窗体绑定到数据后，就可以将窗体上的控件绑定到特定的数据元素。从控件绑定的数据元素数量来看，Windows 窗体的数据绑定可以分为两种类型：简单数据绑定和复杂数据绑定。

1. 简单数据绑定

所谓简单型的数据绑定就是绑定后组件显示出来的字段只是单个记录，这种绑定一般使用在显示单个值的组件上。对于大多数的可视控件，都可以借助 DataBindings 属性进行简单绑定。支持简单数据绑定的控件有 TextBox、Label 等。

【例 9.8】使用 TextBox 控件数据绑定实现对教师信息表的数据浏览，如图 9-23 所示。界面中标签与文本框的设计同例 9.1，各按钮的属性设置请参看表 9-20。这些命令按钮的具体实现方法将在下面的代码中介绍。

图 9-23　例 9.8 程序运行结果

表 9-20　例 9.8 的对象及属性表

对　象	属　性	赋　值
Button1	Name	cmdFirst
	Text	第一条
Button2	Name	cmdPre
	Text	前一条
Button3	Name	cmdNext
	Text	后一条
Button4	Name	cmdLast
	Text	最后一条

(1) 生成如例 9.6 中的"SchedulesDataSet"数据集。

(2) 打开 txtZGH 控件的属性窗口，选中"DataBindings"属性下的"Advanced"，这时在属性值框内出现浏览按钮 […]。

(3) 单击浏览按钮，打开"格式设置和高级绑定"对话框，如图 9-24 所示。

图 9-24　"格式设置和高级绑定"对话框

(4) 在左侧"属性"中，选中"Text"属性，在右侧的"绑定"下方的对象框中将 SchedulesDataSet 数据集依次展开，选中字段"InstructorID"后单击"确定"以完成数据绑定，同时会生成"InstructorBindingSource"对象和"InstructorTableAdapter"对象。

(5) 设置其他 TextBox 控件的绑定属性，此时因为已经生成"InstructorBindingSource"对象，可直接展开该对象下的各对应字段，完成绑定操作。

(6) 完成各按钮的实现代码如下：

- "第一条"按钮的实现：

```
Private Sub cmdFirst_Click(ByVal sender As System.Object, ByVal e As System.EventArgs) Handles cmdFirst.Click
        Me.InstructorBindingSource.MoveFirst()
    End Sub
```

- "前一条"按钮的实现：

```
Private Sub CmdPre_Click(ByVal sender As System.Object, ByVal e As System.EventArgs) Handles CmdPre.Click
        Me.InstructorBindingSource.MovePrevious()
    End Sub
```

- "后一条"按钮的实现：

```
Private Sub cmdNext_Click(ByVal sender As System.Object, ByVal e As System.EventArgs) Handles cmdNext.Click
        Me.InstructorBindingSource.MoveNext()
    End Sub
```

- "最后一条"按钮的实现：

```
Private Sub cmdLast_Click(ByVal sender As System.Object, ByVal e As System.EventArgs) Handles cmdLast.Click
        Me.InstructorBindingSource.MoveLast()
    End Sub
```

2. 复杂数据绑定

复杂数据绑定是指将一个控件绑定到多个数据元素。通常绑定到数据库中的多条记录，或者绑定到多个任何其他类型的可绑定数据元素。支持复杂数据绑定的控件有 ListBox、ComboBox、DataGridView 等。对于大多数的复杂控件绑定，可以通过设置 DataSource 和 DisplayMember 属性来实行。

【例 9.9】 将教师信息表的"InstruName"列绑定到一个 ComboBox 控件上，属性设置如表 9-21，程序运行结果如图 9-25。

表 9-21 例 9.9 的对象及属性表

对　象	属　性	赋　值
窗体	Name	Form1
ComboBox1	Name	cmbName
Label1	Name	labList
	Text	显示教师姓名列表

(1) 生成如例 9.6 中的 "SchedulesDataSet" 数据集。

(2) 单击 ComboBox 控件的▶图标，打开 "ComboBox 任务" 窗口，选中 "使用数据绑定项"，在 "选择数据源" 下拉列表框中选择 "myBindingSource" 下的 "Instructor" 表，这时会自动生成 "InstructorBindingSource" 对象，接着在 "显示成员" 下拉列表框中选择 "InstruName" 列，如图 9-26 所示。

(3) 单击 "启动调试" 按钮测试程序。

图 9-25　例 9.9 程序运行结果

图 9-26　ComboBox 任务

9.5　数据库应用程序实例——教师授课信息管理系统

数据库应用程序的设计与开发在应用软件中占有十分重要的地位，本节将以一个实际的教师授课信息管理系统为例，完整地介绍数据库应用程序设计和实现的全过程。

9.5.1　教师授课信息管理系统功能简介

教师授课信息管理系统利用数据库技术有效地管理数据，主要功能包括教师授课信息查询、教师信息维护和课程信息维护三部分。该管理系统的操作由 3 个界面组成：第一个界面是 "教师授课信息查询"，通过设置多种查询条件，实现教师授课信息的查询与浏览；第二个界面是 "教师信息维护"，可以利用导航按钮 "上一个"、"下一个"、"第一个" 和 "最后一个" 实现逐个记录浏览，同时该界面包括教师数据的基本操作，如添加记录、删除记录和修改记录；第三个界面是 "课程信息维护"，利用 DataGridView 控件浏览所有课程的相关内容，并对课程信息实现基本的数据操作。

9.5.2　系统的设计和实现思路

教师授课信息管理系统是利用数据库技术管理数据的应用程序。使用 VB.NET 开发数据库应用系统时，需要完成如下步骤：

(1) 根据系统所要求完成的功能设计数据表结构，本例中的数据表结构设计如 9.2 节所示。教师授课信息管理系统的所有数据存储在本章的实例数据库 "schedules.Accdb" 中，如 9.2 节中所述，该数据库中包含 2 个数据表："Instructor" 和 "Course"。Instructor 数据表用于存储教师信息，如表 9-2 所示，Course 数据表用来存储课程信息，如表 9-3 所示，每个教师可承担多门课程。

(2) 在 VB.NET 中创建 Windows 窗体应用程序，为每项功能设计相应的操作界面。教师授课信息管理系统需要 3 个界面，一种常见的方法是使用 3 个窗体分别实现，这里为了紧凑起见，把 3 个界面整合在一起，放在一个选项卡控件里。该选项卡控件包含 3 个子选项卡，分别对应于系统的 3 个功能界面。

(3) 在应用程序中建立与数据库的连接并通过界面中控件的相应事件完成功能代码。本例首先使用 Connection 对象建立与数据源的连接，然后使用 Command 对象执行对数据源的操作命令，同时使用 DataAdapter 控件和 DataSet 数据集对获得的数据进行操作。另外，为了方便数据的浏览和更新，本例中还通过将数据集与数据控件绑定，以显示数据操作结果。

9.5.3 教师授课信息管理系统的实现过程

在 VB.NET 编程环境中创建一个新的项目，名称为 "InfoSystem"。设计 Form1 窗体，其 Name 为默认的 Form1，其 Text 属性为 "教师授课信息管理系统"。在 Form1 中添加 TabControl 控件，为该控件建立 3 个子选项卡，设置其 Text 属性分别为 "教师授课信息查询"、"教师信息维护" 和 "课程信息维护"。

1. "教师授课信息查询" 子选项卡的实现

1) 界面设计

"教师授课信息查询" 子选项卡主要实现多种条件的查询并显示结果，这里的查询属于高级查询，如利用教师姓名查找该教师所教授的课程，由于教师姓名在 "Instructor" 表的 "InstruName" 字段中，课程信息在 "Course" 表中，所以需要将 2 个数据表进行关联查询。该子选项卡分为两个区：查询条件设定区和查询结果显示区。首先，利用下拉列表框给出 3 种查询条件设置方式，分别是 "按教师姓名查询"、"按课程名称查询"、"按开课学院查询"，将这三种查询方式设置为 ComboBox 控件的 Items 属性。程序运行时，根据用户选择的查询方式，在其后的 TextBox 控件等待输入相应的待查找的名称，输入完毕后，单击 "查询" 按钮，实现特定条件的教师授课信息查询。所有查询结果均利用 DataGridView 控件显示，窗口的界面设计如图 9-27 所示，其中对象及属性设置如表 9-22 所示。

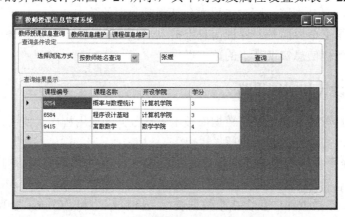

图 9-27 "教师授课信息查询" 选项卡

表 9-22　"教师授课信息查询"选项卡的对象及属性表

对　象	属　性	赋　值
GroupBox1	Text	查询条件设定
GroupBox2	Text	查询结果显示
Label1	Text	选择浏览方式
ComboBox1	Name	cbbSelect
	DropDownStyle	DropDownList
	Items	按教师姓名查询，按课程名称查询，按开课学院查询
TextBox1	Name	txtCond
Button1	Name	cmdSelect
	Text	查询
DataGridView1	Name	dgvInfoRes

2) 代码实现

为了实现程序与数据库的连接，以及在其他的子选项卡中不再重复建立连接对象，需要在窗体级初始化连接字符串和连接对象变量，并在窗体加载时建立连接，代码如下：

```
Dim strconn As String
Dim objConn As OleDbConnection
Private Sub Form1_Load(ByVal sender As Object, ByVal e As System.EventArgs) Handles Me.Load
    strconn = " Provider=Microsoft.ACE.OLEDB.12.0; Data Source='d:\data\schedules.accdb'"
    objconn = New OleDbConnection(strconn)
End Sub
```

"教师授课信息查询"子选项卡中多种查询方式的实现主要是编写"查询"按钮的Click事件过程，实现代码如下：

```
Private Sub cmdSelect_Click(ByVal sender As System.Object, ByVal e As System.EventArgs) Handles cmdSelect.Click
    Dim strsql As String
    Dim objCmd As OleDbCommand
    Dim objDataAda As OleDbDataAdapter
    Dim objDSet As DataSet
'根据查询条件决定查询命令
    If cbbSelect.Text = "按教师姓名查询" Then
        strsql = "select CourseID,CourseName,Department,Credit from Course,Instructor where Instructor.InstructorID=Course.InstructorID and InstruName=?"
        objCmd = New OleDbCommand(strsql, objConn)
        objCmd.Parameters.AddWithValue("@InstruName", txtCond.Text)
        objDataAda = New OleDbDataAdapter()
        objDataAda.SelectCommand = objCmd
```

```vb
        objDataAda.SelectCommand.Connection = objConn
        objDSet = New DataSet()
        objDataAda.Fill(objDSet, "SelResult")
        ' 利用 DataGridView 控件显示查询结果，并设置结果中列名的显示信息
        dgvInfoRes.DataSource = objDSet.Tables(0)
        dgvInfoRes.Columns(0).HeaderText = "课程编号"
        dgvInfoRes.Columns(1).HeaderText = "课程名称"
        dgvInfoRes.Columns(2).HeaderText = "开设学院"
        dgvInfoRes.Columns(3).HeaderText = "学分"
    ElseIf cbbSelect.Text = "按课程名称查询" Then
        strsql = "select  Instructor.InstructorID,InstruName,Title,Department,Credit from  Course,Instructor
where Instructor.InstructorID=Course.InstructorID and CourseName=?"
        objCmd = New OleDbCommand(strsql, objConn)
        objCmd.Parameters.AddWithValue("@CourseName", txtCond.Text)
        objDataAda = New OleDbDataAdapter()
        objDataAda.SelectCommand = objCmd
        objDataAda.SelectCommand.Connection = objConn
            objDSet = New DataSet()
            objDataAda.Fill(objDSet, "SelResult")
            dgvInfoRes.DataSource = objDSet.Tables(0)
            dgvInfoRes.Columns(0).HeaderText = "教工号"
            dgvInfoRes.Columns(1).HeaderText = "教师姓名"
            dgvInfoRes.Columns(2).HeaderText = "职称"
            dgvInfoRes.Columns(3).HeaderText = "开设学院"
            dgvInfoRes.Columns(3).HeaderText = "学分"
        ElseIf cbbSelect.Text = "按开课学院查询" Then
            strsql  =  "select  CourseID,CourseName,Credit,InstruName,Title  from  Course,Instructor
where Instructor.InstructorID=Course.InstructorID and Department=?"
            objCmd = New OleDbCommand(strsql, objConn)
            objCmd.Parameters.AddWithValue("@Department", txtCond.Text)
            objDataAda = New OleDbDataAdapter()
            objDataAda.SelectCommand = objCmd
        objDataAda.SelectCommand.Connection = objConn
        objDSet = New DataSet()
        objDataAda.Fill(objDSet, "SelResult")
        dgvInfoRes.DataSource = objDSet.Tables(0)
        dgvInfoRes.Columns(0).HeaderText = "课程编号"
        dgvInfoRes.Columns(1).HeaderText = "课程名字"
        dgvInfoRes.Columns(2).HeaderText = "学分"
```

dgvInfoRes.Columns(3).HeaderText = "授课教师"

dgvInfoRes.Columns(3).HeaderText = "职称"

　　　　End If

　　End Sub

2. "教师信息维护"子选项卡的实现

1) 界面设计

"教师信息维护"子选项卡实现对教师信息的浏览和数据操作(包括添加、删除或修改教师记录)。在该界面中，通过采用将一组文本框与 Instructor 数据表中的不同字段进行数据绑定的方法，从而实现单个教师的各种信息的浏览。同时，使用 4 个导航按钮："第一条"、"前一条"、"后一条"和"最后一条"来实现不同记录之间的切换。对于数据操作功能，可以放置"添加"、"删除"、"修改"和"确定"4 个按钮来实现。窗口的界面设计如图 9-28 所示，其中对象及属性设置如表 9-23。

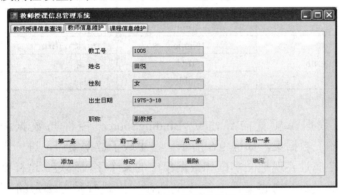

图 9-28　"教师信息维护"选项卡

表 9-23　"教师信息维护"选项卡的对象及属性表

对　象	属　性	赋　值
Label1	Text	教工号
Label2	Text	姓名
Label3	Text	性别
Label4	Text	出生日期
Label5	Text	职称
TextBox1	Name	txtZGH
	ReadOnly	True
TextBox2	Name	txtXM
	ReadOnly	True
TextBox3	Name	txtXB
	ReadOnly	True
TextBox4	Name	txtCSRQ
	ReadOnly	True
TextBox5	Name	txtZZ
	ReadOnly	True

续表

对　象	属　性	赋　值
Button1	Name	cmdFirst
	Text	第一条
Button2	Name	cmdPre
	Text	前一条
Button3	Name	cmdNext
	Text	后一条
Button4	Name	cmdLast
	Text	最后一条
Button5	Name	cmdAdd
	Text	添加
Button6	Name	cmdUpdate
	Text	修改
Button7	Name	cmdDelete
	Text	删除
Button8	Name	cmdConfirm
	Text	确定
	Enabled	False

2) 代码实现

本例中采用数据源配置向导建立 BindingSource 控件与数据源的连接，生成"SchedulesDataSet"数据集，如例 9.6 所示。在生成了数据集后，进一步通过文本框控件的"DataBindings"属性实现把文本框和数据集中的某个字段绑定，这样就不需要编写代码来设置每个文本框显示的内容了，如例 9.8 所示。在进行数据绑定的同时，会自动生成"InstructorBindingSource"对象和"InstructorTableAdapter"对象。此时，我们会发现在窗体的 Load 事件中，自动添加了如下代码：

```
' TODO: 这行代码将数据加载到表 "SchedulesDataSet.Instructor" 中。您可以根据需要移动或删除它
    Me.InstructorTableAdapter.Fill(Me.SchedulesDataSet.Instructor)
```

下面，我们将利用这两个对象实现数据集记录的浏览与操作。

(1) 数据浏览。

由于在之前的操作中，我们已经实现了数据控件的绑定，因此实现数据记录浏览只需为界面中的 4 个导航按钮实现如下代码：

```
Private Sub cmdFirst_Click(ByVal sender As System.Object, ByVal e As System.EventArgs) Handles cmdFirst.Click
        Me.InstructorBindingSource.MoveFirst()
    End Sub
    Private Sub cmdPre_Click(ByVal sender As System.Object, ByVal e As System.EventArgs) Handles cmdPre.Click
        Me.InstructorBindingSource.MovePrevious()
    End Sub
    Private Sub cmdNext_Click(ByVal sender As System.Object, ByVal e As System.EventArgs) Handles cmdNext.Click
```

```
        Me.InstructorBindingSource.MoveNext()
    End Sub
    Private Sub cmdLast_Click(ByVal sender As System.Object, ByVal e As System.EventArgs) Handles
cmdLast.Click
        Me.InstructorBindingSource.MoveLast()
    End Sub
```

(2) 添加、修改与删除数据。

要添加记录，需要先把所有显示各字段内容的文本框的 ReadOnly 属性设置为 False，这样才可以让用户输入数据。而在输入数据完毕之后，又需要把 ReadOnly 属性设置为 True。在输入数据时，除"确定"按钮外，其他按钮都应该设置为不可用，即 Enabled 属性为 False，以免输入时出现问题。而且这样的变化在修改记录时也会用到，所以考虑定义一个过程 setall 来方便调用。setall 过程的定义如下：

```
    Private Sub setall(ByVal tf As Boolean)
        txtZGH.ReadOnly = tf
        txtXM.ReadOnly = tf
        txtXB.ReadOnly = tf
        txtCSRQ.ReadOnly = tf
        txtZZ.ReadOnly = tf
        cmdFirst.Enabled = tf
        cmdPre.Enabled = tf
        cmdNext.Enabled = tf
        cmdLast.Enabled = tf
    End Sub
```

在添加记录时，所有文本框首先应清空，并且"确定"按钮的 Enabled 属性此时应设置为 True，用户在输入完要添加的内容后，可通过单击"确定"按钮实现记录的添加。"添加"操作完成后，所有文本框和按钮要回到浏览数据的状态，即文本框的 ReadOnly 属性均为 True，除"确定"按钮外，其他所有按钮的 Enabled 均为 True。添加记录运行界面如图 9-29 所示。

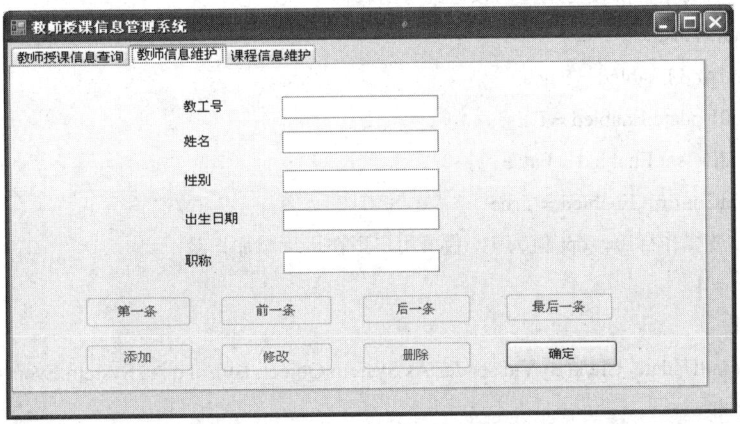

图 9-29 添加教师信息运行界面

　　修改记录的实现方法与添加记录相似，也需先设置文本框的读写状态与按钮的可用属性，修改操作完成后，通过"确定"按钮执行记录更新操作。两者的不同在于：添加记录时文本框的内容被清空；而修改记录时文本框的内容为用户当前正浏览的记录，并且显示"教工号"字段的文本框仍为只读。另外，添加记录后显示最后被添加的记录，而修改记录后显示的应该是被修改的记录。修改记录运行界面如图 9-30 所示。

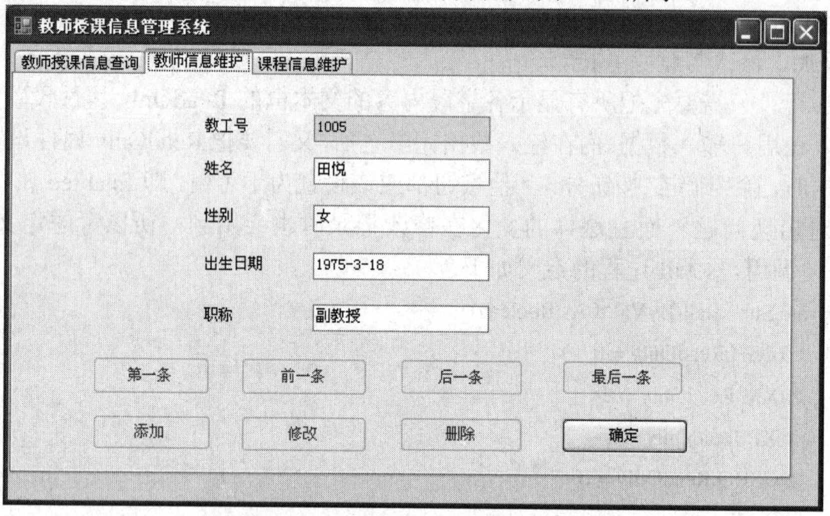

图 9-30　修改教师信息运行界面

　　"添加"、"修改"和"确认"按钮的实现代码如下：

```
Private Sub cmdAdd_Click(ByVal sender As System.Object, ByVal e As System.EventArgs) Handles
cmdAdd.Click
            ' 清空文本框内容，以便用户输入新记录
            txtZGH.Text = ""
            txtXM.Text = ""
            txtXB.Text = ""
            txtCSRQ.Text = ""
            txtZZ.Text = ""
            ' 设置文本框的读写属性与按钮的可用属性
            setall(False)
            cmdAdd.Enabled = False
            cmdUpdate.Enabled = False
            cmdDelete.Enabled = False
            cmdConfirm.Enabled = True
            ' 设置操作标志，opt 值为 1，代表用户正在进行添加记录
            opt = 1
      End Sub
    Private Sub cmdUpdate_Click(ByVal sender As System.Object, ByVal e As System.EventArgs) Handles
cmdUpdate.Click
            setall(False)
```

```
            cmdAdd.Enabled = False
            cmdUpdate.Enabled = False
            cmdDelete.Enabled = False
            cmdConfirm.Enabled = True
            txtZGH.ReadOnly = True
        ' 设置操作标志，opt 值为 2，代表用户正在进行修改记录
        opt = 2
    End Sub
    Private Sub cmdConfirm_Click(ByVal sender As System.Object, ByVal e As System.EventArgs)
Handles cmdConfirm.Click
            Dim curpos As Integer = Me.InstructorBindingSource.Position
            Dim Flag As Boolean
            If opt = 1 Then
            ' 添加记录操作
                If MessageBox.Show("确定要添加吗？", "教师信息确认?", MessageBoxButtons.OKCancel)
= DialogResult.OK Then
                ' 检验用户输入内容的合法性，若用户输入存在不符合数据库中相应字段格式要求的，则要
                    求用户重新输入，不会执行插入记录的操作
                    Flag = True
                    If Not IsNumeric(txtZGH.Text) Then
                        MessageBox.Show("教工号必须为数字！")
                        Flag = False
                    End If
                    If txtXM.Text = "" Then
                        MessageBox.Show("姓名不能为空！")
                        Flag = False
                    End If
                    If txtXB.Text = "" Then
                        MessageBox.Show("性别不能为空！")
                        Flag = False
                    End If
                    If Not IsDate(txtCSRQ.Text) Then
                        MessageBox.Show("出生日期格式不正确！正确的格式例如：1988-12-13")
                        Flag = False
                    End If
                    If txtZZ.Text = "" Then
                        MessageBox.Show("职称不能为空！")
                        Flag = False
                    End If
```

```vb
                    ' 用户输入内容合法，添加此新记录
                    If Flag Then
                        Dim objdr As DataRow = SchedulesDataSet.Tables(0).NewRow()
                        objdr("InstructorID") = txtZGH.Text
                        objdr("InstruName") = txtXM.Text
                        objdr("Sex") = txtXB.Text
                        objdr("Birthdate") = txtCSRQ.Text
                        objdr("Title") = txtZZ.Text
                        SchedulesDataSet.Tables(0).Rows.Add(objdr)
                        InstructorTableAdapter.Update(SchedulesDataSet.Tables(0))
                        ' 重新填充数据集，并使得数据绑定对象指向新插入的记录行
                        SchedulesDataSet.Clear()
                        InstructorTableAdapter.Fill(SchedulesDataSet.Tables(0))
                        Me.InstructorBindingSource.Position = Me.InstructorBindingSource.Count
                        ' 恢复浏览状态的文本框和按钮的属性
                        setall(True)
                        cmdAdd.Enabled = True
                        cmdUpdate.Enabled = True
                        cmdDelete.Enabled = True
                        cmdConfirm.Enabled = False
                    End If
                Else
                    ' 用户选择取消添加操作，重新填充数据集，并使得数据绑定对象指向原记录行
                    SchedulesDataSet.Clear()
                    InstructorTableAdapter.Fill(SchedulesDataSet.Tables(0))
                    Me.InstructorBindingSource.Position = curpos
                    setall(True)
                    cmdAdd.Enabled = True
                    cmdUpdate.Enabled = True
                    cmdDelete.Enabled = True
                    cmdConfirm.Enabled = False
                End If
            ElseIf opt = 2 Then
                ' 修改记录操作
                If MessageBox.Show("确定要修改吗?", "教师信息确认?", MessageBoxButtons.OKCancel) = DialogResult.OK Then
                    Flag = True
                    If txtXM.Text = "" Then
                        MessageBox.Show("姓名不能为空！")
```

```
            Flag = False
        End If
        If txtXB.Text = "" Then
            MessageBox.Show("性别不能为空！")
            Flag = False
        End If
        If Not IsDate(txtCSRQ.Text) Then
            MessageBox.Show("出生日期格式不正确！正确的格式例如：1988-12-13")
            Flag = False
        End If
        If txtZZ.Text = "" Then
            MessageBox.Show("职称不能为空！")
            Flag = False
        End If
        If Flag Then
            Dim strZGH As String
            strZGH = txtZGH.Text
            Dim objCol(0) As DataColumn
            objCol(0) = SchedulesDataSet.Tables(0).Columns("InstructorID")
            SchedulesDataSet.Tables(0).PrimaryKey = objCol
            Dim objdr As DataRow = SchedulesDataSet.Tables(0).Rows.Find(strZGH)
            If Not (objdr Is Nothing) Then
                objdr("InstruName") = txtXM.Text
                objdr("Sex") = txtXB.Text
                objdr("Birthdate") = txtCSRQ.Text\
                objdr("Title") = txtZZ.Text
            End If
            Me.InstructorBindingSource.EndEdit()
            InstructorTableAdapter.Update(SchedulesDataSet.Tables(0))
            Me.InstructorBindingSource.Position = curpos
            setall(True)
            cmdAdd.Enabled = True
            cmdUpdate.Enabled = True
            cmdDelete.Enabled = True
            cmdConfirm.Enabled = False
        End If
Else
SchedulesDataSet.Clear()
InstructorTableAdapter.Fill(SchedulesDataSet.Tables(0))
```

```
            Me.InstructorBindingSource.Position = curpos
            setall(True)
            cmdAdd.Enabled = True
            cmdUpdate.Enabled = True
            cmdDelete.Enabled = True
            cmdConfirm.Enabled = False
        End If
    End If
End Sub
```

其中，变量"opt"为窗体级变量，用于在"确认"按钮的 Click 事件中识别用户的操作，在窗体的 Load 事件中将其初始化为 0。

删除记录的代码更容易实现，相比添加记录和修改记录而言，不需要设置文本框的可读性和按钮的可用性。当用户单击"删除"按钮删除当前浏览的记录时，只需弹出一个警告框让用户确认即可，具体的代码实现如下：

```
Private Sub cmdDelete_Click(ByVal sender As System.Object, ByVal e As System.EventArgs)
Handles cmdDelete.Click
    Dim curpos As Integer = Me.InstructorBindingSource.Position
    If MessageBox.Show("确定要删除吗？", "教师信息确认?", MessageBoxButtons.OKCancel) =
DialogResult.OK Then
        Dim strZGH As String
        strZGH = txtZGH.Text
        Dim objCol(0) As DataColumn
        objCol(0) = SchedulesDataSet.Tables(0).Columns("InstructorID")
        SchedulesDataSet.Tables(0).PrimaryKey = objCol
        Dim objdr As DataRow = SchedulesDataSet.Tables(0).Rows.Find(strZGH)
        If Not (objdr Is Nothing) Then
            objdr.Delete()
            InstructorTableAdapter.Update(SchedulesDataSet.Tables(0))
        '记录删除后，重新填充数据集，数据绑定对象指向所删除记录的下一条，若删除的记录
为最后一行，则数据绑定对象指向当前数据集的最后一行
            SchedulesDataSet.Clear()
            InstructorTableAdapter.Fill(SchedulesDataSet.Tables(0))
            If curpos >= Me.InstructorBindingSource.Count Then
                curpos = Me.InstructorBindingSource.Count
            End If
            Me.InstructorBindingSource.Position = curpos
        End If
    End If
End Sub
```

3."课程信息维护"子选项卡的实现

1) 界面设计

"课程信息维护"子选项卡实现对课程信息的浏览与数据操作。在该界面中,通过单击"显示课程信息"按钮利用 DataGridView 控件实现对所有课程信息的浏览。通过"添加课程信息"、"删除课程信息"和"修改课程信息"按钮实现对课程信息的更新。窗口的界面设计如图 9-31 所示,其中对象及属性设置如表 9-24。

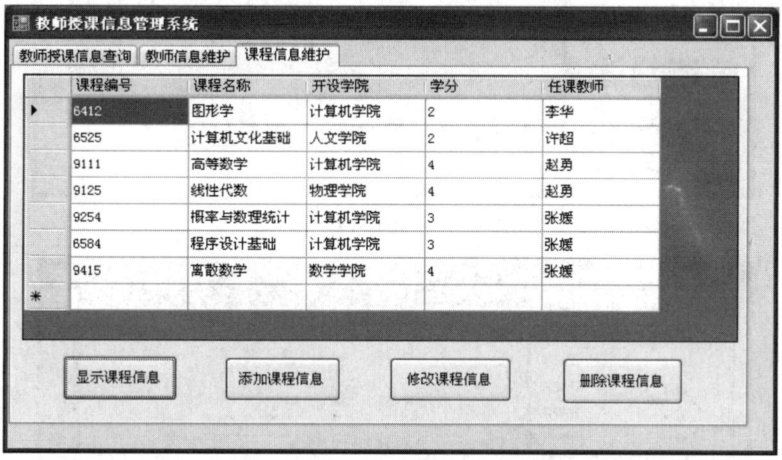

图 9-31　"课程信息维护"选项卡

表 9-24　"课程信息维护"选项卡的对象及属性表

对　　象	属　　性	赋　　值
DataGridView1	Name	dgvCourse
Button1	Name	cmdShowC
	Text	显示课程信息
Button2	Name	cmdAddC
	Text	添加课程信息
Button3	Name	cmdUpdateC
	Text	修改课程信息
Button4	Name	cmdDeleteC
	Text	删除课程信息

用户在输入课程更新信息时,可通过 ComboBox 控件选择事先设定好的开设学院名称,方便用户录入。同时,也可通过 ComboBox 控件选择教师姓名而非教工号添加和修改课程信息记录。开设学院的信息是既可以选择,也可以由用户录用的,但任课教师只能选择,不能录用,这样就保证了数据表之间的约束关系。添加课程和修改课程的窗口界面设计如图 9-32 和图 9-33 所示,添加课程窗口中对象和属性的设置如表 9-25,修改课程窗口的对象和属性设置与添加课程类似,只是窗体的名称为 Form3,窗体的 Text 属性设置为"修改课程",窗体中按钮名称为 cmdConfUpdate,Text 属性为"确认修改"。另外,修改记录时,用户不能更改记录的主键,可通过设置文本框"txtCourseID"的只读属性为 True,防止用户修改主键。同时,由于需要将要修改记录的任课教师信息在组合框"txtInstructor"中显示,所以修改该控件的只读属性为 False。

图 9-32　添加课程运行界面

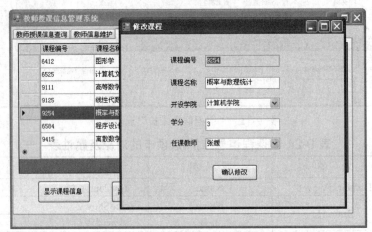

图 9-33　修改课程运行界面

表 9-25　"添加课程"窗口的对象及属性表

对　象	属　性	赋　值
Form2	Text	添加课程
Label1	Text	课程编号
Label2	Text	课程名称
Label3	Text	开设学院
Label4	Text	学分
Label5	Text	任课教师
TextBox1	Name	txtCourseID
TextBox2	Name	txtCourseName
ComboBox1	Name	txtDepartment
TextBox3	Name	txtCredit
ComboBox2	Name	txtInstructor
	ReadOnly	True
Button1	Name	cmdConfAdd
	Text	确认添加

2) 代码实现

当切换到"课程信息维护"子选项卡时，单击"显示课程信息"在 DataGid 控件中显示所有的课程信息，实现代码如下：

```vb
Private Sub cmdShowC_Click(ByVal sender As System.Object, ByVal e As System.EventArgs)
Handles cmdShowC.Click
        Dim strsql As String
        Dim objCmd As OleDbCommand
        Dim objDataAda As OleDbDataAdapter
        Dim objDSet As DataSet
        '显示课程记录信息，并在显示时使用任课教师姓名代替课程信息表中的教工编号
        strsql = "select CourseID, CourseName, Department, Credit, InstruName from Course, Instructor
where Instructor.InstructorID=Course.InstructorID"
        objCmd = New OleDbCommand(strsql, objConn)
        objDataAda = New OleDbDataAdapter()
        objDataAda.SelectCommand = objCmd
        objDataAda.SelectCommand.Connection = objConn
        objDSet = New DataSet()
        objDataAda.Fill(objDSet, "CourResult")
        dgvCourse.DataSource = objDSet.Tables(0)
        dgvCourse.Columns(0).HeaderText = "课程编号"
        dgvCourse.Columns(1).HeaderText = "课程名称"
        dgvCourse.Columns(2).HeaderText = "开设学院"
        dgvCourse.Columns(3).HeaderText = "学分"
        dgvCourse.Columns(4).HeaderText = "任课教师"
    End Sub
```

添加课程记录，单击"添加课程信息"按钮，打开"添加课程"窗体，代码实现如下：

```vb
Imports System.Data.OleDb
Public Class Form2
    Dim objconn As OleDbConnection
    Private Sub Form2_Load(ByVal sender As System.Object, ByVal e As System.EventArgs)
Handles MyBase.Load
        '初始化用于输入"开设学院"的组合框
        txtDepartment.Items.Add("计算机学院")
        txtDepartment.Items.Add("人文学院")
        txtDepartment.Items.Add("物理学院")
        txtDepartment.Items.Add("数学学院")
        Dim strconn As String
        strconn = " Provider=Microsoft.ACE.OLEDB.12.0; Data Source='d:\data\schedules.accdb'"
        objConn = New OleDbConnection(strconn)
        Dim strsql As String
```

```
            strsql = "select InstruName from Instructor"
            Dim objCmd As New OleDbCommand(strsql, objconn)
            Dim objReader As OleDbDataReader
            objConn.Open()
            objReader = objCmd.ExecuteReader()
            ' 初始化用于输入"任课教师"的组合框
            While objreader.Read()
                txtInstructor.Items.Add(objreader("InstruName"))
            End While
            objReader.Close()
            objConn.Close()
        End Sub
        Private Sub cmdConfAdd_Click(ByVal sender As System.Object, ByVal e As System.EventArgs)
Handles cmdConfAdd.Click
            Dim strsql As String
            Dim InstructorID As Integer
            Dim Flag As Boolean = True
            ' 检验用户输入数据的合法性
            If Not IsNumeric(txtCourseID.Text) Then
                MessageBox.Show("课程号必须为数字！")
                Flag = False
            End If
            If txtCourseName.Text = "" Then
                MessageBox.Show("课程名称不能为空！")
                Flag = False
            End If
            If txtDepartment.Text = "" Then
                MessageBox.Show("开课学院不能为空！")
                Flag = False
            End If
            If Not IsNumeric(txtCredit.Text) Then
                MessageBox.Show("学分必须为数字！")
                Flag = False
            End If
            If txtInstructor.Text = "" Then
                MessageBox.Show("请选择任课教师！")
                Flag = False
            End If
            If Flag Then
            ' 添加记录
```

```
        strsql = "select InstructorID from Instructor where InstruName='" & txtInstructor.Text & "'"
        Dim objCmd As New OleDbCommand(strsql, objconn)
        Dim objReader As OleDbDataReader
        objConn.Open()
        objReader = objCmd.ExecuteReader()
        If objReader.Read() Then
            InstructorID = objReader("InstructorID")
        End If
        objReader.Close()
        strsql = "insert into Course(CourseID,CourseName,Department,Credit,InstructorID)
values(" & txtCourseID.Text & ",'" & txtCourseName.Text & "','" & txtDepartment.Text & "'," &
txtCredit.Text & "," & InstructorID & ")"
        Dim objCmd2 As New OleDbCommand(strsql, objconn)
        objCmd2.ExecuteNonQuery()
        objconn.Close()
        MessageBox.Show("课程信息已添加！")
        Close()
    End If
End Sub
End Class
```

修改课程记录，需首先在 DataGridView 控件中单击要修改的行，然后单击"修改课程信息"按钮，打开"修改课程"窗体。"修改课程"窗体的实现与"添加课程"类似，只是"确认修改"按钮的代码略有不同，这里只给出该按钮的实现代码：

```
Private Sub cmdConfUpdate_Click(ByVal sender As System.Object, ByVal e As System.EventArgs)
Handles cmdUpdateC.Click
    Dim strsql As String
    Dim InstructorID As Integer
    Dim Flag As Boolean = True
    Dim flag2 As Boolean = True
    ' 检验用户输入内容的合法性
    If txtCourseName.Text = "" Then
        MessageBox.Show("课程名称不能为空？")
        Flag = False
    End If
    If txtDepartment.Text = "" Then
        MessageBox.Show("开课学院不能为空？")
        Flag = False
    End If
    If Not IsNumeric(txtCredit.Text) Then
        MessageBox.Show("学分必须为数字！")
```

```
            Flag = False
        End If
        If txtInstructor.Text = "" Then
            MessageBox.Show("请选择任课教师！")
            Flag = False
        End If
        If Flag Then
            ' 在教师信息表"Instructor"中查询任课教师所对应的职工号
            strsql = "select InstructorID from Instructor where InstruName='" & txtInstructor.Text & "'"
            Dim objCmd As New OleDbCommand(strsql, objconn)
            Dim objReader As OleDbDataReader
            objconn.Open()
            objReader = objCmd.ExecuteReader()
            If objReader.Read() Then
                InstructorID = objReader("InstructorID")
            Else
                ' 用户填写的任课教师不在教师信息表中，记录不能更新，需重新选择任课教师
                MessageBox.Show("请选择任课教师！")
                flag2 = False
            End If
            objReader.Close()
            If flag2 Then
                ' 修改课程信息记录
                strsql = "update   Course set CourseName='" & txtCourseName.Text & "',Department=
'" & txtDepartment.Text & "',credit=" & txtCredit.Text & ",instructorID=" & InstructorID & " where courseID="
& txtCourseID.Text
                Dim objCmd2 As New OleDbCommand(strsql, objconn)
                objCmd2.ExecuteNonQuery()
                MessageBox.Show("课程信息已修改！")
                Close()
            End If
            objConn.Close()
        End If
    End Sub
```

删除课程记录，首先在 DataGridView 控件中单击要删除的行，然后单击"删除课程信息"按钮即可，实现代码如下：

```
    Private Sub cmdDeleteC_Click(ByVal sender As System.Object, ByVal e As System.EventArgs)
Handles cmdDeleteC.Click
        Dim strsql As String
        Dim objCmd As OleDbCommand
```

```
        Dim count As Integer
        ' 删除用户在DateGridView选择的记录
        If Not (dgvCourse.CurrentRow Is Nothing) Then
            strsql = "delete    from Course where CourseId=" &
dgvCourse.CurrentRow.Cells("CourseID").Value
            objCmd = New OleDbCommand(strsql, objConn)
            objConn.Open()
            If MessageBox.Show("确定要删除吗？", "课程信息确认？",
MessageBoxButtons.OKCancel) = DialogResult.OK Then
                count = objCmd.ExecuteNonQuery()
                MessageBox.Show("记录删除成功！")
            End If
            objConn.Close()
        Else
            MessageBox.Show("请选择要删除的记录！")
        End If
    End Sub
```

习　题　9

9.1　ADO.NET 的设计原理是什么，它支持哪些数据源？

9.2　简述 ADO.NET 中的 Connection 对象、Command 对象、DataAdapter 对象和 DataReader 对象的作用。

9.3　自己选择一个 Access 数据库，建立访问该数据库的连接对象。

9.4　Command 对象执行 SQL 命令有哪些方法，它们有什么不同？

9.5　简述如何使用 Command 对象操作数据库，结合本章的实例实现使用 Command 对象向数据库"schedules.accdb"的教师信息表"Instructor"增加记录的功能。

9.6　说明 DataAdapter 对象的 Fill 方法和 Update 方法的作用。

9.7　在未设置 DataAdapter 对象的 INSERT、UPDATE 或 DELETE 语句的情况下如何实现使用 Update 方法更新数据源？

9.8　什么是DataSet？使用 DataSet 从数据源查询数据与使用 DataReader 对象查询数据有何不同？

9.9　使用 DataAdapter 对象和 DataSet 集合实现对"schedules.accdb"数据库中的"Course"表的添加、删除和修改的维护功能。

9.10　什么叫数据绑定？VB.NET 2010 中如何实现数据绑定？

9.11　编写一个使用 ADO.NET 和数据绑定控件访问"schedules.accdb"数据库中的"Course"表的程序。

第 10 章 ASP.NET Web 应用程序

10.1 ASP.NET 应用程序概述

10.1.1 认识 ASP.NET

ASP.NET 是 Microsoft 公司推出的新一代建立动态 Web 应用程序的开发平台，也是一种建立动态 Web 应用程序的新技术。它是 .NET 框架的一部分，可以使用任何 .NET 兼容的语言(如 Visual Basic、C#)编写 ASP.NET 应用程序。当建立 Web 页面时，可以使用 ASP.NET 服务器端控件来建立常用的 UI(用户界面)元素，并对它们进行编辑，这把程序开发人员的工作效率提升到其他技术无法比拟的程度。

2000 年 ASP.NET 1.0 正式发布，2003 年 ASP.NET 升级为 1.1 版本。本着"减少70%代码的目标"，微软公司在 2005 年推出了 ASP.NET 2.0。ASP.NET 2.0 的发布是 .NET 技术走向成熟的标志，使得 Web 开发人员可以更加快捷、方便地开发 Web 应用程序，所开发的程序不但执行效率大幅度提高，对代码的控制也更好，并具有高安全性，易管理性和高扩展性等特点。本章学习的版本 Visual Studio 2010 和 ASP.NET 4 是在已成功发行的 Visual Studio 2008 和 ASP.NET3.5 基础上构建的，保留了其中很多令人喜欢的功能，并增加了一些其他领域的新功能和工具。作为目前主流的网络开发技术之一，ASP.NET 具有许多优点和新特性，具体体现在以下几个方面：

(1) 高效的运行性能。通过预编译、可配置的高速缓存以及 SQL 语句高速缓存等特征实现 Web 应用程序的优化。

(2) 灵活性和可扩展性。ASP.NET 大部分特征都可扩展，开发者可以很容易地将自定义特征合并到应用程序中去。

(3) 可管理性。Web 站点配置文件包含更多的设置选项，开发者对应用程序的管理变得更容易。

(4) 生产效率。通过现有的或新引入的 ASP.NET 服务器控件，开发者创建 ASP.NET Web 页面和应用程序的过程将变得更加简单、高效。

当我们从浏览器中请求一个 aspx 页面时，Web 服务器就会处理这个页面，执行它在文件中找到的所有代码，并有效地将 ASP.NET 标记转换为纯 HTML，然后发送给显示这个页面的浏览器。Visual Web Developer 使用了内置的 Development Web Server，因此服务器和客户端可以是同一台机器，开发人员无须另外配置 Web 服务即可对网站进行测试运行。但是，在实际的情况下，Web 站点会放置在独立的主机上，该主机虚拟安装和配置了

IIS(Microsoft 的专业 Web 服务组件)，这样 Web 站点就可以被许多不同的客户端访问。ASP.NET 运行原理如图 10-1 所示。

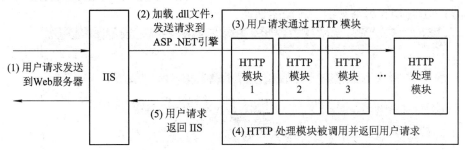

图 10-1 ASP .NET 运行原理

当一个 HTTP 请求到服务器并被 IIS 接收到之后，IIS 首先通过客户端为请求的页面类型加载相应的 .dll 文件，并通过相应的 .dll 文件将页面发送到 ASP .NET 引擎，经过系统默认的不同的 HttpModule 的处理后，进一步将请求发送给能够处理这个请求的程序组件 (HttpHandler)，该组件专门处理 .aspx 文件，并将结果返回到用户请求文件。

10.1.2 ASP .NET 开发环境

1. Microsoft Visual Web Developer

Microsoft Visual Web Developer 2010 是专门为构建 ASP.NET Web 站点而开发的，因此，其中包含了大量有助于快速创建复杂 ASP.NET Web 应用程序的工具。Visual Web Developer 有两个版本：一个是独立而免费的版本，称为 Microsoft Visual Web Developer 2010 Express；还有一个版本是开发套件 Visual Studio 2010 的一部分。本章基于 Express 版学习 ASP.NET 构建 Web 站点。

用户可以从 Microsoft 站点 "www.microsoft.com/express/" 上下载 Visual Web Developer 的免费版本。在 Express 的主页上，用户可以选择以 Web 方式安装下载，也可以从这个页面上以 ISO 映像的方式下载所有的 Express 产品。成功下载后，就可以进行软件的安装了。Visual Web Developer 的安装很简单，启动下载文件中的安装程序后，单击 Next 按钮，阅读并接受许可条款，按照屏幕向导提示的步骤即可完成安装。

2. 主开发区和信息窗口

Visual Web Developer 是目前为止构建 ASP .NET Web 页面使用最为广泛、功能最为丰富的集成开发环境(IDE)。Visual Web Developer 的主开发区如图 10-2 所示，它显示了用 Visual Web Developer 创建 Web 站点后所看到的界面，其中含有众多的开发工具。

主开发区中主菜单、工具箱、工具栏、解决方案资源管理器以及属性面板等大部分区域的使用方式与 VB .NET 环境相似，这里不再赘述。下面重点介绍主开发区中的文档窗口。

文档窗口是 Web 页面设计的主要区域，可以用文档窗口来操作很多不同的文档格式，包括 ASPX 和 HTML 文件、CSS 和 JavaScript 文件、VB 和 C# 的代码文件、XML 和文本文件，甚至图像文件。此外，用这个窗口还可以管理数据库、创建站点的副本，并在内置的浏览器中浏览页面等。默认情况下文档窗口是一个带选项卡的窗口，这意味着它能驻留多个文档，各个文档通过选项卡用窗口上方显示的文件名进行区分。

在图 10-2 所示的文档窗口下方可以看到 3 个按钮，分别是"设计"、"拆分"和"源"。在操作含有标记的文件(如 ASPX 和 HTML)时，这些按钮会自动出现，允许用户在页面的设计视图、源视图和拆分视图三种状态切换。

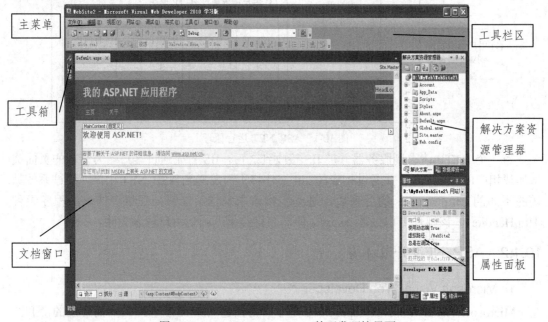

图 10-2　Visual Web Developer 的开发环境界面

10.1.3　HTML 和 ASP.NET 标记

1. HTML

HTML(Hyper Text Markup Language)是实际创建 Web 页面的语言，它使用标记标签来描述网页。HTML 标记是由尖括号包围的关键词，通常是成对出现的，开始标记和结束标记相似，只是后者多了个斜杠(/)，标记间的文本指示内容在浏览器中如何显示。例如，"<h2>Hello World</h2>"表示以二级标题的形式将文本"Hello World"呈现在页面上，这里的<h2>是 HTML 的标记，代表二级标题字。HTML 中有许多可用的标记，表 10-1 列出了一些重要的标记，并说明了它们的作用。

表 10-1　HTML 的部分标记

名　称	说　明
<html>	用来表示整个页面的开始和结束
<head>	所有头部元素的容器
<title>	用来定义页面的标题
<body>	用来表示页面体的开始和结束
<a>	用来将一个 Web 页面链接到另一个页面
<img>	用来向页面嵌入图像
<form>	定义一个包含表单元素的区域，表单元素包括文本域、下拉列表、单选框等允许用户输入的元素
<table> <tr><td>	用来创建含有表格的布局
<span><div>	用来作其他元素的容器

HTML 的绝大部分标记都包含一些相关属性，这些属性代表了标记行为方式的额外信息。例如，使用 <img> 标记显示一个图像，该标记的 "src" 特性定义图像的源代码。然而，用户不需要记住所有这些元素和属性，在大多数情况下，Visual Web Developer 会自动地生成它们。

2. ASP.NET 标记

除了 HTML 外，ASP.NET Web 页面也可能包含其他标记，即大多数页面上都有一个或多个 ASP.NET 服务器控件，这些控件的标记与 HTML 类似。不同的是，大部分 ASP.NET 标记都是以 asp: 前缀开头的。例如，ASP.NET 中的按钮类似于下面的表示：

    <asp:Button ID="Button1" runat="server" Text="OK" />

 注意： 此标记是用斜线字符(/)自闭合的，所以不必另外输入结束标记。

10.1.4　构建 ASP.NET Web 站点

Visual Web Developer 为用户提供了若干模板以构建不同类型的站点，包括 Web 站点和 Web 应用程序两种项目类型。前者没有跟踪所有单个文件的项目文件，只是以一个包含一组文件和子文件夹的 Windows 文件夹作为 Web 站点，易于实现站点的移动与共享；后者利用跟踪 Web 站点中所有内容的单个项目文件将整个 Web 站点作为一个项目进行管理，可以使那些需要对站点内容和编译及部署过程有更多控制的开发人员更容易构建 Web 站点。本章使用 Web 站点项目，因为它对初学者来说更容易使用。

1. 创建 Web 站点

创建Web站点的步骤如下：

(1) 从 Windows 的 "开始" 菜单中启动 Visual Web Developer 2010，在 "文件" 菜单项中选择 "新建网站"，进入 "新建网站" 对话框，如图 10-3 所示。

图 10-3　"新建网站" 对话框

(2) 在对话框的左侧部分，选择 "Visual Basic" 作为站点的编程语言，中间的部分显示了默认安装的 ASP.NET Web 站点模板，这里选择顶部的 "ASP.NET 网站"。在 "Web 位置"下拉列表框中，设置网站的保存位置。如果希望使用计算机本地路径来存放 ASP.NET 程序，那么可将"Web 位置"下拉框中的选项设定为"文件系统"，然后单击"浏览"选定希望的路径；如果想使用互联网信息服务(IIS)的虚拟路径，那么请在"Web 位置"下拉列表框中选定"HTTP"，然后选择想要的站点名称替代"http://"后面的网站位置。这里我们设定为"文件系统"，将命名为"WebSite1"的站点放置在"D:\MyWeb"目录下，因而"文件系统"后的目录设置为"D:\MyWeb\WebSite1"。

(3) 单击"确定"按钮，这时 Visual Web Developer 就创建了一个新的 Web 站点，如图 10-4 所示，右侧的解决方案资源管理器中可以看到项目模板默认创建的文件和文件夹。

图 10-4　新建网站的工作区界面

2. 站点打开和编辑

在"文件"菜单中选择"打开网站"，进入"打开网站"对话框。如果创建项目时指定了使用文件系统，那么这里也就使用文件系统视图选择相应的文件夹。同样地，如果项目指定使用 IIS，那么选择本地 IIS 视图，从中选择对应的站点，如果 IIS 服务器配置了文件传输协议(FTP)，那么也可以使用 FTP 打开项目。现在从文件系统视图中选择刚才创建的 WebSite1 站点，于是又回到了图 10-4 所示的界面，这时就可以对站点内容进行编辑了。

以上述新建的站点为例，若要修改现有文件"default.aspx"，可在右侧的解决方案窗口中双击 default.aspx 文件，左侧的源代码区就会把 default.aspx 的 HTML 代码显示出来。删除标记<asp:Content>和</asp:Content>之间的代码，用下面的文本和代码进行替换：

    <h2>Hello World</h2>

    <p>这是我的第一个 ASP.NET 站点</p>

    <p>现在的时间是：<%=DateTime.Now.ToString()%></p>

修改完后，可单击页面下方的"设计"标签，切换到设计视图进行预览。

若要为站点添加新的文件，可以在项目的资源管理器中右键单击站点，选择菜单中的"添加新项"，然后在"添加新项"对话框中选择要添加的文件类型及文件名，并在"名称"位置为文件命名，如图 10-5 所示。设置完成后，单击"添加"按钮。

图 10-5　"添加新项"对话框

3. 站点保存和调试

想要保存更改，可以在"文件"菜单中选择"全部保存"项，也可以直接在 IDE 上面的工具条中单击磁盘图标进行保存。要运行该 Web 站点进行测试，可选择"调试"菜单中的"启动调试"或者工具条中的播放图标，Visual Web Developer 还有一个重要的快捷键 F5 可以用来执行这个操作。

Visual Web Developer 自带了一个内置的 Web 服务器，可以在没有安装 IIS 服务器的计算机上开发和调试 ASP.NET 应用程序。在创建 Web 站点时，指定用文件系统方式创建，那么在默认的情况下启动站点进行调试时，就会启用 ASP.NET Deployment Server 作为 Web 服务器来运行 ASP.NET 应用程序。单击"启动调试"按钮，测试上面例子中实现的 Web 站点，运行界面如图 10-6 所示。

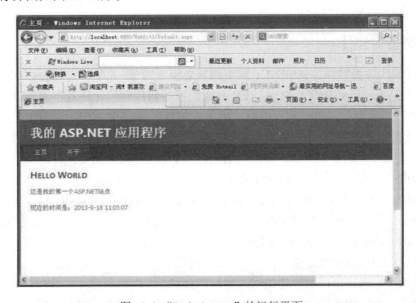

图 10-6　"Default.aspx"的运行界面

10.2 ASP.NET 页面设计

10.2.1 ASP.NET 页面的基本组成

ASP.NET 页面的扩展名为 .aspx，每个页面都可以包含很多不同种类的文本，主要涉及以下四个方面的内容。

(1) 静态文本：类似普通的 HTML 页面包含的内容，如 HTML、CSS 或者可以放在页面中的客户端脚本(JavaScript 代码)。

(2) ASP.NET 服务器控件：非标准的 ASP.NET 特定标记元素，这些标记不是标准的 HTML，浏览器不能识别。但当一个 ASP.NET 页面被请求时，这些标记元素会动态地转化为标准 HTML 元素，浏览器就可以正确显示了。

(3) 指令：以字符"@"开头，分析器或编译器在分析或编译页(包括窗体页和母版页)、用户控件或其他资源文件时，页、控件或文件可以通过 ASP.NET 指令指定编译器的属性。

(4) 服务器端代码声明部分：包含了页面对应的应用程序逻辑、所有的公共变量定义、子过程、函数等，这些内容都被包含在类似<Script Runat="server">的标记之内。在 Web 服务器上，允许任何一种 .NET 语言来编写服务器端程序代码，大多数服务器端程序代码是用 VB.NET 或 C# 编写的。ASP.NET 既允许开发人员直接把代码嵌在页面中，也支持将代码放在单独的代码文件(称为代码隐藏文件)。使用代码隐藏文件意味着将程序代码与标记文档分离，ASP.NET 会为每一个扩展名为 .aspx 的标记文件自动生成一个添加 .vb(VB 脚本)或 .cs(C# 脚本)后缀的同名代码文件。

一般情形下，通过 Visual Web Developer 创建 Web 窗体时代码和页面是在两个文件中，称为后台编程模式。在解决方案资源管理器中单击"Default.aspx"旁的加号，可以看到和该页面绑定的代码文件"Default.aspx.vb"。

10.2.2 服务器控件

ASP.NET 服务器控件是 ASP.NET 网页的重要组成部分，几乎所有的页面都包含一个或多个服务器控件。在 ASP.NET 中，ASPX 页面的服务器控件包含使其在服务器上可见并可编程的属性。当在浏览器中请求页面时，服务器控件就由 ASP.NET 运行库(负责接收和处理 ASPX 页面请求的引擎)处理。然后控件就会输出客户端 HTML 代码，并将其附加到最终输出的页面上。Visual Web Developer 的控件工具箱包含以下几类控件：

(1) 标准：一般的控件，组成大多数的页面，等价于 Windows 窗体控件，由 TextBox、Button、Label、Hyperlink、Image、DropDownList、CheckBox、RadioButton 等控件组成。

(2) 数据：用来连接数据源的控件，数据源可以是来自数据库，也可以是 XML 文件，包含 DataList、GridView、ListView 等控件。

(3) 验证：用来添加页面验证用户输入的控件。

(4) 导航：用来提供简单快速的网站导航的控件。

(5) 登录：用于构建安全的 Web 站点的控件，如登录、创建和修改密码等。

(6) WebParts：一组方便用户对网页的各区域布局自由调整的控件。

(7) AJAX Extensions：用于创建无闪烁的 Web 应用程序，且不需要完整回送就能从客户端中检索服务器上的数据。

(8) 动态数据：允许在数据库中快速创建用户界面来管理数据。

(9) HTML 控件：客户端控件，在浏览器中直接出现在最终的 HTML 中，可以通过向它们添加"Runat=Server"特性将它们提供给服务端代码。

开发人员可以通过鼠标拖拽的方式将控件从工具箱拖放到页面的设计界面上，这样，一开始就可以轻易地向页面中添加一组控件。但由于界面工作方式的原因，有时很难把它们精确定位到想放的位置上。为了更好地控制控件的位置，Visual Web Developer 允许在设计视图中拖动服务器控件。

当用户选中一个控件时，该控件的属性就会显示在"属性"窗口。在这个窗口修改属性，就会改变控件的外观和行为。所有的控件都继承了一个特定的基类，所以还可以同时突出显示多个控件，一次改变这些控件的基本属性。在选择多个控件时，需要按住 Ctrl 键。

此外，也可以直接在源代码区中输入控件的标记来添加控件。例如，可用下列标记创建一个按钮。

```
<asp:Button ID="Button1" runat="server" Text="Button" />
```

1. 服务器控件的属性

ASP.NET 中的大多数服务器控件都有一些共同的行为，其中一种行为称为"属性"，用于定义一个控件包含和显示的数据。每个服务器控件都至少包含 ID 属性、Runat 属性和 ClientID 属性。ID 属性用来在页面唯一地标记它；Runat 属性总是设置为 Server，表示应在服务器上处理该控件；ClientID 属性包含将赋予最终 HTML 中的元素的客户端 ID。

除了这些属性外，很多服务器控件还有更多共同的属性。表 10-2 列出了最常见的属性，并说明了它们的用途。

表 10-2　服务器控件的常见属性

属　性	说　明
AccessKey	允许设置一个键，使用这个键，就可以按下关联的字母在客户端访问控件
BackColor ForeColor	允许修改控件背景的颜色 允许修改控件文本的颜色
BorderColor BorderStyle BorderWidth	修改浏览器中控件的边框颜色 修改浏览器中控件的边框风格 修改浏览器中控件的边框宽度
CssClass	用来定义浏览器中控件的 HTML class 特性。这个类名随后指向在页面或在外部 CSS 文件中定义的 CSS 类
Enabled	确定用户是否可以与浏览器中的控件交互
Font	允许定义与字体有关的各种设置
Height，Width	确定浏览器中控件的高度和宽度
TabIndex	设置用户按下 Tab 键时焦点沿着页面中控件移动的顺序
ToolTip	允许设置浏览器中控件的工具提示
Visible	确定是否将控件发送给浏览器，因为不可见的控件根本不会发送给浏览器

2. 服务器控件的事件

与 VB.NET 编程类似，在 ASP.NET 中编写程序代码主要是编写事件处理程序。Web 窗体页面上的服务器控件可以触发事件，有的事件是由用户在浏览器中进行的某些操作触发的。例如，当用户单击 Web 页面上的按钮时，Button 服务器控件可以触发 Click 事件，事件处理代码在服务器上执行，执行完成后，再将更新了的页面发送回浏览器。

双击 Button 控件，进入代码窗口，为 Button 控件添加 Click 事件处理程序，如下所示：

```
Protected Sub Button1_Click(ByVal sender As Object, ByVal e As System.EventArgs) Handles Button1.Click

        ' 此处添加事件处理代码

End Sub
```

【例 10.1】 下面列举一个简单实例演示向页面添加控件和控件事件代码的过程，页面中主要对象及属性设置如表 10-3，运行界面如图 10-7 所示。

表 10-3 例 10.1 的对象及属性表

对　象	属　性	赋　值
ASP.NET 页面	名　称	Demo.aspx
Label1	ID	labDate
	Text	显示选择的日期
Calendar1	ID	CalDate
Button1	ID	bntDate
	Text	SetDate

图 10-7 "Demo.aspx" 的运行界面

具体实现过程如下：

(1) 打开 10.1.3 小节新建的 Web 站点，在站点目录下添加一个新页面，命名为 "Demo.aspx"，创建时确保选中了 "将代码放在单独的文件中" 选项。

(2) 将页面切换到设计视图，在虚线<div>内单击把焦点放入其中，然后从主菜单中选中"表"→"插入表"，单击"确定"按钮插入一个三行一列的表格。

(3) 在第一行中，从工具箱拖放一个 Label 控件，在第二行中，拖放一个 Calendar 控件，在第三行中，拖放一个 Button 控件，如图 10-8 所示。

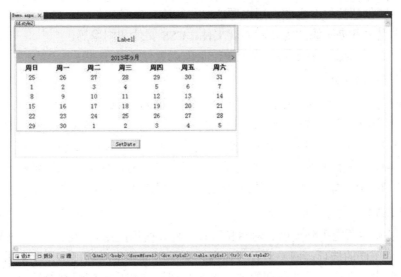

图 10-8　"Demo.aspx"的设计视图

(4) 分别选中各个控件，根据表 10-3 设置控件属性。

(5) 在设计视图中双击"SetDate"按钮，并在"SetDate_Click"事件中添加如下代码：

```
labDate.Text=CalDate.SelectedDate
```

(6) 按下 F5 键在浏览器中打开该页面。单击某一天以在日历控件选中一个日期，然后再单击"SetDate"按钮，此时标签控件中将显示选中的日期。

10.3　创建外观一致的 Web 站点

在创建 Web 站点时应该努力使整个站点页面的布局和行为尽可能保持一致。一致性能让站点既显得美观又比较专业，而且有利于访问者浏览站点。Visual Web Developer 2010 提供了许多实现一致设计的优秀功能和工具，来帮助建立具有外观一致性的站点。本小节将学习如何使用主题、外观和母版来可视化地创建 Web 页面，使其具有一致的风格。

10.3.1　ASP.NET 主题

ASP.NET 的样式和皮肤特性使开发者能够把样式和布局信息存放到一组独立的文件中，总称为主题(Theme)。主题可以独立于应用程序的页，为控件和页面统一样式设置。主题的优点在于设计站点时可以先不考虑样式，在以后要进行样式应用时，也无需更新页面或更改代码，它独立于 Web 应用程序，对其进行维护也变得相当方便。

1. 创建主题

主题通常包含外观文件、CSS 文件和图像，定义在 Web 站点的根文件夹中的 App_Themes

文件夹中。在这个文件夹中还可以创建定义实际主题的一个或多个子文件夹，每个子文件夹可以包含若干组成主题的文件。

为了创建一个主题，需要完成如下步骤：

(1) 如果站点中还没有 App_Themes 文件夹，则需创建一个。

(2) 对于要创建的每个主题，用主题的名称创建一个子文件夹。

(3) 向主题文件夹中添加需要的外观文件、CSS 文件和图像等。

执行了上述步骤后，就能将站点或单个页面配置使用该主题了。

2. 不同类型的主题

ASP.NET 页面有两个不同的设置主题的属性：Theme 属性和 StyleSheetTheme 属性。两种属性设置应用的方法基本相同，但执行的优先级不同。StyleSheetTheme 属性指定页面生命周期早期应用至页面的主题名称，能被页面重写；而 Theme 属性指定在页面生命周期晚期应用至页面的主题名称，不能被页面重写。如果想为控件提供默认属性设置，则应设置 StyleSheetTheme；如果想强制应用软件的外观，则应使用 Theme 属性。

3. 应用主题

用户可以把主题应用到页面、网站和所有控件。根据应用范围的不同，向 Web 站点应用主题有 3 个不同的选项：网站级设置主题、页面级设置主题和程序设置主题。除非在单独的页面中重载了主题，网站级别的主题设定会把样式和皮肤应用到网站中的所有页面和控件。而页面级别的主题设定会把样式和皮肤应用到当前页面和所有子控件。默认时，主题会重载局部控件中的设定。另外，用户还可以把主题当做样式表单主题来设置，所以这种类型的主题仅能够应用到没有被明确设置主题的控件。

下面分别介绍这三种级别主题应用的方法。

1) 网站级主题应用

为了将主题设定的样式和皮肤应用到网站中的所有页面和控件，可以在 web.config 文件中设置主题。将一个 Theme 属性添加到<system.web>元素内的<pages>元素中的示例如下：

```
<configuration>
  <system.web>
<pages theme="Themename"/>
  </system.web>
</configuration>
```

2) 页面级主题应用

页面级别的主题设定会把样式和皮肤应用到当前页面和所有子控件。如果用 StyleSheetTheme 替换 Theme 来应用一个主题，该主题的设置可以由单个页面重写。页面主题应用的示例如下：

```
<%@ Page Theme="ThemeName" %>
<%@ Page StyleSheetTheme="ThemeName" %>
```

3) 程序设置主题

上述两种主题应用会把定义在主题中的内容应用到所有的控件实例。当需要应用一个特定的属性集到某个单独的控件时，可以通过代码编程来设置主题。例如，可以先创建一个指定的外观(.skin 文件中设置了 SkinID 参数的项)，然后通过 ID 属性把它应用到单独的控件，示例如下：

> <asp:Calendar runat="server" ID="DatePicker" SkinID="*SkinName* " />

10.3.2　ASP.NET 外观

外观是包含标记的简单文本文件，它允许从某个集中位置定义一个或多个服务器控件的外观。它们位于主题文件夹下，是构成 ASP.NET 主题功能的一个重要部分。外观文件的扩展名为.skin，包含控件的服务器端表现元素。下面的示例定义了一个背景属性为红色、前景属性为白色的 Button 控件的外观：

> <asp:Button BackColor="#FF0000" ForeColor="#FFFFFF" runat="server" />

若要使页面的按钮统一呈现上述按钮外观，用户只需在主题文件夹下创建一个 skin 文件，并向它添加上面的标记，然后将包含该外观的主题应用到指定页面即可。此时，页面中所有的按钮都会自动修改。

> 注意：skin 文件中的控件不能有 ID 属性，并且不是控件的所有属性都能应用外观。一般说来，影响外观的属性可以应用外观，而影响行为的属性不能应用外观。

【例 10.2】为按钮控件创建外观，并将含有该外观的主题应用到例 10.1 中 Demo.aspx 的页面中。

具体实现过程如下：

(1) 首先向 10.1.3 小节创建的 WebSite1 站点中添加 "App_Themes" 文件夹。为此，需要在 "解决方案资源管理器" 中右击该 Web 站点，然后选择 "新建文件夹" → "主题" 命令，这样不仅会创建 "App_Themes" 文件夹，而且默认会立即创建一个名为 "主题 1" 的子文件夹，重命名该文件夹为 "MyTheme"。

(2) 在 "MyTheme" 主题文件夹中添加一个新的 skin 文件。右击 "MyTheme" 文件夹并选择 "添加新项"，在出现的对话框中选择 "外观文件"，输入 "Button.skin" 作为文件名，如图 10-9 所示。

图 10-9　"添加新项" 对话框

(3) 删除"Button.skin"文件中的所有内容，然后添加下面的代码：

```
<asp:Button BackColor="#FF0000" ForeColor="#FFFFFF" runat="server" />
```

(4) 打开"Demo.aspx"页面的源视图，在页面的 Page 指令中添加主题属性，修改后的 Page 指令代码如下：

```
<%@ Page Language="VB" AutoEventWireup="false" CodeFile="Demo.aspx.vb" Inherits="Demo" Theme="MyTheme" %>
```

(5) 在浏览器中打开"Demo.aspx"页面。现在应看到按钮的背景色和前景色已经与默认值不同了。

10.3.3　ASP.NET 母版

对于大部分 Web 站点来说，当从一个页面转向另一个页面时，只有页面的部分会发生变化，有些部分通常不会改变，包括页眉、菜单和页脚等公共区域。为了创建布局一致的 Web 页面，需要用某种方式在单个模板文件中定义这些相对静态的区域。母版页实现了这种需求，可以在单个地方定义站点中所有页面的全局外观。这意味着如果要修改站点的布局，只需修改母版页，基于此类母版页的页面就会自动进行相应的修改。

在某种程度上，母版页看起来像是正常的 ASPX 页面，它可能包含静态 HTML 和 ASP.NET 服务器控件。在母版页内，建立在所有页面上重复的标记，比如页面导航和总体布局等。然而，母版页并不是真正的 ASPX 页面，不能直接在浏览器中请求，它只能作为实际 Web 页面(称为内容页)所基于的模板。当请求页面时，母版页和内容页的标记在运行时会合并起来，经过处理后发送给浏览器。图 10-10 显示了母版页、内容页以及两者结合产生的最终显示页面的关系。

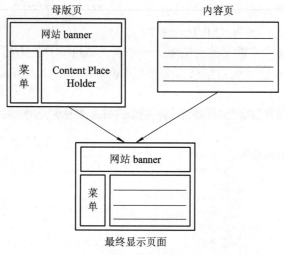

图 10-10　母版页与内容页的关系

1. 创建母版页

创建一个扩展名为.master 的文件就可以创建母版页，这个文件可以保存在应用程序的任何地方。母版页的设计类似于普通的 ASP.NET 页面，但需要注意两个方面的区别：首先，母版页用@Master 指令代替了普通页面文件中的@Page 指令；其次，为了创建内容页可以填充的区域，需要在页面中定义 ContentPlaceHolder 控件。当母版页和一个内容页合并时，内容页的内容会显示在 ContentPlaceHolder 控件标记的区域中，可以在母版页中按需要添加多个这种控件。示例代码如下：

```
<asp:ContentPlaceHolder ID="ContentPlaceHolder1" runat="server">

</asp:ContentPlaceHolder>
```

【例 10.3】创建一个名为"CourseWeb"的 ASP.NET 空网站，在站点中创建如图 10-11 所示的母版页。

图 10-11　CourseWeb 站点母版页的设计视图

具体实现过程如下：

(1) 选择"文件"→"新建网站"命令，打开"新建网站"对话框。在 ASP.NET 站点模板中选择"ASP.NET 空网站"，设置"Web 位置"选项为"文件系统"，目录设置为"D:\MyWeb\CourseWeb"，如图 10-12 所示。

图 10-12　"新建网站"对话框

(2) 向 CourseWeb 站点添加一个母版页。右击站点名，选择"添加新项"命令，并选择"母版页"模板，将母版页命名为"MasterPage.master"(默认名称)，如图 10-13 所示，单击"添加"按钮。

图 10-13 "添加新项"对话框

(3) 此时，文档窗口中显示了母版页"MasterPage.master"的源视图，删除<form>标记之间的内容，切换到母版页的设计视图。

(4) 从工具箱的 HTML 中拖拽 4 个 Div 标记到母版页的 form 中。然后，将焦点定位到顶部的 Div 中，选择"表"→"插入表"命令，添加一个一行一列的表格，并在单元格输入"计算机应用基础课程网站"，通过属性窗口设置表格与文字的属性。在第二个和第三个 Div 标记中分别输入"导航"和"当前位置:"，在最后一个 Div 标记中插入工具箱中的 ContentPlaceHolder 控件。设计完成后，切换到源视图，可看到母版页中<form>标记之间的代码如下:

```
<div>
    <table bgcolor="#99CCFF" class="style1">
      <tr>
        <td class="style2">
            计算机应用基础课程网站</td>
      </tr>
    </table>
</div>
<div style="height: 60px; margin-top: 20px">
    导航
</div>
<div style="height: 10px; margin-top: 20px">
```

当前位置:

</div>

<div style="height: 10px; margin-top: 30px">

    <asp:ContentPlaceHolder ID="ContentPlaceHolder1" runat="server">

</asp:ContentPlaceHolder></div>

2. 创建内容页

母版页创建好之后,用户就可以创建使用母版页的 ASPX 页面了。为了将一个内容页基于一个母版页,需要添加一个新的 Web 窗体到站点时,选中"添加新项"对话框底部的"选择母版页"选项或者在页面的源代码中设置 MasterPageFile 属性。

内容页中只能含有映射到母版页中<asp:ContentPlaceHolder>控件的<asp:Content>控件,不能包含标准 ASPX 页面的 HTML 开始和结束标记对,如 html、head 和 body 等。向 Content 控件中添加元素就像向普通 ASP.NET 网页添加元素一样,包括 HTML 和 ASP.NET 控件。

【例 10.4】 向例 10.3 中的 CourseWeb 站点添加三个应用母版的内容页,分别命名为 "default.aspx"、"chapter1.aspx"和"chapter2.aspx"。"default.aspx"对应课程网站首页,"chapter1.aspx"和"chapter2.aspx"分别对应课程第一章和第二章。

具体实现过程如下:

(1) 在"解决方案资源管理"中右击 Web 站点并选择"添加新项"命令,选择 VB.NET 编程语言,单击"Web Form",命名页面为"Default.aspx",确保选中对话框底部的"选择母版页"选项,单击"添加"按钮。

(2) 在"选择母版页"对话框中,选择右边区域中的"MasterPage.master"文件,单击"确定"按钮,如图 10-14 所示。

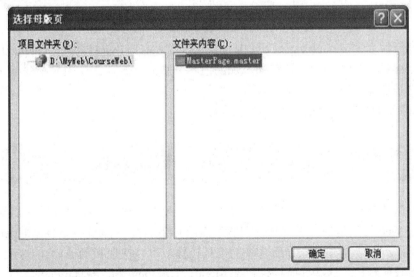

图 10-14 "选择母版页"对话框

(3) 此时,在"default.aspx"页面的源视图中,不会得到像标准ASPX页面那样的完整页面,只会看到两个<asp:Content>占位符。在第二个占位符标记间添加文字,页面的完整代码如下：

```
<%@ Page Title="" Language="VB" MasterPageFile="~/MasterPage.master"
AutoEventWireup="false" CodeFile="Default.aspx.vb" Inherits="_Default" %>
<asp:Content ID="Content1" ContentPlaceHolderID="head" Runat="Server">
</asp:Content>
<asp:Content ID="Content2" ContentPlaceHolderID="ContentPlaceHolder1" Runat="Server">
    这是课程网站的首页！
</asp:Content>
```

(4) 按 F5 键在浏览器中打开页面，运行界面如图 10-15 所示。

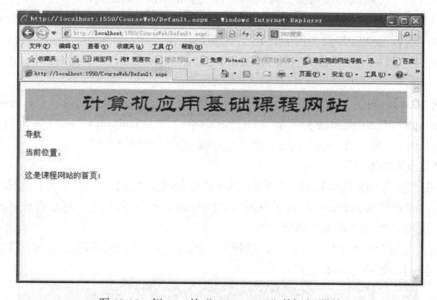

图 10-15　例 10.4 的 "default.aspx" 的运行界面

(5) 按照添加 "default.aspx" 页面的方法，继续向网站添加 "chapter1.aspx" 和 "chapter2.aspx"，在 Content 占位符间添加的内容分别为 "这是计算机应用基础课程的第一章" 和 "这是计算机应用基础课程的第二章"。

(6) 保存所有修改，测试运行站点中所有网页。

10.4　ASP.NET 页面导航

一个典型的 Web 站点中往往包含多个页面，为这些页面建立链接关系从而形成一个完整而连贯的 Web 站点是保证用户顺畅浏览站点的必要工作。Visual Web Developer 为开发人员提供了一系列用于构建站点导航系统的工具控件，可以快速帮助他们建立起一个稳固而清晰的站点导航结构。这些导航控件包括 Menu、TreeView 和 SiteMapPath。

除了上述三种可视化控件外，导航也需要考虑结构。在组织良好的站点中，用户就容易导航。导航控件用 WebSitemap 文件帮助定义站点的逻辑机构。本节将介绍如何使用可自由支配的各种导航方法。

10.4.1　站点地图文件

站点地图文件为导航控件定义了站点的逻辑结构。默认情况下，该文件的文件名为"Web.sitemap"。站点地图文件基于 XML 结构，按站点的分层形式组织页面。站点中的导航控件会用这个文件以有组织的方式表现相关的链接，只要将一个导航控件与这个 Web.sitemap 文件挂钩，就能创建复杂的用户界面元素，如折叠菜单或树形视图。站点地图文件的基础示例如下：

```xml
<?xml version="1.0" encoding="utf-8" ?>
<siteMap xmlns="http://schemas.microsoft.com/AspNet/SiteMap-File-1.0" >
    <siteMapNode url="" title=""   description="">
        <siteMapNode url="" title=""   description="" />
        <siteMapNode url="" title=""   description="" />
    </siteMapNode>
</siteMap>
```

在地图文件的"SiteMap"标记下，只能有一个 SiteMapNode 节点，代表该网站的根节点。其他的每个 SiteMapNode 都可以有多个子节点，用来创建一个既有广度又有深度的站点结构。默认情况下，SiteMapNode 元素有 3 个特征集：url、title 和 description。url 特性指向 Web 站点中的有效页面；title 特性显示页面的名称，在导航控件中可以看到关于它的信息；description 特性用作导航元素的提示工具。

【例 10.5】　为例 10.4 的 CourseWeb 站点建立站点地图。

具体实现过程如下：

(1) 打开 CourseWeb 站点，在"解决方案资源管理器"中右键单击网站名称，选择"添加新项"命令，在弹出的"添加新项"对话框中选择"站点地图"，名称使用默认值"Web.sitemap"，如图 10-16 所示。

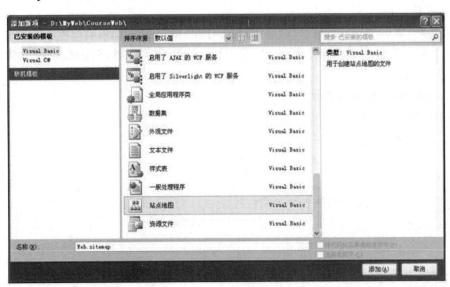

图 10-16　添加站点地图界面

(2) 单击"添加"按钮，把站点地图添加到网站中。打开该文件，根据 CourseWeb 网站来填充地图文件中的三个 SiteMapNode 元素的内容，其代码如下：

```
<?xml version="1.0" encoding="utf-8" ?>
<siteMap xmlns="http://schemas.microsoft.com/AspNet/SiteMap-File-1.0" >
    <siteMapNode url="default.aspx" title="首页"  description="站点首页">
        <siteMapNode url="chapter1.aspx" title="第一章"  description="课程第一章" />
        <siteMapNode url="chapter2.aspx" title="第二章"  description="课程第二章" />
    </siteMapNode>
</siteMap>
```

为了能够使用 Web.sitemap 文件，ASP.NET 使用了 SiteMapDataSource 控件，它位于工具箱的"数据"类别中。SiteMapDataSource 是一个数据源控件，可以绑定到站点地图数据，并基于站点地图层次结构中指定的起始节点，在 Web 服务器控件中显示其视图。当使用控件 TreeView 和 Menu 实现站点导航时，需要显式地指定一个 SiteMapDataSource 作为 Web.sitemap 的中间层。添加 SiteMapDataSource 控件的方法非常简单，只需从工具箱中将控件拖到需要的页面中即可，因为该控件为非显示控件，所以在浏览器中运行页面时是不可见的。

10.4.2 SiteMapPath 控件

SiteMapPath 控件显示了当前页面在站点结构的位置。它将自身表现为一系列链接，称之为痕迹导航。用户可以利用该控件了解当前页的路径信息，同时，还可利用该控件在站点结构中向上走一层或多层。

【例 10.6】 使用 SiteMapPath 控件为 CourseWeb 站点创建一个痕迹导航。

若要为 CourseWeb 站点中的每个页面都创建痕迹导航，需要将 SiteMapPath 控件放置在站点的母版页，这样它就会自动在所有页面中出现。

具体实现过程如下：

(1) 打开 CourseWeb 站点的母版页"MasterPage.master"，切换到源视图。

(2) 将光标定位到"当前位置："之后，从工具箱中拖拽一个 SiteMapPath 控件。完成后的代码如下：

```
<body style="height: 217px">
    <form id="form1" runat="server">
    <div>
        <table bgcolor="#99CCFF" class="style1">
            <tr>
                <td class="style2">
                    计算机应用基础课程网站</td>
            </tr>
        </table>
    </div>
    <div style="height: 10px; margin-top: 20px">
```

```
当前位置：<asp:SiteMapPath ID="SiteMapPath1" runat="server">
</asp:SiteMapPath>
</div>
<div style="height: 10px; margin-top: 30px">
    <asp:ContentPlaceHolder ID="ContentPlaceHolder1" runat="server">
    </asp:ContentPlaceHolder>
</div>
</form>
</body>
```

(3) 保存修改，然后在浏览器中测试各个网页。图 10-17 为 chapter1.aspx 的运行界面，单击"首页"超链接，则页面跳转到 Default.aspx。

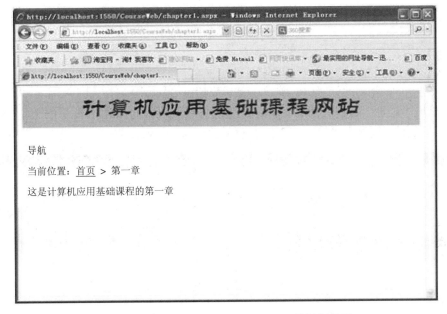

图 10-17　例 10.6 中"chapter1.aspx"的运行界面

10.4.3　TreeView 控件

TreeView 类用于在树结构中显示分层数据，可以在包含子元素的项前面用加号和减号来展开和折叠。它支持多种功能，比如数据绑定(把控件的节点绑定到 XML、表格或关系数据)、客户端节点填充和站点导航。使用 TreeView 进行站点导航必须通过与 SiteMapDataSource 控件集成实现。

【例 10.7】　使用 TreeView 控件构建 CourseWeb 站点的导航系统。

具体实现过程如下：

(1) 在源视图中打开 CourseWeb 站点的母版页，将光标定位到文字"导航"处。

(2) 从工具箱的导航类别中拖拽一个 TreeView 控件放到光标所在位置，替换掉此处的"导航"文字。

(3) 切换到设计视图，单击 TreeView 控件右上角的箭头打开"TreeView 任务面板"。

(4) 从"选择数据源"下拉列表中选择"新建数据源...",在出现的对话框中单击"站点地图",并使用默认 ID 名称,如图 10-18 所示。

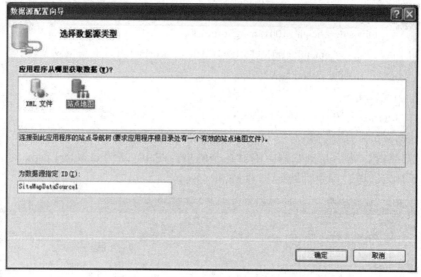

图 10-18 站点地图数据源配置对话框

(5) 单击"确定"按钮关闭对话框,保存对母版页所做的修改。单击 F5 键,在浏览器中打开站点页面,当单击"第一章"时,页面跳转到 chapter1.aspx,如图 10-19 所示。

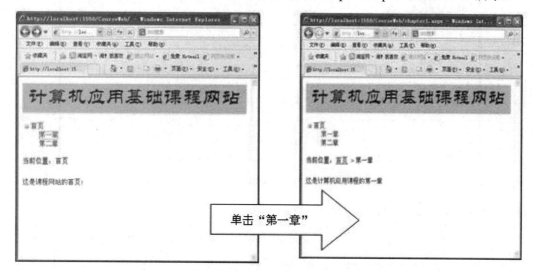

图 10-19 例 10.7 的运行界面

10.4.4 Menu 控件

Menu 控件用于显示 Web 窗体页中的菜单,不但支持数据绑定和站点导航,同时允许通过对 Menu 对象模型的编程访问动态创建菜单和设置属性等。要创建一个基础菜单,只需向页面中添加一个 Menu 控件,并将它与一个 SiteMapDataSource 控件挂钩即可。

【例 10.8】 使用 Menu 控件构建 CourseWeb 站点的导航系统。

使用 Menu 控件构建站点导航的基本过程与使用 TreeView 相似。这里,我们将在

CourseWeb 站点的母版中使用 Menu 控件替换 TreeView 控件。我们可使用如例 10.7 中的方法将 Menu 控件加载到母版页面，也可以直接将代码添加到母版页面中，并将其与已创建的 SiteMapDataSource 控件关联，示例代码如下：

```
<asp:Menu runat="server" DataSourceID="SiteMapDataSource1">

    </asp:Menu>

    <asp:SiteMapDataSource ID="SiteMapDataSource1" runat="server" />
```

我们可以用上述代码替换掉例 10.7 母版页中的关于 TreeView 控件的标记代码，修改后母版页"MasterPage.master"的最终代码如下：

```
<%@ Master Language="VB" CodeFile="MasterPage.master.vb" Inherits="MasterPage" %>

<html xmlns="http://www.w3.org/1999/xhtml">

<head runat="server">

    <title></title>

    <asp:ContentPlaceHolder id="head" runat="server">

    </asp:ContentPlaceHolder>

    <style type="text/css">

        .style1

        {

            width: 100%;

            height: 67px;

        }

        .style2

        {

            height: 20px;

            color: #003300;

            font-family: 华文隶书;

            font-size: xx-large;

            text-align: center;

        }

    </style>

</head>

<body style="height: 217px">

    <form id="form1" runat="server">

    <div>

        <table bgcolor="#99CCFF" class="style1">

            <tr>

                <td class="style2">

                    计算机应用基础课程网站</td>

            </tr>

        </table>
```

```
        </div>
            <div style="height: 40px; margin-top: 20px">
            <asp:Menu runat="server" DataSourceID="SiteMapDataSource1">
            </asp:Menu>
                <asp:SiteMapDataSource ID="SiteMapDataSource1" runat="server" />
        </div>
        <div style="height: 10px; margin-top: 20px">
            当前位置：<asp:SiteMapPath ID="SiteMapPath1" runat="server">
            </asp:SiteMapPath>
        </div>
        <div style="height: 10px; margin-top: 30px">
                <asp:ContentPlaceHolder ID="ContentPlaceHolder1" runat="server">
        </asp:ContentPlaceHolder>
        </div>
        </form>
    </body>
    </html>
```

此时保存上述修改，单击 F5 键，在浏览器中请求 Default.aspx 页面，当鼠标移动到"首页"时，运行界面如图 10-20 所示。

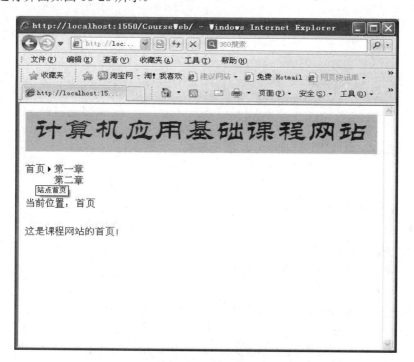

图 10-20　例 10.8 运行界面

Menu 控件提供了许多复杂的样式属性，允许开发人员调整菜单的外观。每个样式属性都有若干视觉方面的子属性，如字体、颜色和字距等。下面我们修改例 10.8 中菜单的样式。

具体步骤如下：

(1) 切换到设计视图，单击 SiteMapDataSource，按下 F4 键打开或激活属性面板，将 "ShowStartingNode" 属性的值由 True 改为 False。；

(2) 单击 Menu 控件选中它，使用 Properties 面板修改属性 "Orientation" 的值为 "Horizontal"，展开属性 "StaticHoverStyle"，设置其下的 "BackColor" 属性设置为 "Red"。

(3) 单击 F5 键，在浏览器中打开页面，运行界面如图 10-21 所示。

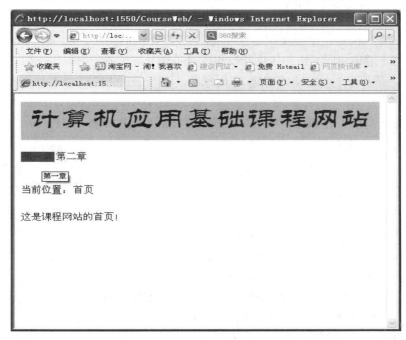

图 10-21 修改 Menu 样式后的运行界面

习 题 10

10.1 什么是 ASP.NET，它是如何工作的?

10.2 ASP.NET 页面由哪几部分组成?

10.3 什么是 HTML? 什么是 ASP.NET 标记? 两者有何区别?

10.4 如何在页面中添加 ASP.NET 服务器控件?

10.5 在 ASP.NET 应用程序中设置主题的作用是什么? 如何为站点创建一个主题?

10.6 基于母版的 ASP.NET 页面文档和普通 ASP.NET 页面文档有何区别?

10.7 如何将内容页的 Content 控件与母版页中的 ContentPlaceHolder 关联起来?

10.8 ASP.NET 包含哪些导航控件，这些控件的作用有什么不同?

10.9 SiteMapDataSource 控件的作用是什么? 哪些导航控件需要与其集成才能完成页面导航功能?

10.10 参照本章实例的 CourseWeb 站点，应用母版和导航设计一个 ASP.NET 网站，站点中至少包含三个 ASPX 页面。

附录 A .NET Framework 概述

A.1 .NET Framework 的概念

.NET Framework 是一个开发和运行环境，它使得不同的编程语言(如 VB.NET 和 C#等)和运行库能够无缝地协同工作，简化开发和部署各种网络集成应用程序或独立应用程序，如 Windows 应用程序、ASP.NET Web 应用程序、WPF 应用程序、移动应用程序或 Office 应用程序。

.NET Framework 包括以下两个主要组件：公共语言运行库和 .NET Framework 类库。

1. 公共语言运行库

公共语言运行库(CLR)是 .NET Framework 的基础。作为执行时管理代码的代理，它提供了内存管理、线程管理和远程处理等核心服务，并且还强制实施严格的类型安全检查，以提高代码准确性。

在运行库的控制下执行的代码称做托管代码。托管代码使用基于公共语言运行库的语言编译器开发生成，具有跨语言集成、跨语言异常处理、增强的安全性、版本控制和部署支持、简化的组件交互模型、调试和分析服务等诸多优点。

在运行库之外运行的代码称做非托管代码。COM 组件、ActiveX 接口和 Win32 API 函数都是非托管代码的示例。使用非托管代码方式可以提供最大限度的编程灵活性，但不具备托管代码方式所提供的管理功能。

2. .NET Framework 类库

.NET Framework 类库(.NET Framework Class Library，FCL)是一个与公共语言运行库紧密集成的、综合性的面向对象的类型集合，使用该类库，可以高效率地开发各种应用程序，包括控制台应用程序、Windows GUI 应用程序(Windows 窗体)、ASP.NET Web 应用程序、XML Web Services、Windows 服务等。

.NET Framework 类库包括类、接口和值类型。类库提供对系统功能的访问，以加速和优化开发过程。.NET Framework 类型符合公共语言规范(CLS)，因而可在任何符合 CLS 的编程语言中使用，实现各语言之间的交互操作。

.NET Framework 类型是生成 .NET 应用程序、组件和控件的基础。类库包括的类型提供下列功能：① 表示基础数据类型和异常；② 封装数据结构；③ 执行 I/O；④ 访问关于加载类型的信息；⑤ 调用.NET Framework 安全检查；⑥ 提供数据访问(ADO.NET)；⑦ 提供 Windows 窗体(GUI)；⑧ 提供 Web 窗体(ASP.NET)。

A.2 .NET Framework 的功能特点

.NET Framework 提供了基于 Windows 的应用程序所需的基本架构，开发人员可以基于.NET Framework 快速建立各种应用程序解决方案。.NET Framework 具有下列功能特点：

1. 支持各种标准联网协议和规范

.NET Framework 使用标准的 Internet 协议和规范(如 TCP/IP、SOAP、XML 和 HTTP 等),支持实现信息、人员、系统和设备互连的应用程序解决方案。

2. 支持不同的编程语言

.NET Framework 支持多种不同的编程语言,因此开发人员可以选择他们所需的语言。公共语言运行库提供内置的语言互操作性支持,通过指定和强制公共类型系统及提供元数据为语言互操作性提供了必要的基础。

3. 支持用不同语言开发的编程库

.NET Framework 提供了一致的编程模型,可使用预打包的功能单元(库),从而能够更快、更方便、更低成本地开发应用程序。

4. 支持不同的平台

.NET Framework 可用于各种 Windows 平台,从而允许使用不同计算平台的人员、系统和设备联网,例如,使用 Windows XP、Windows Vista、Windows 7 等台式机平台或 Windows CE 之类的设备平台的人员可以连接到使用 Windows Server 2003、Windows 2008 的服务器系统。

A.3　.NET Framework 的主要版本

目前,.NET Framework 主要包含下列版本:1.0、1.1、2.0、3.0、3.5、4.0、4.5,支持带最新 Service Pack 的桌面 Windows 操作系统。与之相对应,.NET Compact Framework 可用作所有 Microsoft 智能设备(包括 Pocket PC 设备、Pocket PC Phone Edition、Smartphone 设备及其他安装有 Windows Embedded CE 的设备)中的操作系统组件。

每个版本都有自己的公共语言运行库、类库和编译器。应用程序开发人员可以选择面向特定的版本开发和部署应用程序。各版本如表 A-1 所示。

表 A-1　.NET Framework 已发行版本

版本	完整版本号	发行日期	Visual Studio	Windows 默认安装
1.0	1.0.3705.0	2002-02-13	Visual Studio .NET 2002	Windows XP Media Center Edition Windows XP Tablet PC Edition
1.1	1.1.4322.573	2003-04-24	Visual Studio .NET 2003	Windows Server 2003
2.0	2.0.50727.42	2005-11-07	Visual Studio 2005	
3.0	3.0.4506.30	2006-11-06		Windows Vista Windows Server 2008
3.5	3.5.21022.8	2007-11-19	Visual Studio 2008	Windows 7 Windows Server 2008 R2
4.0	4.0.30319.1	2010-04-12	Visual Studio 2010	
4.5	4.5.50709	2012-08-16	Visual Studio 2012 RTM	Windows 8 Windows Server 2012

附录 B 命名空间

.NET Framework 类库包含大量的类型，用户也可以自定义类型。为了有效地组织 VB.NET 程序中的类型并保证其唯一性，VB.NET 引入了命名空间的概念，从而最大限度地避免了类型重名错误。

与文件或组件不同，命名空间是一种逻辑组合。在 VB.NET 文件中定义类时，可以把它包括在命名空间定义中。VB.NET 程序中类型由指示逻辑层次结构的完全限定名(Fully Qualified Name)描述。例如，VBNETBook.Ch1.HelloWorld 表示 VBNETBook 命名空间的子命名空间 Ch1 中的 HelloWorld 类。

1. 定义命名空间

VB.NET 程序中使用 Namespace…End Namespace 关键字声明命名空间。声明格式如下：

> Namespace 命名空间名称
>
> …
>
> End Namespace

其中，"命名空间名称"的一般格式如下：

> <Company>.(<Product>|<Technology>)[.<Feature>][.<Subnamespace>]

例如，微软公司所有关于移动设备的 DirectX 的类型可以组织到命名空间 Microsoft.WindowsMobile.DirectX 中，Acme 公司的 ERP 项目中关于数据访问的类型可以组织到命名空间 Acme.ERP.Data 中。

一个源程序文件中可以包含多个命名空间，同一命名空间可以在多个源程序文件中定义；命名空间可以嵌套；同一命名空间中不允许定义重名的类型。

> 📢 **注意**：如果源代码中没有指定 Namespace，则使用默认命名空间。除非简单的小程序，一般不推荐使用默认命名空间。

2. 访问命名空间

可通过如下的完全限定方式访问命名空间中的类型：

> <Namespace>[.<Subnamespace>].类型

例如，命名空间 System 中的 Console 类的静态方法 WriteLine()，可以使用完全限定名称：

> System.Console.WriteLine("Hello,World!")

命名空间和类型声明及其关联的完全限定名示例如下：

```
Class A                'A    默认命名空间
End Class
Namespace X            ' X
    Class B            ' X.B
        Class C        ' X.B.C
```

```
            End Class
        End Class
        Namespace Y          ' X.Y
            Class D          ' X.Y.D
            End Class
        End Namespace
    End Namespace
    Namespace X.Y            ' X.Y
        Class E              ' X.Y.E
        End Class
    End Namespace
```

如果应用程序频繁使用某命名空间，为了避免程序员在每次使用其中包含的方法时都要指定完全限定的名称，可以在 VB.NET 应用程序开始时使用 Imports 指令引用该命名空间，以通过非限定方式直接引用该命名空间中的类型。例如，通过在程序开头包括行：

```
        Imports System
```

可以引用命名空间 System，则在程序中可以直接使用代码：

```
        Console.WriteLine("Hello,World!")
```

3. 命名空间别名

Imports 指令还可用于创建命名空间的别名。别名用于提供引用特定命名空间的简写方法。使用 Imports 指令指定命名空间或类型的别名的格式如下：

```
        Imports  别名=命名空间或类别名
```

如果"别名"指向命名空间，则使用"别名.类型"的形式进行调用；如果"别名"指向类型名，则使用"别名.方法"进行调用。

命名空间别名的使用示例如下：

```
        Imports AliasNS = System
        Imports AliasClass = System.Console
        Namespace CBook.Ch1
            Class AliasNSTest
                Shared Sub Main()
                    AliasNS.Console.WriteLine("Hi 1")
                    AliasClass.WriteLine("Hi 2")
                    Console.ReadKey()
                End Sub
            End Class
        End Namespace
```

该程序代码运行结果：

```
    Hi 1
    Hi 2
```

4. 全局命名空间

当成员可能被同名的其他实体隐藏时，可以使用全局命名空间来询问正确的命名空间中的类型。VB.NET 程序中，如果使用全局命名空间限定符 Global，则对其右侧标识符的搜索将从全局命名空间开始。

全局命名空间的使用示例如下：

```
Namespace CBook.Ch1
    Class GlobalNSTest
        Public Class System
            Const number As Integer = 6
            Shared Sub Main()
                Global.System.Console.WriteLine(number)
            End Sub
        End Class
    End Class
End Namespace
```

程序代码运行结果：

6

附录 C ASCII 码表

表 C-1 列出了 ASCII 码字符集，表中给出了每个字符的二进制和十六进制数值。

表 C-1 ASCII 码表

$b_8b_7b_6b_5$		0000	0001	0010	0011	0100	0101	0110	0111
$b_4b_3b_2b_1$		0	1	2	3	4	5	6	7
0000	0	NUL	DLE	SP	0	@	P	`	p
0001	1	SOH	DC1	!	1	A	Q	a	q
0010	2	STX	DC2	"	2	B	R	b	r
0011	3	ETX	DC3	#	3	C	S	c	s
0100	4	EOT	DC4	$	4	D	T	d	t
0101	5	ENO	NAK	%	5	E	U	e	u
0110	6	ACK	SYN	&	6	F	V	f	v
0111	7	BEL	ETB	'	7	G	W	g	w
1000	8	BS	CAN	(	8	H	X	h	x
1001	9	HT	EM	)	9	I	Y	i	y
1010	A	LF	SUB	*	:	J	Z	j	z
1011	B	VT	ESC	+	;	K	[	k	{
1100	C	FF	FS	,	<	L	\	l		
1101	D	CR	GS	-	=	M	]	m	}
1110	E	SO	RS	.	>	N	^	n	~
1111	F	SI	US	/	?	O	_	o	DEL

附录 D　控制台 I/O 和格式化字符串

编写基本的 VB.NET 程序时，常常使用 System.Console 类的几个静态方法来读/写数据。输出数据时，则需要根据数据类型通过格式化字符串进行格式化。

D.1　System.Console 类

System.Console 类表示控制台应用程序的标准输入流、输出流和错误流。控制台应用程序启动时，操作系统会自动将三个 I/O 流(In、Out 和 Error)与控制台关联。应用程序可以从标准输入流(In)读取用户输入，将正常数据写入到标准输出流(Out)，以及将错误数据写入到标准错误输出流(Error)。

System.Console 类提供用于从控制台读取单个字符或整行的方法；该类还提供若干写入方法，可将值类型的实例、字符数组及对象集自动转换为格式化或未格式化的字符串，然后将该字符串(可选择是否尾随一个行终止字符串)写入控制台。System.Console 类还提供一些用以执行以下操作的方法和属性：获取或设置屏幕缓冲区、控制台窗口和光标的大小；更改控制台窗口和光标的位置；移动或清除屏幕缓冲区中的数据；更改前景色和背景色；更改显示在控制台标题栏中的文本；播放提示音等。

System.Console 类常用的方法如表 D-1 所示。

表 D-1　System.Console 类提供的常用方法

方　法	说　　明
Beep	通过控制台扬声器播放提示音
Clear	消除控制台缓冲区和相应的控制台窗口的显示信息
Read	从标准输入流读取下一个字符
ReadLine	从标准输入流读取下一行字符
Write	将指定值的文本表示形式写入标准输出流
WriteLine	将指定的数据(后跟当前行终止符)写入标准输出流

例如：

```
Module Module1
Sub Main()
    Console.Clear()                         ' 清屏
    Console.Write("请输入您的姓名")          ' 提示输入
    Dim s As String = Console.ReadLine()    ' 读取 1 行，以回车结束
    Console.Beep()                          ' 提示音
    Console.WriteLine("欢迎您!"+s)           ' 输出读取的内容
```

```
        Console.Read()                          '按回车键结束
    End Sub
End Module
```

D.2　复合格式

1. 复合格式设置

复合格式设置功能使用复合格式字符串和对象列表作为输入。复合格式字符串由固定文本和格式项混合组成，其中格式项又称索引占位符，对应于列表中的对象。

复合格式产生的结果字符串由原始固定文本和列表中对象的字符串的格式化表示形式混合组成。

支持复合格式设置的方法包括以下几种：

● Console.WriteLine(String, Object())方法：将设置了格式的结果字符串显示到控制台。

● TextWriter.WriteLine(String, Object())方法：将设置了格式的结果字符串写入流或文件。

● ToString(String)方法：把对象转换为设置了格式的结果字符串。

● String.Format(String, Object())方法：可产生设置了格式的结果字符串。

● StringBuilder 的 AppendFormat(String, Object())方法：将设置了格式的结果字符串追加到 StringBuilder 对象。

例如：

　　　Console.WriteLine("(C)Currency:{0:C}(E)Scientific:(1:E}",−123,−123.45f)

输出结果如下：

　　　(C)Currency:￥−123.00(E)Scientific:−1.234500E+002

其中，{0:C}/{1:E} 为格式项(索引占位符)，0、1 为基于 0 的索引，表示列表中参数的序号，索引号后的冒号后为格式化字符串；C 表示格式化为货币(Currency)；E 表示格式化为科学计数法。

2. 复合格式字符串

复合格式字符串由零个或多个固定文本段与一个或多个格式项混合组成。

格式项的语法格式如下：

　　　{索引[, 对齐][: 格式字符串]}

说明：

(1) "索引"：也叫参数说明符，是一个从 0 开始的数字，可标识对象列表中对应的项，参数说明符 0 对应第 1 个对象，参数说明符 1 对应第 2 个对象，依此类推。

(2) "对齐"：可选组件，是一个带符号的整数，指示格式的字段宽度。如果"对齐"为正数，则右对齐；如果"对齐"为负数，则左对齐；如果需要填充，则使用空白。(注意：如果"对齐"值小于设置了格式的字符串的长度，"对齐"会被忽略。)

(3) "格式字符串"：可选组件，是适合正在设置格式的对象类型的格式字符串。如果相应对象是数值，则指定数字格式字符串；如果相应对象是 DateTime 对象，则指定日期和时间格式字符串；如果相应对象是枚举值，则指定枚举格式字符串。如果没有指定"格式字符串"，则对数字、日期和时间或者枚举类型使用常规("G")格式说明符。

D.3　数字格式字符串

1. 标准数字格式字符串

标准数字格式字符串由标准数字格式说明符集合中的一个数字格式说明符组成。每个标准格式说明符表示一种特定的、常用的数值数据字符串表示形式。

标准数字格式字符串采用 Axx 的形式，用于格式化通用数值类型。其中 A 是称为格式说明符的字母型字符，xx 是称为精度说明符的可选整数。精度说明符的范围为 0～99，并且影响结果中的位数。

任何包含一个以上字母字符(包括空白)的数字格式字符串都被解释为自定义数字格式字符串。

标准数字格式说明符参见表 D-2 所示。

表 D-2　标准数字格式说明符

字符串	说　　明
C 或 c	货币格式。把数字转换为表示货币金额的字符串。例如： Console.WriteLine("{0:C}",12345.6789)　'显示：￥12,345.68 Console.WriteLine("{0:C3}",12345.6789)　'显示：￥12,345.679
D 或 d	十进制格式。把整数转换为十进制数字(0～9)的字符串。如果数字为负，则前面加负号；如果给定一个精度说明符，就加上前导 0。注意：只有整数支持此格式。例如： Console.WriteLine("(0:D)",12345)　'显示：12345 Console.WriteLine("{0:D8}",12345)　'显示：00012345 Console.WriteLine("(0:D)",−12345)　'显示：12345 Console.WriteLine("{0:D8}",−12345)　'显示：−00012345
E 或 e	科学计数法(指数)格式。把数字转换为"−d.ddd...E+ddd"或"−d.ddd...e+ddd"形式的字符串。其中，每个"d"表示一个数字(0～9)，如果该数字为负，则该字符串以减号开头；精度说明符设置小数位数(默认为 6)；格式字符串的大小写("e"或"E")确定指数符号的大小写。例如： Console.WriteLine("{0:E}",12345.6789)　'显示：1.234568E+004 Console.WriteLine("{0:EI0}",12345.6789)　'显示：1.2345678900E+004 Console.WriteLine("{0:e4}",−12345.6789)　'显示：−1.2346e+004
F 或 f	固定点格式。把数字转换为"−ddd.ddd..."形式的字符串。其中，每个"d"表示一个数字(0～9)，如果该数字为负，则该字符串以减号开头；精度说明符设置所需的小数位数。例如： Console.WriteLine("{0:F}",17843)　'显示：17843.00 Console.WriteLine("{0:F3}",−17843)　'显示：−17843.000 Console.WriteLine("{0:F0}",−17843.19)　'显示：−17843

续表

字符串	说　明
G 或 g	常规格式。根据数字类型及是否存在精度说明符，数字会转换为定点或科学计数法的紧凑形式。例如， Console.WriteLine("{0}",12345.6789)　　　' 显示：12345.6789 Console.WriteLine("{0:G}",12345.6789)　　' 显示：12345.6789 Console.WriteLine("{0:G2}",12345.6789)　　' 显示：1.2E+04
N 或 n	数字格式。把数字转换为"–d,ddd,ddd.ddd..."形式的字符串，用逗号表示千分符。例如： Console.WriteLine("{0:N}",12345.6789)　　' 显示：12,345.68 Console.WriteLine("{0:N1}",12345.6789)　' 显示：12,345.7 Console.WriteLine("{0:N1}",–123456789)　' 显示：–123,456,789.0
P 或 p	百分数格式。把数字转换为一个表示百分比的字符串。例如： Console.WriteLine("{0:P}",.2468013)　　' 显示：24.68% Console.WriteLine("{0:P1}",.2468013)　' 显示：24.7% Console.WriteLine("{0:P1}",–.2468013)　' 显示：–24.7%
R 或 r	往返过程格式。往返过程说明符保证转换为字符串的数值再次被分析为相同的数值。注意：只有 Single 和 Double 类型支持此格式。例如： Console. WriteLine("{0:R}",Math.PI)　　' 显示：3.1415926535897931 Console.WriteLine("{0:r}",1.623e–21)　' 显示：1.623E–21
X 或 x	十六进制格式。数字转换为十六进制数字的字符串，使用"X"产生"ABCDEF"，使用"x"产生"abcdef"。精度说明符用于加上前导号 0。注意：只有整数支持此格式。例如： Console.WriteLine("{0:x}",123456789)　　' 显示：75bcd15 Console.WriteLine("{0:X}",123456789)　　' 显示：75BCD15 Console. WriteLine("{0:X8}",123456789)　' 显示：075BCD15

2. 自定义格式化字符串

自定义数字格式字符串由一个或多个自定义数字格式说明符组成，用于定义格式化数值数据的方式。自定义数字格式说明符如表 D-3 所示。

表 D-3　自定义数字格式说明符

字符串	说　明
0	零占位符，设置格式化字符串中数字的占位符。如果该位置有一个数字，则将此数字复制到结果字符串中；否则，在结果字符串中显示"0"。例如： Console.WriteLine("{0:00000}",123.45)　　　' 显示：00123 Console.WriteLine("{0:00000.000}",123.45)　' 显示：00123.450 Console.WriteLine("{0:0.0}",123.45)　　　' 显示：123.5

字符串	说　　明
#	数字占位符，设置格式化字符串中数字的占位符。如果该位置有一个数字，则将此数字复制到结果字符串中；否则，在结果字符串中什么也不显示。例如： Console.WriteLine("{0:#####} ",123.45)　　　　' 显示：123 Console.WriteLine("{0:#####.### ",123.45}　　　' 显示：123.45 Console.WriteLine("{0:#.#} ",123.45)　　　　　' 显示：123.5 Console.WriteLine(" (0:###-######## ", 02162238888)　' 显示：21-62238888
.	小数点，格式字符串中的第一个 "." 字符标识小数点分隔符的位置；后续的其他 "." 字符被忽略。例如： Console.WriteLine("{0:00000.000}",123.45)　　　　' 显示：00123.450 Console.WriteLine("{0:#####.#} ",123.45)　　　　　' 显示：123.45
,	千位分隔说明符和数字比例换算说明符。千位分隔说明符：如果在两个设置数字的整数位格式的数字占位符(0 或#)之间指定一个或多个 ","，则在输出的整数部分中的每个数字组之间插入一个组分隔符。数字比例换算说明符：如果在紧邻显式或隐式小数点的左侧指定一个或多个 "," 字符，则每出现一个数字比例换算说明符便将要格式化的数字除以 1000。例如： Console.WriteLine("{0:#,#} ",1234567890)　　　　' 显示：1,234,567,890 Console.WriteLine("{0:#,,} ",1234567890)　　　　' 显示 1235　　　'1234567890/1000/1000 Console.WriteLine("{0:#,#,,,} ",1234567890)　　　' 显示：1　　'1234567890/1000/1000/1000 Console.WriteLine("{0:#,##0,,} ",1234567890)　　　' 显示：1,235
%	百分比占位符。在格式字符串中出现 "%" 字符将导致数字在格式化之前乘以 100。例如： Console.WriteLine("{0:#0.##%}",0.086)　　　　　' 显示：8.6%
E0 E+0 E-0 e0 e+0 e-0	科学计数法。如果 "E"、"E+"、"E-"、"e"、"e+" 或 "e-" 中的任何一个字符串出现在格式字符串中，而且后面紧跟至少一个 "0" 字符，则数字用科学计数法来格式化，在数字和指数之间插入 "E" 或 "e"。跟在科学计数法指示符后面的 "0" 字符数确定指数输出的最小位数。"E+" 和 "e+" 格式指示符号字符(正号或负号)应总是置于指数前面。"E"、"E-"、"e" 或 "e-" 格式指示符号字符仅置于负指数前面。例如： Console.WriteLine("{0:0.###E+0}",1234567890)　　　' 显示：1.235E+9 Console.WriteLine("{0:0.###E+000}",1234567890)　　' 显示：1.235E+009 Console.WriteLine("(0:0###e0}",1234567890)　　　　' 显示：1.235e9
\	转义符。斜杠字符使格式字符串中的下一个字符被解释为转义序列。例如 "\n"(换行)
'ABC' "ABC"	字符串。引在单引号或双引号中的字符被复制到结果字符串中，而且不影响格式化。例如： Console.WriteLine("(0:'结果为：'0.###E+0}",1234567890)　　' 显示：结果为：1.235E+9
;	部分分隔符。用于分隔格式字符串中的正数、负数和零各部分。如果自定义格式字符串分为两个部分，则最左边的部分定义正数和零的格式，而最右边的部分定义负数的格式。如果自定义格式字符串分为两个部分，则最左边的部分定义正数的格式，中间部分定义零的格式，而最右边的部分定义负数的格式。例如： Console.WriteLine("{0:##0.00; (##0.00)}", 123.456)　　' 显示：123.46 Console.WriteLine("(0:##0.00;(##0.00)}", -123.456)　　' 显示：(123.46)
其他	所有其他字符。所有其他字符被复制到结果字符串中，而且不影响格式化

D.4 标准日期和时间格式字符串

1 标准日期和时间格式字符串

标准日期和时间格式字符串使用单个标准格式说明符(预定义)控制日期和时间值的文本表示形式。

标准格式字符串实际上是自定义格式字符串的别名。使用别名引用自定义格式字符串,可以保证日期和时间值的字符串表示形式随区域性自动调整。例如,对于 d 标准格式字符串,如果区域为 fr-FR,此模式为"dd/MM/yyyy";而如果区域为 ja-JP,则此模式为"yyyy/MM/dd"。

任何包含一个以上字符(包括空白)的日期和时间格式字符串,都被解释为自定义日期和时间格式字符串进行解释。

标准日期和时间格式说明符参见表 D-4 所示。其中,假设:

Dim date1 As DateTime = New DateTime(2008,4,10)

Dim date2 As DateTime = New DateTime(2008,4,10,6,30,0)

Dim dateOffset As DateTimeOffset = New DateTimeOffset(date2,TimeZoneInfo.Local.

GetUtcOffset(date2))

表 D-4 标准日期和时间格式说明符

字符串	说　明
d	短日期模式。表示由当前的 ShortDatePattern 属性定义的自定义日期和时间格式字符串。例如: Console.WriteLine("{0:d}",date1)　　　' 显示 2008/4/10 Console.WriteLine(date1.ToString("d",CultureInfo.CreateSpecificCulture("en-US"))) 　　　' 显示: 4/10/2008
D	长日期模式。表示由当前的 LongDatePattern 属性定义的自定义日期和时间格式字符串。例如: Console.WriteLine("{0:D}",date1)　　　' 显示: 2008 年 4 月 10 日 Console.WriteLine(date1.ToString("D",CultureInfo.CreateSpecificCulture("en-US"))) 　　　' 显示: Thursday, April 10, 2008
f	完整日期/时间模板(短时间)。表示长日期(D)和短时间(t)模式的组合,由空格分隔。例如: Console.WriteLine("{0:f}",date2)　　　' 显示: 2008 年 4 月 10 6:30 Console.WriteLine(date2.ToString("f",CultureInfo.CreateSpecificCulture("en-US"))) 　　　' 显示: Thursday, April 10,2008 6:30 AM
F	完整日期/时间模板(长时间)。表示由当前的 FullDateTimePattern 属件定义的自定义日期和时间格式字符串。例如: Console.WriteLine("{0:F}",date2)　　　' 显示: 2008 年 4 月 10 6:30:00 Console.WriteLine(date2.ToString("F",CultureInfo.CreateSpecificCulture("en-US"))) 　　　' 显示: Thursday, April 10,2008 6:30:00 AM

字符串	说　　明
g	常规日期/时间模式(短时间)。表示短日期(d)和短时间(t)模式的组合，由空格分隔。例如： Console.WriteLine("{0:g}",date2)　　　' 显示 2008-4-10 6:30 Console.WriteLine(date2.ToString("g",CultureInfo.CreateSpecificCulture("en-US"))) 　　　　　　　　　　　　　' 显示：4/10/2008 6:30 AM
G	常规日期/时间模式(长时间)。表示短日期(d)和长时间(T)模式的组合，由空格分隔。例如： Console.WriteLine("{0:G}",date2)　　　' 显示：2008-4-10 6:30:00 Console.WriteLine(date2.ToString("G",CultureInfo.CreateSpecificCulture("en-US"))) 　　　　　　　　　　　　　' 显示：4/10/2008 6:30:00 AM
M,m	月日模式。表示由当前的 MonthDayPattern 属性定义的自定义日期和时间格式字符串。例如： Console.WriteLine("{0:m}",date2)　　　' 显示：4 月 10 日 Console.WriteLine(date2.ToString("m",CultureInfo.CreateSpecificCulture("en-US"))) 　　　　　　　　　　　　　' 显示：April 10
O,o	往返日期/时间模式。表示使用保留时区信息的模式的自定义日期和时间格式字符串，可以保证转换为字符串的日期/时间再次被分析为相同的日期/时间。例如： Console.WriteLine(date2.ToString("o"))　　　' 显示：2008-04-10T06:30:00.000000 Console.WriteLine(dateOffset.ToString("o"))　' 显示：2008-04-10T06:30:00.0000000+08:00
R 或 r	RFC1123 模式。表示由 DateTimeFormatInfo.RFC1123Pattern 属性定义的自定义日期和时间格式字符串，固定格式：ddd,dd MMM yyyy HH':'mm':'ss 'GMT"。例如： Console.WriteLine(date2.ToUniversalTime().ToString("r"))　' 显示：Wed,09 Apr 2008 22:30:00 GMT Console.WriteLine(dateOffset.ToUniversalTime().ToString("r")) ' 显示：Wed,09 Apr 2008 22:30:00 GMT
s	可排序的日期/时间模式，符合 ISO 8601。表示由 DateTimeFormatInfo.SortableDateTime Pattern 属性定义的自定义日期和时间格式字符串，固定格式："yyyy'-'MM'-'dd'T'HH':'mm':'ss"。例如： Console.WriteLine(date2.ToString("s "))　' 显示：2008-04-10T06:30:00
t	短时间模式，表示由当前的 ShortTimePattern 属性定义的自定义日期和时间格式字符串。例如： Console.WriteLine("{0:t}",date2)　　　' 显示：6:30 Console.WriteLine(date2 .ToString("t",CultureInfo.CreateSpecificCulture("en-US"))) 　　　　　　　　　　　　　' 显示：6:30 AM
T	长时间模式。表示由当前的 LongTimePattern 属性定义的自定义日期和时间格式字符串。例如： Console.WriteLine("{0:T}", date2)　　　' 显示：6:30:00 Console.WriteLine(date2.ToString("T",CultureInfo.CreateSpecificCulture(“en-US”))) 　　　　　　　　　　　　　' 显示：6:30:00 AM
u	通用的可排序日期/时间模式。表示由 DateTimeFormatInfo.UniversalSortableDateTimePattern 属性定义的自定义日期和时间格式字符串，固定格式："yyyy'-'MM'-'dd HH':'mm':'ss'Z"。例如： Console.WriteLine(date2.ToString("u"))　' 显示：2008-04-10 06:30:00Z

续表二

字符串	说　　明
U	通用完整日期/时间模式。表示由当前的 FullDateTimePattem 属性定义的自定义日期和时间格式字符串。注意：DateTimeOffset 类型不支持 U 格式说明符。例如： Console.WriteLine("{0:U}", date2)　　'显示：2008 年 4 月 9 口 22:30:00 Console.WriteLine(date2.ToString("U",CultureInfo.CreateSpecificCulture("en-US"))) 　　　　　　　　　　'显示：Wednesday，April 09, 2008 10:30:00 PM
Y，y	年月模式。表示由当前的 YearMonthPattem 属性定义的自定义日期和时间格式字符串。例如： Console.WriteLine("{0:Y}",date2)　　'显示：2008 年 4 月 Console.WriteLine(date2.ToString("Y",CultureInfo. CreateSpecificCulture("en- US"))) 　　　　　　　　　　'显示：April,2008

2. 自定义格式化字符串

自定义日期和时间格式字符串由一个或多个自定义数字格式说明符组成。通过组合多个自定义日期和时间格式说明符，可以定义应用程序特定的模式来确定日期和时间数据如何格式化。自定义日期和时间格式说明符如表 D-5 所示。

表 D-5　自定义日期和时间格式说明符

字符串	说　　明
yy 或 yyyy	年。yy 将年份表示为两位数字，yyyy 将年份表示为四位数字
M 或 MM	月。M 将月份表示为 1～12 的数字，一位数字的月份设置为不带前导零的格式；MM 将月份表示为 01～12 的数字，一位数字的月份设置为带前导零的格式
d 或 dd	日。d 将月中日期表示为 1～31 的数字，一位数字的日期设置为不带前导零的格式；dd 将月中日期表示为 1～31 的数字，一位数字的日期设置为带前导零的格式
h 或 hh	时。h 将小时表示为 1～12 的数字，一位数字的小时数设置为不带前导零的格式；hh 将小时表示为 1～12 的数字，一位数字的小时数设置为带前导零的格式
H 或 HH	时。H 将小时表示为 1～23 的数字，一位数字的小时数设置为不带前导零的格式；HH 将小时表示为 1～23 的数字，一位数字的小时数设置为带前导零的格式
m 或 mm	分。m 将分钟表示为 1～59 的数字，一位数字的分钟数设置为不带前导零的格式；mm 将分钟表示为 1～59 的数字，一位数字的分钟数设置为带前导零的格式
S 或 ss	秒。s 将秒表示为 1～59 的数字，一位数字的秒数设置为不带前导零的格式；ss 将秒表示为 1～59 的数字，一位数字的秒数设置为带前导零的格式
:	时间分隔符。表示在当前的 DateTimeFormatInfo.TimeSeparator 属性中定义的时间分隔符，此分隔符用于分隔小时、分钟和秒
/	日期分隔符。表示在当前的 DateTimeFormatInfo.DateSeparator 属性中定义的日期分隔符，此分隔符用于区分年、月和日
其他	所有其他字符。所有其他字符被复制到结果字符串中，而且不影响格式化

附录 E   XML 文档注释

    Visual Basic 支持 XML 文档注释，即在以'''(三个单引号)开头的单行注释中，使用特殊的 XML 标记包含类型和类型成员的文档说明。使用/doc 进行编译时，编译器将在源代码中搜索所有的 XML 标记，并创建一个 XML 格式的文档文件。

    编译器可以处理的有效 XML 的标记如表 E-1 所示。

表 E-1   XML 文档注释的标记

标识符	说　　明
\<c\>	格式：\<c\>text\</c\> 说明：把行中的文本标记为代码。 例如：'''\<c\>Dim i As Integer = 10\</c\>
\<code\>	格式：\<code\>content\</code\> 说明：把多行标记为代码。 例如：参见\<example\>的示例
\<example\>	格式：\<example\>description\</example\> 说明：标记为一个代码示例。 例如： 　Public Class Employee 　''' \<remarks\> 　'''\<example\> This sample shows how to set the \<c\>lD\</c\> field. 　'''\<code\> 　''' Dim alice As New Employee 　''' alice.ID = 1234 　'''\</code\> 　'''\</example\> 　'''\</remarks\> 　Public ID As Integer 　End Class
\<exception\>	格式：\<exception cref="member"\>description\</exception\>。 说明：说明一个异常类(编译器要验证其语法)。 例如：'''\<exception cref="System.Exception"\>Thrown when...\</exception\>

续表一

标识符	说　　明
<include>	格式：<include file='filename' path='tagpath[@name="id"]/>' 说明：包含其他说明文件的注释(编译器要验证其语法)。 例如： '''include file='fl.xml' path='MyDocs/MyMembers[@name="test"]/*'/> 假设 fl.xrnl 的内容为： <MyDocs> <MyMembers nam="test"> <summary> The summary for this type </summary> </MyMembers> </MyDocs>
<list>	格式： <list type="type"> <listheader> <term>term</term> <description>description</description> </listheader> <item> <term>term</term> <description>description</description> </item> </list> 说明：把列表插入到文档说明中。 例如： '''<remarks>Before calling the<c>Reset</c> method, be sure to: '''<list type="bullet"> '''<item><description>Close all connections.</description></item> '''<item><description>Save the object state.</description></item> '''</list> '''</remarks> Public Sub Reset() End Sub
<para>	格式：<para>content</para> 说明：标记段落文本。 例如：参见<summary>的示例

标识符	说　明
<param>	格式：<param name='name'>description</param> 说明：标记方法的参数(编译器要验证其语法)。 例如： '''<param name="Int1">Used to in dicate status.</param> Public Sub DoWork(ByVal Int1 As Integer) End Sub
<paramref>	格式：<paramref name="name"/> 说明：表示一个单词是方法的参数(编译器要验证其语法)。 例如： '''<summary>DoWork is a method in the TestClass class '''The<paramref name="Int1"/> parameter takes a number '''</summary> Public Sub DoWork(ByVal Int1 As Integer) End Sub
<permission>	格式：<permission cref="member">description</permission> 说明：说明对成员的访问(编译器要验证其语法)。 例如： '''<permission cref="System.Security.PermissionSet">Everyone</permission> Public Sub Test() End Sub
<remarks>	格式：<remarks>description</remarks> 说明：给成员添加描述。 例如： '''<remarks> '''　　You may have some additional information about this class. '''</remarks>
<returns>	格式：<returns>description</returns> 说明：说明方法的返问值。 例如： '''<returns>Returns zero.</returns> Public Function GetZero() Return 0 End Function
<see>	格式：<see cref="member"/> 说明：提供对另一个参数的交叉引用(编译器要验证其语法)。 例如：参见<summary>的示例